KB209657

천자문 千字文

천자문 千字文

발행일	2024년 12월 30일		
지은이	주흥사	편저	장영근
펴낸이	손형국		
펴낸곳	(주)북랩		
편집인	선일영	편집	김은수, 배진용, 김현아, 김다빈, 김부경
디자인	이현수, 김민하, 임진형, 안유경, 최성경	제작	박기성, 구성우, 이창영, 배상진
마케팅	김회란, 박진관		
출판등록	2004. 12. 1(제2012-000051호)		
주소	서울특별시 금천구 가산디지털 1로 168, 우림라이온스밸리 B동 B111호, B113~115호		
홈페이지	www.book.co.kr		
전화번호	(02)2026-5777	팩스	(02)3159-9637
ISBN	979-11-7224-331-9 03410 (종이책)		979-11-7224-332-6 05410 (전자책)

(주)북랩 성공출판의 파트너

북랩 홈페이지와 패밀리 사이트에서 다양한 출판 솔루션을 만나 보세요!

홈페이지 book.co.kr • **블로그** blog.naver.com/essaybook • **출판문의** text@book.co.kr

작가 연락처 문의 ▶ ask.book.co.kr

작가 연락처는 개인정보이므로 북랩에서 알려드릴 수 없습니다.

千字文

천자문

장영근 편저

 북랩

머리말

한자(漢字)는 지금으로부터 약 5천여 년 전 상고시대 때 중국의 전설적인 제왕인 복희씨의 팔괘기원설과 헌원황제(軒轅黃帝) 때의 사관이었던 창힐(蒼頡)이 새와 짐승의 발자국을 보고 만들었다는 전설 등이 있으나, 그 근거는 희박합니다.

그러나 역사적 정황을 종합해 볼 때 한자는 오랜 세월을 거치면서 여러 사람들에 의해 다듬어져 왔다고 생각되며, 현존하는 가장 오래된 '한자'는 중국 하남성에 있는 은허(殷墟)에서 출토된 갑골문자(甲骨文字: 거북이의 등 껍질과 짐승의 뼈에 새긴 상형문자)라고 하는데, 상형문자(象形文字)는 물건의 모양을 그려 나타낸 글자로, 한자의 일부나 이집트 글자 따위를 말합니다.

일반적으로 고대 문자의 기원이 그림에서 시작된 것처럼 한자(漢字) 역시 그림에서 기호로 발전해 가면서 오늘날 우리가 사용하는 한자체 가운데에서 정자체(正字體: 바른 글자)로 쓴 것을 해서(楷書: 한자 서체의 하나)라고 하는데, 중국의 한(漢)나라 때(약 2천여 년 전) 완성된 것이라고 합니다.

따라서 예로부터 우리나라 서당에서 학생들이 글(한자)을 처음 배울 때 기본 교재로 천자문(千字文)을 공부했는데, 천자문이 만들어진 전설을 알아보면 아래와 같습니다.

'천자문'은 지금으로부터 약 1,500여 년 전에 중국 양(梁)나라의 무제(武帝)가 당시 신하였던 주흥사(周興詞)에게 글을 가르치는 데 필요한 기본적인 글자를 1천 개 정도 뽑아서 한 글자도 겹치지 않게 글을 지어 오라고 명하여 '주흥사'는 하룻저녁에 글자 1천 개를 뽑아 4개씩 묶어 글의 단을 이루고, 2단이 모여 한 문장이 되도록 중국의 역사, 지리, 풍습, 인륜의 도리 등을 사언고시(四言古詩: 한 글귀가 넉 자로 이루어진 한시)로 엮은 책이 '천자문'입니다. '주흥사'가 이 천자문을 하룻밤 사이에 짓고 머리가 백발이 되었다고 하여 천자문을 백수문(白首文)이라고도 합니다.

백수(白首)는 허옇게 센 머리를 말합니다.

　이미 주옥같은 '천자문' 책자가 시중에 많이 나와 있는데, 또 이 책을 엮어 만들게 된 동기는 필자가 정들었던 교단생활을 마치고 소일(消日: 하는 일 없이 날을 보냄)하던 중 한학자(漢學者)인 지인(知人: 아는 사람)으로부터 천자문 책자를 선물로 받고 읽어 보니 문장(文章: 생각, 느낌, 사상 등을 표현한 글) 하나하나가 깊은 뜻이 들어 있고 하늘과 땅, 우주 자연의 이치로부터 시작하여 중국 고대의 제왕들의 덕정과 치적, 충효의 도, 친구 간의 우정, 공직자의 자세, 세상의 여러 가지 일들, 사람이 올바르게 살아가는 방법 등 다양하고 교훈(敎訓: 가르치고 이끌어 줌)적인 문장으로 구성되어 있어 현대인들도 꼭 알아야 할 삶의 지혜와 통찰 그리고 윤리도덕은 세월이 흘러간 오늘날이지만 변한 것이 없으므로 우리나라 남녀노소 누구라도 '천자문' 책자 한 권은 상식적(常識的: 사람들이 보통 알고 있거나 알아야 할 지식)으로 꼭 읽어 보아야 할 책이라고 생각이 되었습니다.

　그리고 이미 천자문 책자를 읽어 본 사람들도 많이 있겠지만, 끝까지 읽어 보고 그 뜻을 해석할 수 있는 사람은 드물 것이므로 어려운 한자(漢字)로 구성되어 있는 천자문(千字文)의 문장을 우리나라 남녀노소 누구라도 한글만 알면 쉽게 읽고 해석할 수 있도록 하기 위해 특히 각급 학교(초·중·고 등) 방과 후 교실에서 독서 또는 자습 시간에 독서(고전 책 읽기) 교육과 도덕(인성) 교육을 겸하여 지도할 수 있는 방과 후 교재가 필요하다고 사료되어 필자가 읽은 천자문 책자와 옥편 등을 인용하여 본문의 책을 독서, 책 읽기 중심으로 엮어 만들게 되었습니다. 그래서 본 책자는 지금까지의 한문 교재의 틀에서 벗어나 한자를 먼저 쓰지 않고 한글로 한자의 훈(訓: 뜻)과 음(音: 소리)을 쓴 다음 한자를 ( ) 안에 써넣었으므로 우리나라 남녀노소 누구나 한글만 알면 천자문을 구성하고 있는 어려운 한자를 쉽게 읽고 해석할 수 있어 각 문장이 말하고자 하는 내용과 속뜻을 대강 알게 될 것입니다.

그러므로 본 책자를 학교 방과 후 교실 또는 학원이나 가정 등에서 공부한 청소년들은 자기도 모르게 언어의 이해력, 독해력, 문해력(文解力: 글을 읽고 이해하는 능력) 등이 향상되어 책과 친해지게 될 것이므로 다른 공부에도 자신감을 갖게 되고, 바른 인성(人性: 사람의 품성)을 스스로 갖추는 계기가 되리라 생각됩니다.

일반인들도 누구나 본 책자를 곁에 두고 때때로 시간 있을 때 잠깐씩 반복하여 (하루에 한 문장씩) 펼쳐 보면 상식적으로 이미 알고 있는 내용이지만 새롭게 많은 것을 느끼게 되어 가슴이 뿌듯해질 것입니다.

그리고 한자(漢字)의 글자 수는 얼마나 될까요?

중국 후한 때(1세기경) 허신의 설문해자(說文解字)에 실려 있는 글자는 9,000여 자(字)라고 합니다. 그 뒤 청나라 때(18세기경) 만들어진 강희자전(康熙字典)에는 49,030자가 실려 있다고 합니다. 한자는 시대를 거치면서 계속 만들어지고 있어 현재 사용하고 있는 한자를 모두 합치면 60,000여 자(字)에 이를 것으로 추정된다고 합니다. 참고하기 바랍니다.

아무쪼록 이 책이 우리나라 각급 학교(초·중·고·학원) 등에서 희망하는 청소년들에게 독서(고전 책 읽기) 교육과 도덕(인성) 교육을 겸하여 지도할 수 있는 방과 후 교재의 표본이 되기를 바라며, 청소년뿐만 아니라 우리나라 남녀노소 누구나 곁에 두고 시간이 있을 때 잠깐씩 한 문장(8글자)씩 무엇을 말하고 있는가를 생각하면서 반복하여 읽어 보는 애독서(愛讀書: 즐겨 재미있게 읽어 보는 책)가 되기를 기대합니다.

차례

삼강오륜(三綱五倫)

◎ **삼강**(三綱: 유교의 도덕에서 기본이 되는 세 가지 강령)

○ 군위신강(君爲臣綱: 임금은 신하의 근본이 되고)

○ 부위자강(父爲子綱: 아버지는 아들의 근본이 되고)

○ 부위부강(夫爲婦綱: 남편은 아내의 근본이 된다.)

◎ **오륜**(五倫: 인간이 지켜야 하는 다섯 가지 기본 윤리)

① 부자유친(父子有親): 아버지와 자식 사이에는 친함이 있어야 하고 (부모는 자식을 사랑하고 자식은 부모를 존중해야 합니다.)

② 군신유의(君臣有義): 임금과 신하 사이에는 서로 의리가 있어야 하고 (오늘날은 국가와 국민으로 생각하면 좋겠습니다. 국가는 국민을 위하여 일하고 국민은 국가를 위해 봉사해야 합니다.)

③ 부부유별(夫婦有別): 남편과 아내 사이에는 서로 구별이 있어야 하고 (부부 사이도 서로의 역할을 구별해서 서로 존중해야 합니다.)

④ 장유유서(長幼有序): 어른과 어린이 사이는 차례가 있어야 하고 (어른은 어린이를 잘 보살피고 어린 사람은 어른을 공경해야 합니다.)

⑤ 붕우유신(朋友有信): 친구 사이에는 서로 믿음이 있어야 한다. (친구 사이는 약속을 잘 지키고 믿음이 있어야 합니다.)

※ 이상의 다섯 가지 도리인 오륜을 잊지 말고 항상 가슴에 새겨 둡시다. 오륜을 확대시키면 나머지 사람 사이의 관계도 쉽게 알 수 있습니다.

◎ 쉬어가기(고사성어): 온고지신(溫故知新)

공자님께서 말씀하시기를, "옛것을 익히고 새것을 안다면 스승이 될 수 있다"고 말씀하셨습니다. '온고지신'이란 말은 많은 사람들이 알고 있는 유명한 고사성어입니다. 온고(溫故)는 '옛것을 잘 알고 익힌다'는 뜻이고, 지신(知新)은 '새로운 지식과 문물을 잘 아는 것'입니다. 온고(옛것을 익히고)를 바탕으로 삼고 지신(새로운 것을 앎)을 하는 사람은 남의 스승이 될 수 있다고 합니다. 그런데 나이가 많은 어른들은 옛것을 잘 알지만 새로운 것을 잘 알지 못합니다. 그와 반대로, 젊은 사람들은 새로운 것에 대해서는 잘 알지만 옛것을 잘 모릅니다. 그러므로 두 가지를 모두 적절하게 알 수 있도록 노력해야 합니다. 과거(지나간 일이나 생활) 없이 현재(지금의 시간)가 존재할 수 없듯이, 온고 없는 지신은 있을 수 없다고 합니다. 청소년들은 부모님과 선생님 말씀을 잘 듣고 공부를 열심히 하고, 시간이 있을 때는 도서관이나 집에서 독서(고전 책 읽기 등)도 하고, 건강을 위하여 걷기(산책) 운동도 하는 습관을 가지도록 합시다.

그리고 붕우유신(朋友有信) 친구 사이에는 서로 믿음이 있어야 하고, 잘못이 있으면 감싸 주고, 좋은 점은 칭찬하고, 어려울 때는 서로 도와 주어야지 친구를 따돌리거나 폭행(집단 폭행 등)을 하면 안 됩니다. 친구 간에는 항상 양보하고, 서로 존중하는 마음을 가지고, 청소년 모두 세상에 아름다운 이름을 남기는 사람이 되도록 학교에 가면 선생님 말씀을 잘 듣고, 친구들과 사이좋게 서로 도와 가면서 공부를 열심히 하도록 합시다. 참고하기 바랍니다.

천자문(千字文) 공부하는 방법

1. 천자문(千字文)은 글자 그대로 일천 천(千) 글자 자(字) 글월 문(文)이라고 해서 일천 개의 글자(한자)로 만들어진 글월(글이나 문장)을 의미합니다.

2. 일천 개의 글자를 가지고 네 글자씩 한 글귀를 만들면 250개의 글귀(글의 한 토막의 구절)가 됩니다. 그러므로 천자문은 사언시(四言詩: 한 글귀가 넉 자로 이루어진 한시)로 250개의 문장이 되는데, 앞 문장(4글자)과 뒷 문장(4글자)을 연결하여 8글자가 되어야 그 문장이 말하고자 하는 내용을 이해할 수 있게 되므로 시문의 전부(全部: 모두 합친 것)를 8글자씩 125개의 문장(文章: 생각, 느낌, 사상 등을 글로 표현한 것)을 공부하게 되는 것입니다.

3. 천자문의 문장을 공부할 때 처음에는 훈(訓: 뜻)과 음(音: 소리)을 함께, 예를 들면 '하늘 천(天), 땅 지(地), 검을 현(玄), 누를 황(黃)'이라고 소리를 내어 몇 번 읽고 다음에는 음(音: 소리)과 해석을 '천(天), 지(地), 현(玄), 황(黃): 하늘과 땅은 검고 누르다'라고 소리를 내어 읽으면서 암기하고, 그다음에는 한 글자씩 풀이해 놓은 내용을 공부한 다음 하루에 한 문장(8글자)만 암기하면 그 문장이 말하고자 하는 내용을 알게 되어 천자문 공부가 재미있게 됩니다.

4. 천자문의 문장을 해석하는 방법은 직역(直譯: 외국 글을 그 문구대로 번역)하는 방법과 의역(意譯: 본문 전체의 뜻을 살리는 번역)하는 방법이 있는데, 시중에 나와 있는 천자문 책자의 문장 해석이 해석하는 사람과 방법에 따라서 조금씩 다르게 표현되어 있으므로, 예를 들면 '천지현황(天地玄黃)'이라는 문장을 해석할 때 '①하늘 천(天) ②땅 지(地) ③검을 현(玄) ④누를 황(黃)'을 순서대로 '①하늘과 ②땅은 ③검고 ④누르다'라고 직역으로 해석하는 방법과 의역으로는 '①하늘은 위에 있어 ③가물가물하여 그 빛은 검고 ②땅은 아래에 있어 ④그 빛이 누르다' 등으로 해석하는 사람에 따라서 직역 또는 의역하고 있으므로, 한시(漢詩: 한문으로 지은 시)를 해석할 때는 해석하는 방법에 따라서 조금씩 다르게 표현(해석)할 수 있다는 것을 알아두기 바랍니다.

5. 본 책자의 문장 해석은 누구나 쉽게 해석할 수 있도록 원문 밑에 해석하는 순서를 ①, ②, ③, ④ 또는 ①, ④, ③, ② 등으로 한자 밑에 숫자로 표기해 놓았으므로 문장을 해석할 때 참고하기 바라며, 의역한 내용은 ( ) 안에 써넣었으므로 예를 들면 우주홍황(宇宙洪黃)을 우주(하늘과 땅 사이)는 넓고 거칠다(세상이 넓다는 것을 말한 것이다) 등으로 ( ) 안에 써넣었으므로 해석할 때 참고하기 바랍니다.

6. 예전에는 한자를 무조건 쓰면서 공부했지만 요즈음 청소년들은 컴퓨터를 잘하고 있어 한글, 영어, 한자, 서식, 도형, 기호 등을 손으로 쓰지 않고 컴퓨터로 많이 해결하고 있으므로, 본 책자는 한자 쓰기 공부보다 학교 방과 후 수업 시간이나 학원 등에서 희망하는 청소년들에게 독서(고전 읽기) 교육과 도덕(인성) 교육을 겸하여 지도할 수 있는 방과 후 교재로 활용할 수 있게, 천자문에 있는 한자를 하나씩 어디에 쓰이는 글자인지 알 수 있도록 한자의 훈(뜻)과 음(소리)을 설명해 놓은 독서, 책 읽기 중심으로 엮은 책입니다.

그러므로 청소년들은 학교 방과 후 교실이나 학원 등에서 본 책자를 교재로 선생님의 지도를 받을 경우에는 선생님이 한자 쓰는 순서를 가르쳐 주시고, 그 한자가 어디에 쓰이는 글자인지 가르쳐 주시면 하루에 한 문장(8글자)만 노트에 쓰면서 공부하고 도서실이나 가정에서 혼자 독서할 때는 한자는 글자 수도 많이 있지만, 필자도 알고 있던 한자도 읽고 쓰려면 쓰지 못해 옥편, 인터넷, 국어사전 등을 안 보고는 쓰지 못하고 한자의 뜻도 잘 모르므로, 청소년들은 아무 부담 없이 본 책자의 천자문 문장을 하루에 한 문장(8글자)만 20~30분 정도 반복하여 읽고 한 문장, 여덟 글자만 암기하면 자신도 모르게 독해력, 문해력(책을 읽고 이해하는 능력) 등이 향상되어 다른 공부도 더 잘하게 될 것입니다.
그리고 항상 배운다는 자세로 자신감을 가지고 공부를 열심히 하여 나라의 새 일꾼이 되도록 노력합시다.

1. 천지현황(天地玄黃)~우주홍황(宇宙洪荒)

> **[1의 1단] 하늘 천(天) 땅 지(地) 검을 현(玄) 누를 황(黃)**
>
> 천(天) 지(地) 현(玄) 황(黃)
> ① ② ③ ④
> 하늘과 땅은 검고 누르며

● **하늘 천**(天) 자는 하늘은 한자의 뜻(훈: 訓)이고 천(天)은 한자의 소리(음: 音)로, 한글과 영어는 소리글자이고 한자(漢字)는 뜻글자입니다. 한자는 글자마다 뜻이 꼭 한 개씩 있는 것이 아니고, 두세 개 이상 뜻과 음을 가진 글자도 있습니다. 그래서 하늘 천(天) 자도 조물주 천, 임금 천, 아버지 천 등으로 읽으며, 해석할 때는 경우에 따라서 하늘, 조물주, 임금, 아버지 등으로 풀이할 수 있습니다. 여기서는 '하늘 천'이라고 읽고 '하늘'이라고 풀이하면 됩니다.

● **땅 지**(地) 자도 역시 땅은 뜻(훈: 訓)이고, 지(地)는 소리(음: 音)를 나타내는 글자로, 훈(訓)은 한자를 읽을 때 한자의 음(소리) 앞에 풀이해 놓은 뜻(글이나 말이 가진 속마음)을 말합니다. 땅 지(地) 자도 따 지, 아래 지 등으로 읽으며, 여기서는 '땅 지'로 읽고 '땅'이라고 말할 때 쓰는 글자로, 천지(天地)를 '하늘과 땅'으로 풀이하면 됩니다.

● **검을 현**(玄) 자도 하늘 현, 아득할 현, 현손 현 등으로 읽으며, 뜻은 '검다, 깊다, 가물가물하다, 4대손[현손(玄孫): 손자의 손자]' 등이며, 글자의 음(소리)은 '현'입니다. 여기서는 '검을 현'이라고 읽고, '검다'라고 풀이합니다.

● **누를 황**(黃) 자도 급히 서두를 황, 늙은이 황, 어린아이 황 등으로 읽으며 뜻은 '누르다, 어둡다' 등이며, 여기서는 '누르다'로 풀이하여 현황(玄黃)을 '검고 누르다'라고 풀이하면 됩니다. 누르다는 위에서 아래로 누르는 것이 아니라 '빛깔이 놋쇠 모양으로 조금 어둡게 노랗다'는 것을 의미합니다. 속자(俗字: 새로 통용되는 글자)로 '누를 황(黃)'이라고 씁니다.

◎ **천지현황**(天地玄黃)이란 '하늘은 검고 땅은 누르다' 등으로 풀이하며, '하늘은

위에 있어 아득히(끝없이) 멀어 그 빛이 검고 땅은 아래에 있어 그 빛이 누르다(조금 어둡게 노랗다)'라는 것을 말한 것입니다.

> ### [1의 2단] 집 우(宇) 집 주(宙) 넓을 홍(洪) 거칠 황(荒)
>
> 우(宇) 주(宙) 홍(洪) 황(荒)
> ①   ②   ③   ④
> **우주**(하늘과 땅 사이)**는 넓고 거칠다.** (세상이 넓다는 것을 말한 것이다.)

- **집 우(宇)** 자는 천지사방 우, 끝 우 등으로 읽으며 뜻은 '집, 천지사방, 무한(無限: 끝이 없는)한 공간(空間: 빈 곳)인 세계(世界: 온 세상)' 등이며, 여기서는 '무한한 공간인 세계, 온 세상'으로 풀이하면 됩니다.
- **집 주(宙)** 자는 하늘 주, 때 주 등으로 읽으며, 뜻은 '집, 하늘, 무한한 시간' 등이며, 여기서는 '무한한(끝이 없는) 시간'으로 풀이하여 우주(宇宙)를 '무한한 공간과 시간의 모두, 우주(하늘과 땅 사이) 온 세상'으로 풀이합니다.
- **넓을 홍(洪)** 자는 클 홍, 큰 물 홍, 성(姓) 홍 등으로 읽으며, 뜻은 '넓다, 크다, 홍복(洪福: 큰 행복) 홍수(洪水: 큰물)'입니다. 여기서는 '넓다'라고 풀이합니다.
- **거칠 황(荒)** 자는 폐할 황 등으로 읽으며, 뜻은 '거칠다, 황야(荒野: 황폐한 들)'입니다. 여기서는 '거칠다'로 풀이하여 '홍황(洪荒)'을 넓고 거칠다'로 풀이하면 됩니다.

◎ **우주홍황**(宇宙洪荒)이란 '하늘은 넓고 땅은 거칠다, 우주(하늘과 땅 사이)는 넓고 커서 시작이 없으며 끝이 없다' 등으로 풀이하며, 이 세상이 넓다는 것을 말한 것으로, 천지자연의 이치와 도리를 설명한 것입니다.

※ 문장 1의 전체적인 해석은 문장 1의 1단(천지현황: 天地玄黃)과 문장 1의 2단(우주홍황: 宇宙洪荒)을 연결하여 아래(문장 1)와 같이 여덟 글자를 해석하면 됩니다. 뒤에 있는 문장도 마찬가지입니다.

> **(문장 1) 천지현황(天地玄黃)~우주홍황(宇宙洪荒):**
> 하늘과 땅은 검고 누르며, 우주 하늘과 땅 사이는 넓고 거칠다. 세상이 넓다는 것을 말한 것이다.

2. 일월영측(日月盈昃)~진수열장(辰宿列張)

[2의 1단] 날 일(日) 달 월(月) 찰 영(盈) 기울 측(昃)

일(日) 월(月) 영(盈) 측(昃)
①   ②   ③   ④
해와 달이 차면 기울고(해는 서쪽으로 기울고 달도 차면 기울어지고)

- **날 일(日)** 자는 해 일, 하루 일, 날자 일 등으로 읽으며, 뜻은 '해(낮에 뜨는 해, 태양), 하루(아침에서 밤까지) 24시간, 날자, 낮' 등이며, 여기서는 '낮에 뜨는 해(태양)'로 풀이합니다.

- **달 월(月)** 자는 한 달 월, 세월 월 등으로 읽으며, 뜻은 '달(밤하늘에 뜨는 달), 달(한 달은 30일), 달력(월력: 月曆)'입니다. 여기서는 밤하늘에 뜨는 달로 풀이하여 일월(日月)을 '해와 달'로 풀이합니다.

- **찰 영(盈)** 자는 가득 찰 영 등으로 읽으며, 뜻은 '가득 차다, 영월(盈月: 꽉 찬 달, 보름달)'입니다. 꽉 찬 달이란, 그릇에 물이 가득 차듯이 달이 둥글게 된다는 것을 의미합니다. 여기서는 '가득 차고'로 풀이합니다.

- **기울 측(昃)** 자는 해 기울어질 측 등으로 읽으며, 뜻은 '해가 기울어지다', 기울 측(仄) 자가 또 있습니다. 측일(仄日: 기우는 해). 여기서는 '기울어지고'로 풀이하여 영측(盈昃)을 '차면 기울고'로 풀이합니다.

◎ **일월영측(日月盈昃)**이란 '해와 달이 차고 기울며' 등으로 풀이하며, 해는 정오(낮 12시)가 되면 온 세상을 다 차고, 저녁때가 되면 서쪽으로 기울고 달은 보름달(음력 15일)이 되면 둥글게 다 차고, 음력 16일부터 둥근 달이 차차 이지러진다(한쪽 귀퉁이가 떨어져 없어진다)는 내용으로, '해는 아침에 동쪽에서 떠올라와 한낮(낮 12시)이 되면 남쪽 하늘에 높이 뜨고 저녁때가 되면 서쪽으로 기울고, 달은 보름달이 지나면 둥근 달이 조금씩 이지러진다'는 것을 기울어진다고 말한 것입니다.

[2의 2단] 별 진(辰) 잘 숙(宿: 별 수) 벌일 렬(列) 베풀 장(張)

진(辰)　수(宿)　열(列)　장(張)
① ② ③ ④
별과 별자리들은 (하늘에 넓게) 늘어서 있고 펼쳐져 있다.

● **별 진(辰)** 자는 때 진, 다섯째지지 진, 북두성 진, 진시 진, 때 신, 날 신 등 두 가지 발음(진과 신)으로 읽는 일자다음(一字多音) 한자로, 뜻은 '별, 다섯째 지지, 용, 생신(生辰: 생일)'이라고 쓰는 글자입니다. 여기서는 '별'로 풀이합니다.

● **잘 숙(宿)** 자는 머무를 숙, 별 수, 별자리 수 등 두 가지 발음(숙과 수)으로 읽는 일자다음 한자로, 뜻은 '자다, 묵다, 숙박(宿泊: 여관 등에서 잠을 자며 묵음), 별' 등인데, 여기서는 '별자리 수'로 읽어 '진숙열장'을 '진수열장'으로 읽으며, 진수(辰宿)를 '별과 별자리'로 풀이합니다.

● **벌일 렬(列)** 자는 펼 렬 등으로 읽으며, 뜻은 '벌이다(물건을 늘어놓다) 열거(列擧: 여러 가지를 들어 말함), 항렬(行列: 혈족 간에 관계를 나타내는 서열 돌림)'입니다. 여기서는 '벌이다, 늘어서 있고' 등으로 풀이합니다,

● **베풀 장(張)** 자는 벌일 장, 자랑할 장 등으로 읽으며, 뜻은 '베풀다, 장대(張大: 벌려서 크게 함, 확대함), 확장(擴張: 범위 또는 세력을 늘리어서 넓힘)'입니다. 여기서는 '넓게 늘리어서 펴다'로 풀이하여 열장(列張)을 '하늘에 넓게 늘어서 있고 펼쳐져 있다'로 풀이합니다.

◎ **진수열장(辰宿列張)**이란 '별들은 시간과 계절에 따라 밤하늘에 넓게 펼쳐진다' 등으로 풀이하며, 별들도 제자리가 있어 밤하늘에 넓게 펼쳐져 있다는 것을 말한 것입니다.

※ 벌일 렬(列) 자는 두음법칙에 의하면 앞에 있으면 '열' 뒤에 있으면 '렬'로 읽고 씁니다. 열장(列張), 열거(列擧), 항렬(行列) 등.

(문장 2) 일월영측(日月盈昃)~진수열장(辰宿列張):
해와 달이 차면 기울고, 해는 서쪽으로 기울고 달도 차면 기울어지고, 별과 별자리들은 하늘에 넓게 늘어서 있고 펼쳐져 있다.

3. 한래서왕(寒來暑往)~추수동장(秋收冬藏)

> ## [3의 1단] 찰 한(寒) 올 래(來) 더울 서(暑) 갈 왕(往)
>
> 한(寒)　래(來)　서(暑)　왕(往)
> ①　②　③　④
> 추위가 오면 더위는 물러가고 (계절이 바뀌는 것을 말하는 것임)

- **찰 한(寒)** 자는 추울 한, 가난할 한, 떨 한 등으로 읽으며, 뜻은 '차다, 추위(추운 기운) 한기(寒氣: 추운 기운), 가난하다. 오싹하다'입니다. 여기서는 '추위(추운 기운)'로 풀이합니다.

- **올 래(來)** 자는 돌아올 래 등으로 읽으며, 뜻은 '오다, 다가오다, 내일(來日) 내년(來年: 올해의 다음 해), 미래(未來: 앞으로 올 해)'입니다. 여기서는 '오다'로 풀이하여 '한래(寒來)'를 추위가 오면'으로 풀이합니다.

- **더울 서(暑)** 자는 여름철 서 등으로 읽으며, 뜻은 '덥다, 더위, 서기(暑氣: 여름철의 더운 기운)'입니다. 여기서는 '더위(더운 기운)'로 풀이합니다.

- **갈 왕(往)** 자는 이따금 왕 등으로 읽으며, 뜻은 '가다, 왕복(往復: 갔다가 돌아옴)'입니다. 여기서는 '가다'로 풀이하여 서왕(暑往)을 '더위는 물러가고'로 풀이합니다.

◎ **한래서왕(寒來暑往)**이란 '추위가 오면 더위는 물러가고, 더위가 오면 추위는 가니' 등으로 풀이하며, 계절(季節: 1년을 봄, 여름, 가을, 겨울의 넷으로 나눈 그 한 동안)이 바뀌는 것을 말한 것입니다.

※ 두음(頭音)법칙이란 단어의 맨 앞에 어떤 특정한 음이 오는 것을 기피하는 방법으로, 예를 들면 올 래(來) 자가 맨 앞에 있으면 '내', 뒤에 있으면 '래'라고 읽고 씁니다. 내일(來日) 내년(來年) 한래(寒來: 추위가 오면) 미래(未來) 등. 중국어(한자)에서는 원래 두음법칙이 없어 항상 그 발음으로 읽지만, 한자를 한글로 읽었을 때는 우리말의 법칙을 따라야 합니다. 두음법칙은 우리나라에서도 예외 규정이 있지만, 중국이나 북한에서는 두음법칙을 사용하지 않습니다. 참고 바랍니다.

추(秋) 수(收) 동(冬) 장(藏)
①   ②   ③   ④
가을에는 (곡식을) 거두고 겨울에는 감추어 저장한다.

- **가을 추(秋)** 자는 세월 추, 때 추 등으로 읽으며, 뜻은 '가을, 세월, 때, 시기, 추석(秋夕: 우리나라 명절의 하나, 음력 8월 15일) 한가위(음력 팔월 보름날. 추석 명절)'입니다. 여기서는 '가을'로 풀이합니다.

- **거둘 수(收)** 자는 모을 수, 정돈할 수 등으로 읽으며, 뜻은 '거두다, 수확(收穫: 곡식을 거두어들임)'입니다. 여기서는 '거두다'로 풀이하여 추수(秋收)를 '가을에는 곡식을 거두고'로 풀이합니다. 속자(俗子: 한자가 간단히 되거나 아주 새로 되어 통용되는 글자)로 '거둘 수(収)'라고 씁니다.

- **겨울 동(冬)** 자는 겨울 지낼 동으로 읽으며, 뜻은 '겨울, 동기(冬期: 겨울철) 동복(冬服: 겨울 옷)'입니다. 여기서는 '겨울'로 풀이합니다. 참고로 '춘(春: 봄), 하(夏: 여름), 추(秋: 가을), 동(冬: 겨울)' 사계절을 알아 두기 바랍니다.

- **감출 장(藏)** 자는 광 장, 곳집 장 등으로 읽으며, 뜻은 '감추다, 간직하다, 저장(貯藏: 쌓아서 간직하여 둠, 갈무리)광(물건을 넣어 두는 곳간)'입니다. 여기서는 '감추어 저장한다'로 풀이하여 동장(冬藏)을 '겨울에는 감추어 저장한다' 등으로 풀이합니다.

◎ **추수동장(秋收冬藏)**이란 '가을에는 수확하고 겨울에는 저장(貯藏: 쌓아서 간직하여 둠, 갈무리)한다' 등으로 풀이하며, 따뜻한 봄에는 모든 식물(곡식, 채소 등)의 싹이 나오고, 여름에는 자라고, 가을에는 거두어들이고, 겨울에는 감추어(갈무리, 저장) 둔다는 것을 말한 것입니다.

(문장 3) 한래서왕(寒來署往)~추수동장(秋收冬藏):
추위가 오면 더위는 물러가고 계절이 바뀌는 것을 말하는 것이고, 가을에는 곡식을 거두고 겨울에는 감추어 저장한다.

4. 윤여성세(閏餘成歲)~율려조양(律呂調陽)

<table>
<tr><td colspan="4">[4의 1단] 윤달 윤(閏) 남을 여(餘) 이룰 성(成) 해 세(歲)</td></tr>
<tr><td>윤(閏)</td><td>여(餘)</td><td>성(成)</td><td>세(歲)</td></tr>
<tr><td>①</td><td>②</td><td>③</td><td>④</td></tr>
<tr><td colspan="4">윤달이 남아 해를 이루고(여기서 해는 1년을 말하는 것임)</td></tr>
</table>

- **윤달 윤(閏)** 자의 뜻은 '윤달, 윤년(閏年: 윤달이 든 해)'입니다. 윤달은 양력과 음력의 차이를 알아야 합니다. 양력은 지구가 태양의 둘레를 한 바퀴 도는 시간을 기준으로 만든 달력으로 1년이 365일 몇 시간이 남고, 음력은 달이 지구의 둘레를 도는 시간을 한 달로 삼아서 만든 달력으로 1년이 약 354일로 양력보다 약 11일이 짧아 이를 조절하기 위해 5년에 2번 비율로 1년을 13개월로 만들어 더 보태진 달을 '윤달'이라고 하고, 윤달이 든 해를 윤년이라고 합니다. 여기서는 '윤달'로 풀이합니다.

- **남을 여(餘)** 자는 나머지 여 등으로 읽으며, 뜻은 '남다, 나머지, 여가'입니다. 여기서는 '남다'로 풀이하여 윤여(閏餘)를 '윤달이 남아'로 풀이합니다.

- **이룰 성(成)** 자는 마칠 성 등으로 읽으며, 뜻은 '이르다, 되다, 성공(成功: 목적을 이룸, 뜻을 이룸)'입니다. 여기서는 '이루고'로 풀이합니다.

- **해 세(歲)** 자는 돐 세, 일 년 세, 새해 세, 풍년 세, 나이 세, 세월 세 등으로 읽으며, 뜻은 '해(1년을 말함), 나이, 세월(歲月: 흘러가는 시간)'입니다. 여기서는 '해(1년)'로 풀이하여 성세(成歲)를 '해를 이루고'로 풀이합니다.

◎ **윤여성세(閏餘成歲)**란 '윤달이 남은 것으로 해(1년)를 이루었고' 등으로 풀이하며, 윤달은 양력에서는 4년마다 1년을 366일로 하루를 늘려 윤일(閏日: 양력 2월 29일)을 만들어 '윤일'이 든 해를 윤년, 윤일이 든 달(2월 29일)을 윤달이라고 말하고, 음력에서는 5년에 두 번 비율로 1년을 13개월로 1개월을 더 보태어 윤달을 만들어 한 해(1년)를 조절한다는 내용입니다. 지면 관계상 간단하게 설명했습니다. 참고 바랍니다.

율(律) 려(呂) 조(調) 양(陽)
①   ②   ③   ④
율과 여로 (천지 간의) 음양을 고르게 하니(율은 양이고 여는 음이다.)

● **법 률(律)** 자는 지을 률 등으로 읽으며, 뜻은 '법, 율법(律法: 법률, 규칙), 풍류 (風流: 멋스럽게 노는 일, 음악을 일컫는 말 등), 음률(音律: 소리와 음악의 가락)'입니다. 여기서는 법이 아니라 '음률'로 풀이합니다.

● **음률 려(呂)** 자는 풍류 려 등으로 읽으며, 뜻은 '음률, 풍류, 등골뼈' 등인데, 여기서는 '음률(소리와 음악의 가락)'로 풀이하여 율려(律呂)를 '율과 여'로 풀이합니다. 율(律)은 양(陽), 여(呂)는 음(陰)에 속하는 소리라고 합니다.

● **고를 조(調)** 자는 가릴 조 등으로 읽으며, 뜻은 '고르다, 조화(調和: 서로 어울리게 함)'입니다. 여기서는 '고르게 하니'로 풀이합니다.

● **볕 양(陽)** 자는 해양 등으로 읽으며, 뜻은 '햇볕'입니다. 반대 글자는 그늘 음(陰) 자입니다. 여기서는 조양(調陽)을 '조음양(調陰陽)'으로 풀이하여 '천지 간의 음양을 고르게 한다'로 풀이하면 됩니다. 역학(易學: 주역에 관한 학문)에서는 이 세상 모든 만물은 음(-)과 양(+)으로 되어 있다고 합니다. 적극적인 것은 양(하늘, 해, 남자 등), 반대는 음(땅, 달, 여자 등)입니다. 음(-)과 양(+)의 기운이 잘 어우러져야 살기 좋은 세상이 된다고 합니다.

◎ **율려조양(律呂調陽)**이란 '율과 여의 12가지 소리로 음양을 고르게 한다' 등으로 풀이하며, 6률과 6려의 12가지 소리를 만들어 봄, 여름, 가을, 겨울 사계절, 12달에 맞게 음과 양의 기운(춥고 더운 기운)을 조절하여 잘 어우러지게 한다는 내용입니다.

※ 법 률(律) 자와 음률 려(呂) 자는 두음법칙에 의하면 앞에 있으면 '율, 여'로, 뒤에 있으면 '률, 려'로 읽고 씁니다. 율려(律呂), 여포(呂布) 등.

(문장 4) 윤여성세(閏餘成歲)~율려조양(律呂調陽):
윤달이 남아 해를 이루고, 율과 여로 천지 간의 음양을 고르게 하니 율은 양이고 여는 음이다.

5. 운등치우(雲騰致雨)~노결위상(露結爲霜)

[5의 1단] 구름 운(雲) 오를 등(騰) 이를 치(致) 비 우(雨)
운(雲) 등(騰) 치(致) 우(雨) ① ② ③ ④ 구름이 올라가 비를 이루고(비가 되고)

● **구름 운(雲)** 자는 은하수 운, 하늘 운 등으로 읽으며, 뜻은 '구름, 백운(白雲: 흰 구름), 청운(靑雲: 푸른 빛깔의 구름, 높은 명예나 벼슬을 이르는 말)'입니다. 여기서는 '구름'으로 풀이합니다.

● **오를 등(騰)** 자는 뛰어오를 등으로 읽으며, 뜻은 '뛰어오르다, 등락(騰落: 물가가 오르고 내림)'입니다. 여기서는 '오르다'로 풀이하여 운등(雲騰)을 '구름이 올라가고'로 풀이합니다.

● **이를 치(致)** 자는 극진할 치, 연구할 치, 일으킬 치 등으로 읽으며, 뜻은 '이루다, 이르다, 다하다, 치부(致富: 부자가 됨, 부를 이룸), 경치(景致: 자연의 아름다운 모습)'입니다. 여기서는 '이루다, ~가 되고'로 풀이합니다.

● **비 우(雨)** 자는 비 올 우 등으로 읽으며, 뜻은 '비(구름이 찬 기운을 만나서 엉겨 맺혀 떨어지는 물방울), 비 오다, 우천(雨天: 비가 내리는 하늘), 우산(雨傘)'이라고 쓰는 글자입니다. 여기서는 '하늘에서 내리는 비'로 풀이하여 치우(致雨)를 '비를 이루고 비가 되고' 등으로 풀이합니다.

◎ **운등치우(雲騰致雨)**란 구름이 올라가 비가 되고, 수증기가 올라가 구름이 되고 등으로 풀이하며, 수증기(물이 증발하여 생긴 김)가 증발(액체나 고체가 기체로 변함, 그 현상)하여 구름이 되어 하늘에 올라가서 비로 변하여 지상(地上: 땅 위)으로 비를 내린다는 내용으로, 수증기가 올라가는 것을 '구름이 올라가다'로 표현한 것이며, 즉 수증기가 올라가 구름이 되고 구름이 두터워지면 비가 된다는 것을 말한 것입니다. 참고로 비 우(雨) 자와 구름 운(雲) 자를 공부했으니 눈 설(雪) 자도 알아 두기 바랍니다.

노(露) 결(結) 위(爲) 상(霜)
①   ②   ③   ④
이슬이 맺혀 (찬 기운과 만나면) 서리가 된다. (자연의 기상, 날씨를 말한 것임.)

● **이슬 로(露)** 자는 드러낼 로 등으로 읽으며, 뜻은 '이슬(수증기가 찬 공기와 엉겨서 된 물방울), 한데(집의 바깥), 노점(露店: 한데에 내는 가게)'입니다. 여기서는 '이슬'로 풀이합니다.

● **맺을 결(結)** 자는 마칠 결 등으로 읽으며, 뜻은 '맺다, 결혼(結婚)'입니다. 여기서는 '맺다'로 풀이하여 노결(露結)을 '이슬이 맺혀'로 풀이합니다.

● **할 위(爲)** 자는 위할 위 등으로 읽으며, 뜻은 '위하다, 되다, 위국(爲國: 나라를 위함)'입니다. 여기서는 '되다'로 풀이합니다.

● **서리 상(霜)** 자는 엄할 상 등으로 읽으며, 뜻은 '서리(대개 바람이 없는 밤 기온이 빙점 이하로 내렸을 때 수증기가 땅 위의 표면에 닿아서 엉긴 흰 가루 모양의 얼음), 엄하다, 세월(흘러가는 시간)'입니다. 여기서는 '서리'로 풀이하여 위상(爲霜)을 '서리가 된다'로 풀이합니다.

◎ **노결위상(露結爲霜)**이란 '이슬이 맺혀 엉겨서 서리가 된다' 등으로 풀이하며, 밤기운의 한기(寒氣: 추운 기운)가 풀잎에 맺혀 서리가 된다는 내용으로, 자연의 기상(氣象: 바람, 비, 구름, 눈 등 대기 중에서 일어나는 모든 현상) 날씨의 상태를 말한 것입니다.

※ 이슬 로(露) 자는 두음법칙에 의하면 앞에 있으면 노, 뒤에 있으면 '로'로 읽고 씁니다. 노결(露結), 노점(露店), 우로(雨露: 비와 이슬) 등.

(문장 5) 운등치우(雲騰致雨)~노결위상(露結爲霜):
구름이 올라가 비를 이루고, 비가 되고, 이슬이 맺혀 찬 기운과 만나면 서리가 된다. 자연의 기상, 날씨를 말한 것이다.

6. 금생려수(金生麗水)~옥출곤강(玉出崑岡)

- **쇠 금(金)** 자는 금 금, 돈 금, 성(姓) 김, 땅이름 김 등 두 가지 발음(금과 김)으로 읽으며, 뜻은 '쇠, 금, 돈, 성(김씨: 金氏), 땅이름(김포: 金浦 김해: 金海)'입니다. 우리는 보통 '김씨(金氏)'라고 읽고 쓰는 글자인데, 여기서는 '쇠 금(金)'으로 읽고 씁니다.

- **날 생(生)** 자는 낳을 생, 목숨 생, 어조사 생 등으로 읽으며, 뜻은 '낳다, 생기다, 생산(生産: 인간이 생활하는 데 필요한 물건을 만들어 냄, 아기를 낳음), 살다, 생활(生活: 살아서 활동함, 삶), 사람, 학생(學生: 학교에서 공부하는 사람)'입니다. 여기서는 '낳다, 나오고'로 풀이하여 금생(金生)을 '금이 나오고'로 풀이합니다.

- **고울 려(麗)** 자는 빛날 려, 베풀 려, 나라이름 리, 부딪칠 리, 붙을 리 등 두 가지 발음(려와 리)으로 읽으며, 뜻은 '곱다, 아름답다, 화려(華麗: 빛나고 아름다움)'입니다. 나라의 이름 고려(高麗), 고구려(高句麗)라고 쓰는 글자입니다.

- **물 수(水)** 자는 홍수 수 등으로 읽으며, 뜻은 '물, 수로(水路: 뱃길, 물길) 수력(水力: 물의 힘) 수영(水泳: 헤엄)'입니다. 여기서는 '물'로 풀이하여 여수(麗水)를 중국의 강 이름 '여수'로 풀이합니다.

◎ **금생려수(金生麗水)** 란 '금은 여수에서 나오고' 등으로 풀이하며, 금(金: 누른 빛깔의 쇠붙이, 금반지 등을 만드는 귀금속)이 여수 강에서 많이 나온다는 내용으로, 마을 사람들은 여수 강에서 강모래를 걸러서 사금(砂金, 沙金: 금이 섞인 모래)을 채취하였다고 합니다.

※ 고울 려(麗) 자는 두음법칙에 의하면 앞에 있으면 '여', 뒤에 있으면 '려'로 읽고 씁니다. 여수(麗水), 화려(華麗), 고구려(高句麗) 등.

옥(玉) 출(出) 곤(崑) 강(岡)
① ④ ② ③
옥은 곤강에서 (많이) 나온다. (곤강은 중국에 있는 산 이름, 곤륜산을 말한다.)

● **구슬 옥(玉)** 자는 옥 옥, 사랑할 옥 등으로 읽으며, 뜻은 '구슬, 옥, 아름답다'입니다. 여기서는 아이들의 장난감인 구슬이 아니라, 아주 귀한 아름다운 보석인 '옥(玉)'을 말하는 것입니다. '주옥(珠玉: 구슬과 옥, 잘된 글)'. 여기서는 보석인 '옥(玉)'으로 풀이합니다. 임금 왕(王) 자와 비슷하니 참고 바랍니다.

● **날 출(出)** 자는 낳을 출 등으로 읽으며, 뜻은 '낳다, 출생(出生: 세상에 태어남), 나가다, 출입구(出入口: 나갔다가 들어왔다가 하는 어귀나 문)'입니다. 여기서는 '낳다, 나가다'로 풀이하여 옥출(玉出)을 '옥이 나온다'로 풀이합니다.

● **메 곤(崑)** 자는 산 이름 곤, 곤륜산 곤 등으로 읽으며, 뜻은 '산 이름'입니다. 곤륜산은 중국에 있는 산 이름입니다. 산(山)은 우리말로 '메' 또는 '뫼'로 읽고 씁니다.

● **메 강(岡)** 자는 산등성이 강 등으로 읽으며, 뜻은 '산, 언덕'입니다. 여기서는 곤강(崑岡)을 '곤강'으로 풀이하는데, 곤강은 강이 아니라 '곤륜산'을 말하는 것입니다.

◎ **옥출곤강(玉出崑岡)**이란 '옥은 곤강에서 나온다' 등으로 풀이하며, 곤강은 강 이름이 아니라 중국에 있는 곤륜산을 말하는데, 중국의 신화(神話: 오랜 옛날에 신을 중심으로 한 이야기)나 전설(傳說: 옛날부터 전해 오는 이야기)에 나오는 낙원(樂園: 살기 좋은 즐거운 곳) 중에서 신선(神仙: 도를 닦아 도에 통한 사람 등)들이 산다는 성산(聖山: 성스러운 산)이라고 합니다.

(문장 6) 금생려수(金生麗水)~옥출곤강(玉出崑岡):
금은 여수에서 많이 나오고, 옥은 곤강에서 많이 나온다. 곤강은 중국에 있는 산 이름 곤륜산을 말한다.

29

7. 검호거궐(劍號巨闕)~주청야광(珠稱夜光)

● **칼 검(劍)** 자는 칼을 쓰는 법검 등으로 읽으며, 뜻은 '칼(물건을 베고 썰고 깎는 연장), 장검(長劍: 허리에 차던 긴 칼), 단검(短劍: 길이가 짧은 칼), 보검(寶劍: 보배로운 칼)'입니다. 여기서는 '칼'로 풀이합니다. 칼 검(劒) 같은 글자로 씁니다.

● **이름 호(號)** 자는 부르짖을 호, 호령할 호 등으로 읽으며, 뜻은 '부르다, 호령하다, 이름, 아호(雅號: 문인, 학자 등이 본 이름 외에 지어 부르는 이름), 호령(號令: 지휘하는 명령 등)'입니다. 여기서는 '이름'으로 풀이하여 검호(劍號)를 '칼 이름'으로 풀이합니다. 약자(略字)로 '이름 호(号)'라고 씁니다.

● **클 거(巨)** 자는 많은 거 등으로 읽으며, 뜻은 '크다, 거물(巨物: 학문이나 세력 같은 것이 크게 뛰어난 인물), 거인(巨人: 몸이 큰 사람), 거부(巨富: 큰 부자, 많은 재산)' 등에 쓰이는 글자입니다. 클 거(鉅) 자가 또 있습니다.

● **집 궐(闕)** 자는 대궐 궐 등으로 읽으며, 뜻은 '대궐(大闕: 임금이 거처하는 집), 궁궐(宮闕)'입니다. 여기서는 거궐(巨闕)을 큰 대궐이 아니라 '보검(보배스러운 칼)'의 이름인 '거궐'로 풀이합니다.

◎ **검호거궐(劍號巨闕)**이란 '칼 가운데에서는 거궐을 입에 올려 부르고, 거궐은 칼 이름이고, 검은 거궐을 으뜸으로 삼고, 칼은 거궐이라고 이름하고' 등으로 풀이하며, 거궐은 보검(보배로운 칼)의 이름으로 오나라의 구야자(區冶子)라는 사람이 만든 칼이라고 합니다. 중국 월나라 임금 구천(句踐)이 오나라와 싸워 이기고 여섯 자루(거궐, 오구, 담로, 간장, 어장, 막야)의 보검을 얻었는데, 그중에서 '거궐'이 가장 으뜸(첫째)이라는 내용입니다.

주(珠) 칭(稱) 야(夜) 광(光)
①   ④   ②   ③
구슬은 야광이라 일컫는다. (그 빛이 밤에 더 빛나기 때문이다.)

● **구슬 주(珠)** 자는 진주 주 등으로 읽으며, 뜻은 '구슬(유리나 사기 등으로 둥글게 만든 놀이기구)'입니다. 여기서는 아이들의 장난감인 둥근 구슬이 아니라 어두운 밤에도 빛을 내는 크고 아름다운 바다 진주(珍珠: 보배스럽게 여기는 물건)를 말하는 것으로, '구슬(진주)'로 풀이합니다.

● **일컬을 칭(稱)** 자는 저울 칭 등으로 익으며, 뜻은 '~라고 일컫는다, 부르다, 칭호(稱號: 일컫는 이름), 명칭(名稱: 사물을 부르는 이름)'입니다. 여기서는 '일컫는다'로 풀이하여 주칭(珠稱)을 '구슬은 ~라고 일컫는다'로 풀이합니다.

● **밤 야(夜)** 자는 어두울 야, 해질 야 등으로 읽으며, 뜻은 '어두운 밤, 야간(夜間: 밤사이, 밤 동안), 야근(夜勤: 밤에 근무함), 야학(夜學: 밤에 글을 배움)'입니다. 여기서는 '어두운 밤'으로 풀이합니다.

● **빛 광(光)** 자는 빛날 광, 색 광, 비출 광 등으로 읽으며, 뜻은 '빛, 빛나다, 광채(光彩: 찬란한 빛), 자랑'입니다. 여기서는 '빛나는 빛'으로 풀이하여 야광(夜光)을 '야광(밤에 빛나는 빛)'으로 풀이합니다.

◎ **주칭야광(珠稱夜光)**이란 '구슬(진주)을 야광이라 일컫나니' 등으로 풀이하며, 구슬 중에서는 밤에도 빛나는 야광주가 제일이라는 내용입니다. 야광주(夜光珠)는 보통 진주가 아닌 중국 고대에 있었다는 어두운 밤에도 빛을 내는 귀중한 보석인 바다 진주를 말하는 것입니다. 참고 바랍니다.

(문장 7) 검호거궐(劍號巨闕)~주칭야광(珠稱夜光):
칼은 거궐이라는 칼이 이름나고, 구슬은 야광이라 일컫는다. 그 빛이 밤에 더 빛나기 때문이다.

8. 과진리내(果珍李柰)~채중개강(菜重芥薑)

> **[8의 1단] 과실 과(果) 보배 진(珍) 오얏 리(李) 능금 내(柰)**
>
> 과(果)　진(珍)　리(李)　내(柰)
> ①　　④　　②　　③
> 과일 중에서는 오얏(자두)과 능금(사과)을 보배스럽게 여기고

- **과실 과**(果) 자는 실과 과, 과연 과, 열매 과 등으로 읽으며, 뜻은 '과실(果實: 과일, 실과) 과수(果樹: 과실나무)'입니다. 여기서는 '과일'로 풀이합니다. 과실 과(菓) 자가 또 있습니다. '과자(菓子)'라고 쓰는 글자입니다. 참고 바랍니다.

- **보배 진**(珍) 자는 맛좋을 진 등으로 읽으며, 뜻은 '보배(썩 귀중한 물건), 진미(珍味: 음식의 썩 좋은 맛)'입니다. 여기서는 '보배스럽고, 진미' 등으로 풀이하여 과진(果珍)을 '보배스럽고, 진미가 으뜸이고' 등으로 풀이합니다.

- **오얏 리**(李) 자는 행장 리, 보따리 리, 선비 천거할 리, 역말 리, 성(姓) 리 등으로 읽으며, 뜻은 '오얏, 자두나무, 이화(梨花: 오얏, 자두나무꽃)'입니다. 보통 이씨(李氏)라고 읽고 쓰는 글자인데, 여기서는 '오얏(자두)'으로 풀이합니다.

- **능금 내**(柰) 자는 사과 내, 어찌 내 등으로 읽으며, 뜻은 '능금, 사과(沙果: 사과나무의 열매), 어찌'입니다. 여기서는 '능금 사과(沙果)'로 풀이하여 이내(李柰)를 '오얏과 능금 사과'로 풀이합니다. 벚 내(柰) 자로 표기된 책도 있습니다. '벚(버찌)'으로도 풀이합니다.

◎ **과진리내**(果珍李柰)란 '과일 중에서는 오얏과 벚의 진미가 으뜸이고, 과일 중에서는 오얏과 능금이 보배스럽고' 등으로 풀이하며, 과일 중에서는 오얏(자두)과 능금(사과)의 진미, 맛이 으뜸이라는 내용입니다.

※ 오얏 리(李) 자는 원음은 '리'지만 두음법칙에 의하면 앞에 있으면 '이', 뒤에 있으면 '리'로 읽고 씁니다. 이화(梨花), 이도(李桃), 행리(行李) 등 두음법칙은 우리나라에서도 예외 규정이 있지만 중국이나 북한에서는 사용하지 않습니다. 참고 사항입니다.

채(菜)　중(重)　개(芥)　강(薑)
①　　④　　②　　③
나물(채소) 중에서는 겨자와 생강을 소중하게 여긴다.

● **나물 채(菜)** 자는 반찬 채 등으로 읽으며, 뜻은 '나물, 채소(온갖 푸성귀, 남새),
채식(菜食: 반찬을 푸성귀로만 먹음)'입니다. 여기서는 '나물, 채소(푸성귀)'로 풀이
합니다.

● **무거울 중(重)** 자는 거듭 중 등으로 읽으며, 뜻은 '무겁다, 소중하다(所重: 매우
필요하고 중하다), 중요하다(重要: 매우 귀중하고 요긴함, 소중함)'입니다. 여기서는
'소중하다'로 풀이하여 채중(菜重)을 '나물 중에서는 소중하게 여긴다'로 풀이
합니다.

● **겨자 개(芥)** 자는 갓 개, 지푸라기 개 등으로 읽으며, 뜻은 '겨자'입니다. 겨자
는 식물 이름입니다. 매운맛이 있으며, 씨는 양념과 약재(藥材: 약의 재료)로 쓰
임입니다. 여기서는 '겨자'로 풀이합니다.

● **생강 강(薑)** 자는 새앙 강 등으로 읽으며, 뜻은 '생강(채소로 재배하고 있으며, 여
러해살이풀임)'입니다. 맛이 맵고 향기가 좋아 양념과 건위제(위장을 튼튼하게
하는 약의 재료)로 쓰임입니다. 여기서는 '생강'으로 풀이하여 개강(芥薑)을 '겨자
와 생강'으로 풀이합니다.

◎ **채중개강(菜重芥薑)**이란 '야채 중에서는 겨자와 생강을 중요하게 여긴다' 등으로 풀
이하며, 겨자는 위장을 따뜻하게 하고, 생강은 정신을 맑게 하니 채소 중에서 겨
자와 생강을 소중하게 여긴다는 내용입니다.

(문장 8) 과진리내(果珍李奈)~채중개강(菜重芥薑):
과일 중에서는 오얏, 자두와 능금, 사과를 보배스럽게 여기고, 나물 채소 중에서는 겨
자와 생강을 소중하게 여긴다.

9. 해함하담(海鹹河淡)~인잠우상(鱗潛羽翔)

> **[9의 1단] 바다 해(海) 짤 함(鹹) 물 하(河) 맑을 담(淡)**
>
> 해(海) 함(鹹) 하(河) 담(淡)
> ①   ②   ③   ④
> 바닷물은 맛이 짜고 하수(강물, 냇물)는 싱겁고 맑으며

● **바다 해(海)** 자는 세계 해, 많을 해, 넓을 해 등으로 읽으며, 뜻은 '바다, 해양(海洋: 크고 넓은 바다), 널리 해서(海恕: 널리 용서함) 많다' 등인데, 여기서는 '바닷물'로 풀이합니다.

● **짤 함(鹹)** 자는 뜻은 '짜다, 함수(鹹水: 짠물, 곧 바닷물)'입니다. 여기서는 '맛이 짜다'로 풀이하여 해함(海鹹)을 '바닷물은 맛이 짜다'로 풀이합니다. 속자로 '짤 함(醎)'이라고 씁니다.

● **물 하(河)** 자는 강물 하, 은하수 하 등으로 읽으며, 뜻은 '물, 강, 내, 하천(河川: 내, 시내, 개천)'입니다. 하수(河水: 냇물, 강물)와 하수(下水: 빗물, 가정에서 흘러나오는 더러운 물)는 뜻이 다르니 착오 없기를 바랍니다.

● **맑을 담(淡)** 자는 싱거울 담, 묽을 담 등으로 읽으며, 뜻은 '묽다(되지 않고 물기가 너무 많다), 민물(짜지 않은 물), 싱겁다(짜지 않다), 욕심 없다, 담담(淡淡: 욕심이 없고 마음이 깨끗한 모양), 담수(淡水: 짠맛이 없는 맑은 물, 민물)'입니다. 여기서는 '싱겁다, 맑다' 등으로 풀이하여 하담(河淡)을 '하수(河水: 냇물, 강물)는 싱겁고 맑다, 묽다' 등으로 풀이합니다.

◎ **해함하담(海鹹河淡)**이란 '바닷물은 맛이 짜고 하수(냇물, 강물)는 싱겁고 맑다' 등으로 풀이하며, 바닷물은 짜고, 냇물 강물은 싱겁고 아무 맛이 없고 맑다는 내용으로, 바닷물과 강물, 냇물(하수)의 차이점을 말한 것입니다.

인(鱗)　잠(潛)　우(羽)　상(翔)
①　　②　　③　　④
비늘 있는 물고기는 물속에 잠기고 깃(날개) 달린 새는 하늘을 날아다닌다.

- **비늘 린(鱗)** 자는 물고기 린 등으로 읽으며, 뜻은 '비늘 물고기, 어린(魚鱗: 물고기와 비늘)'입니다. 여기서는 '비늘 있는 물고기'로 풀이합니다.

- **잠길 잠(潛)** 자는 감출 잠, 깊을 잠 등으로 읽으며, 뜻은 '잠기다, 잠수(潛水: 물속에 잠김), 숨기다, 잠복(潛伏: 물속에 잠김)'입니다. 여기서는 '물속에 잠기고'로 풀이하여 인잠(鱗潛)을 '비늘 있는 물고기는 물속에 잠기고'로 풀이합니다.

- **깃 우(羽)** 자는 펼 우 등으로 읽으며, 뜻은 '깃(날개) 우모(羽毛: 새의 깃털)'입니다. 여기서는 '깃(날개) 달린 새'로 풀이합니다.

- **날 상(翔)** 자는 돌아날 상, 엄숙할 상 등으로 읽으며, 뜻은 '날다, 날아가다, 상공(翔空: 하늘을 날아 돎)'입니다. 여기서는 '하늘을 날다'로 풀이하여 우상(羽翔)을 '깃(날개) 달린 새는 하늘을 난다, 날아다닌다' 등으로 풀이합니다.

◎ **인잠우상(鱗潛羽翔)**이란 '비늘 있는 물고기는 물속에 잠기고, 날개 있는 새는 하늘을 난다' 등으로 풀이하며, 자연을 이루는 만물의 다양(多樣: 여러 가지 모양)함을 물고기와 새를 예로 들어 말한 것이라고 합니다.

※ 비늘 린(鱗) 자는 두음법칙에 의하면 앞에 있으면 '인', 뒤에 있으면 '린'으로 읽고 씁니다. 인잠(鱗潛) 어린(魚鱗: 물고기의 비늘) 등.

(문장 9) 해함하담(海鹹河淡)~인잠우상(鱗潛羽翔):
바닷물은 맛이 짜고, 하수, 강물, 냇물은 싱겁고 맑으며 비늘 있는 물고기는 물속에 잠기고, 깃, 날개 달린 새는 하늘을 날아다닌다.

10. 용사화제(龍師火帝)~조관인황(鳥官人皇)

> **[10의 1단] 용 룡(龍) 스승 사(師) 불 화(火) 임금 제(帝)**
>
> 용(龍) 사(師) 화(火) 제(帝)
> ①   ②   ③   ④
> (중국 고대의 제왕에) 용사(복희씨)와 화제(신농씨)가 있었고

- **용 룡(龍)** 자는 임금님 룡, 둔덕 룡, 잿빛 방 등 세 가지 발음(룡, 롱, 방)으로 읽으며, 뜻은 '용(상상의 동물임), 용궁(龍宮: 바닷속에 있다는 용왕의 궁전), 고자(古字: 옛 글씨의 체)'로, '용 룡(竜)'이라고 씁니다.

- **스승 사(師)** 자는 선생님 사, 본받을 사, 어른 사 등으로 읽으며, 뜻은 '스승(선생님)'입니다. 여기서는 용사(龍師)를 중국 고대의 전설적인 제왕으로 천황(天皇)이라고도 일컫는 '복희씨'를 말하는 것으로, '용사 복희씨'로 풀이합니다.

- **불 화(火)** 자는 빛날 화, 급할 화 등으로 읽으며, 뜻은 '불, 매우 화급(火急: 매우 급함), 화광(火光: 불빛), 불'을 뜻하는 글자입니다.

- **임금 제(帝)** 자는 제왕 제, 하느님 제 등으로 읽으며, 뜻은 '임금'입니다. 중국 고대의 전설적인 제왕으로 지황(地皇)이라고도 일컫는 신농씨를 말하는 것으로, 신농씨는 처음에 불을 때서 밥을 지어 먹는 것을 연구하여 그때부터 화식(火食: 불에 익힌 음식을 먹음)이 이루어졌다고 합니다. 그래서 화제(火帝)를 '불의 임금이요 또는 화제 신농씨'로 풀이합니다.

◎ **용사화제(龍師火帝)**란 '용의 벼슬이요 불의 임금이라. 복희씨는 용(龍)자로 벼슬 이름을 붙였고, 신농씨는 화(火) 자로 기록하였다' 등으로 풀이하며, 중국 고대의 제왕에 용사 복희씨와 화제 신농씨가 있었다는 내용입니다.

※ 용 룡(龍) 자는 두음법칙에 의하면 앞에 있으면 '용' 뒤에 있으면 '룡'으로 읽고 씁니다. 용사(龍師), 용산(龍山), 계룡산(鷄龍山) 등.

조(鳥) 관(官) 인(人) 황(皇)
①   ②   ③   ④
(또) 조관(소호씨)과 인황씨가 있었다.

● **새 조(鳥)** 자는 뜻은 '새(날짐승), 조류(鳥類: 새의 종류), 높다, 조감(鳥瞰: 높은 곳에서 내려다봄), 날아다니는 새를 뜻하는 글자입니다.

● **벼슬 관(官)** 자는 맡을 관 등으로 읽으며, 뜻은 '벼슬, 관리(官吏: 벼슬아치, 공무원)'입니다. 여기서는 조관(鳥官)을 중국 고대의 전설적인 제왕의 한 사람인 '소호씨(小昊氏)'를 말하는 것으로, '조관 소호씨'로 풀이합니다.

● **사람 인(人)** 자는 남 인 등으로 읽으며, 뜻은 '사람 남, 인간(人間: 사람)'입니다. 사람 인(人) 자는 '사람'을 뜻하는 글자입니다.

● **임금 황(皇)** 자는 클 황, 황제 황, 빛날 왕 등 두 가지 발음(황과 왕)으로 읽으며, 뜻은 '임금, 황제(皇帝: 임금을 높이는 말)'입니다. 여기서는 인황(人皇)을 중국 고대의 제왕인 헌원황제(黃帝)를 말하는 것으로, '인황(人皇)씨'로 풀이합니다.

◎ **조관인황(鳥官人皇)**이란 '조관 소호씨는 새의 이름으로 벼슬 이름을 기록하고, 헌원황제(黃帝)는 인문(人文: 인간의 문화)을 갖추었으므로 인황(人皇)이라고 하였다' 등으로 풀이하며, 중국 고대의 전설적인 제왕으로 삼황오제(三皇五帝: 3명의 황제와 5명의 제왕)가 있었다고 하는데, 여기서는 삼황오제 중에서 천황(天皇: 복희씨), 지황(地皇: 신농씨), 인황(人皇: 황제: 黃帝), 조관(鳥官: 소호씨) 네 사람의 제왕을 말한 것입니다. 황제(皇帝)는 임금을 높이는 말이고, 황제(黃帝)는 인황(人皇) 한 사람을 말하는 것이니 황제(皇帝)와 황제(黃帝)를 구별해서 알아 두기 바랍니다. 참고 사항입니다.

(문장 10) 용사화제(龍師火帝)~조관인황(鳥官人皇):
중국 고대의 제왕에 용사 복희씨와 화제 신농씨가 있었고, 또 조관 소호씨와 인황씨가 있었다.

11. 시제문자(始制文字)~내복의상(乃服衣裳)

[11의 1단] 비로소 시(始) 지을 제(制) 글월 문(文) 글자 자(字)

시(始) 제(制) 문(文) 자(字)
①   ④   ②   ③
비로소 처음으로 문자(글자)를 만들고

● **비로소 시(始)** 자는 처음 시, 시작할 시 등으로 읽으며, 뜻은 '비로소(처음으로), 시작(始作: 처음으로 함)'입니다. 여기서는 '비로소, 처음'으로 풀이합니다.

● **지을 제(制)** 자는 마를 제, 금할 제, 억제할 제 등으로 읽으며, 뜻은 '억제하다, 누르다, 제도(制度: 국가의 법률과 명령으로 만든 법칙), 제작(制作: 예술 작품을 만듦)'입니다. 여기서는 '제작, 만들고'로 풀이하여 시제(始制)를 '비로소 처음으로 ~를 만들고'로 풀이합니다. 과자나 물건을 만들 때는 지을 제(製) 자를 쓰고, 법률이나 문자를 정하고 만들 때는 지을 제(制) 자를 씁니다. 참고 바랍니다.

● **글월 문(文)** 자는 글 문, 꾸밀 문, 법 문, 문채 문, 빛날 문 등으로 읽으며, 뜻은 '글, 글월, 문장(文章: 글, 글월), 무늬, 문채(文彩: 무늬, 문장의 아름다운 광채)'입니다. 여기서는 '글(글자)'로 풀이합니다.

● **글자 자(字)** 자는 글씨 자, 자 자, 시집보낼 자 등으로 읽으며, 뜻은 '글자, 사랑하다'입니다. 여기서는 글자로 풀이하여 문자(文字)를 '문자(말의 음과 뜻을 표시하는 시각적 기호인 글자)'로 풀이합니다.

◎ **시제문자(始制文字)**란 '비로소 문자를 만들고' 등으로 풀이하며, 한자의 유래는 여러 가지 학설이 있는데, 중국 고대의 복희씨 또는 황제(黃帝) 임금 때의 사관이었던 '창힐'이 새와 짐승의 발자국을 보고 만들었다는 전설이 가장 널리 알려져 있습니다. 참고 바랍니다.

내(乃) 복(服) 의(衣) 상(裳)
①   ④   ②   ③
이내(글자가 생기고 곧) 옷(의상)을 입도록 하였다.

- **이에 내(乃)** 자는 어조사 내, 너 내, 곧 내 등으로 읽으며, 뜻은 '이에, 접속사임, 너, 그, 이내'입니다. 여기서는 '이내(글자가 생기고 곧)'로 풀이합니다.

- **입을 복(服)** 자는 옷 복 등으로 읽으며, 뜻은 '옷, 복장(옷차림), 복종하다(服從: 남의 명령 또는 의사에 따름), 먹다, 복약(服藥: 약을 먹음)'입니다. 여기서는 입을 복, 옷차림(옷을 갖추어서 입음)으로 풀이하여 내복(乃服)을 '이내 문자가 생기고 곧 ~을 입도록 하였다'로 풀이합니다.

- **옷 의(衣)** 자는 입을 의, 윗도리 의 등으로 읽으며, 뜻은 '의복(衣服: 옷) 옷 입다, 의관(衣冠: 옷과 갓)'입니다. 여기서는 '윗도리옷(저고리)'으로 풀이합니다.

- **치마 상(裳)** 자는 성할 상 등으로 읽으며, 뜻은 '치마(여자의 아랫도리의 겉옷)'입니다. 여기서는 '치마'로 풀이하여 의상(衣裳)을 '윗도리옷(저고리)과 치마(아랫도리옷)로 사람의 옷(의상)'으로 풀이합니다.

◎ **내복의상(乃服衣裳)**이란 '옷과 치마를 만들어 입게 했다. 황제(黃帝) 때에 '호조라는 사람이 처음으로 옷을 만들어 입도록 하였다.' 등으로 풀이하며, 황제(黃帝) 임금이 의관(衣冠: 옷과 갓)을 지어 신분(身分: 개인의 사회적 지위와 계급)의 등급을 구별하고 예법(禮法: 예의로써 지켜야 할 규범)에 맞는 몸가짐을 가지도록 하였다는 내용입니다.

(문장 11) 시제문자(始制文字)~내복의상(乃服衣裳):
비로소 처음으로 문자, 글자를 만들고, 이내 글자가 생기고 곧 옷, 의상을 입도록 하였다.

12. 추위양국(推位讓國)~유우도당(有虞陶唐)

추(推) 위(位) 양(讓) 국(國)
②   ①   ④   ③
임금의 자리를 미루어 주고 나라를 사양한 이는

- **밀 추**(推) 자는 미를 추, 밀 퇴 등 두 가지 발음(추와 퇴)으로 읽으며, 뜻은 '미루다, 추진(推進: 밀어 나아감), 퇴고(推敲: 시문의 자구를 생각하여 고치는 일)'입니다. 여기서는 '밀 추'로 '읽어 미루다(일을 남에게 떠넘기다)'로 풀이합니다.

- **벼슬 위**(位) 자는 자리 위 등으로 읽으며, 뜻은 '자리(관직, 계급, 지위, 신분, 서열 등의 등급이나 차례), 위계(位階: 벼슬의 등급)'입니다. 여기서는 '임금의 자리'로 풀이하여 추위(推位)를 임금의 자리를 미루고(남에게 떠넘기고)'로 풀이합니다.

- **사양 양**(讓) 자는 사양할 양 등으로 읽으며, 뜻은 '사양하다(辭讓: 받을 것을 겸손하게 안 받거나 자리를 남에게 양보하여 내어줌), 양보(讓步: 남에게 제 자리를 내어줌)'입니다. 여기서는 '사양하다, 양보하다'로 풀이합니다.

- **나라 국**(國) 자는 고향 국 등으로 읽으며, 뜻은 '나라, 조국(祖國: 조상 적부터 살던 나라, 모국), 국가(國家: 나라)'입니다. 여기서는 '나라'로 풀이하여 '양국(讓國)을 나라를 사양한다, 양보한다' 등으로 풀이합니다. 고자(古字: 옛 글씨의 체)로 나라 국(囗)이라고 쓰고, 약자로 나라 국(国, 国)이라고 씁니다. 참고 바랍니다.

◎ **추위양국**(推位讓國)이란 '벼슬을 미루고(남에게 떠넘기고) 나라를 사양하니, 양보하니' 등으로 풀이하며, 중국 고대의 제왕인 요(堯) 임금은 아들이 있는데도 나라를 아들에게 전하지 않고 덕이 있는 순(舜) 임금에게 순(舜) 임금도 아들이 있으면서 정권을 하(夏)나라 시조인 우(禹) 임금에게 전위(傳位: 왕위를 물려줌)하였다고 말한 것입니다.

유(有)　우(虞)　도(陶)　당(唐)
　①　　②　　③　　④
유우씨(순 임금)와 도당씨(요 임금)이었다.

- **있을 유**(有) 자는 또 유, 가질 유 등으로 읽으며, 뜻은 '있다, 가지다, 유능(有能: 재능이 있음), 유망(有望: 앞으로 잘될 듯함, 희망이 있음)'입니다. 또, '소유(所有: 가진 물건 또 가짐)' 등에 쓰는 글자입니다.

- **나라 우**(虞) 자는 나라 이름 우, 염려할 우 등으로 읽으며, 뜻은 '염려하다, 근심하다' 등인데, 여기서는 유우(有虞)를 '유우씨', '중국 고대의 제왕인 순(舜) 임금'을 말하는 것으로, '유우씨 순 임금'으로 풀이합니다.

- **질그릇 도**(陶) 자는 통할 도 등으로 읽으며, 뜻은 '질그릇, 즐기다, 도취(陶醉: 무엇에 열중하여 즐김), 닦고 기르다, 도야(陶冶: 심신을 닦고 기름, 질그릇을 굽고 쇠붙이를 불림), 도기(陶器: 질그릇, 오지그릇)' 등에 쓰는 글자입니다.

- **당나라 당**(唐) 자는 황당할 당, 제방 당 등으로 읽으며, 뜻은 '당나라, 당황하다(놀라서 어찌할 줄을 모름)' 등인데, 여기서는 도당(陶唐)을 '도당씨 중국 고대의 제왕인 요(堯) 임금'을 말하는 것으로, '도당씨 요 임금'으로 풀이합니다.

◎ 유우도당(有虞陶唐)이란 '유우씨 순 임금과 도당씨 요 임금이다' 등으로 풀이하며, 사람들은 중국 고대의 요순시대를 태평성대(太平聖代: 어질고 착한 임금이 잘 다스리어 태평한 세상)의 시대이고, 이를 가능케 했던 요 임금과 순 임금을 성군(聖君: 어진 임금)이라고 합니다. 중국 고대의 어진 임금을 말한 것입니다. 참고 사항입니다.

(문장 12) 추위양국(推位讓國)~**유우도당**(有虞陶唐)**:**
임금의 자리를 미루어 주고 나라를 사양한 이는 유우씨 순 임금과 도당씨 요 임금이었다.

13. 조민벌죄(弔民伐罪)~ 주발은탕(周發殷湯)

[13의 1단] **조상할 조(弔) 백성 민(民) 칠 벌(伐) 허물 죄(罪)**

조(弔)　민(民)　벌(伐)　죄(罪)
①　　②　　④　　③
불쌍한 백성은 위로하여 돕고 죄 지은 이를 벌하였으니

- **조상할 조(弔)** 자는 서러울 조, 불쌍히 여길 조, 슬퍼할 조, 이를 적 등 두 가지 발음(조와 적)으로 읽으며, 뜻은 '조상하다(슬퍼하다는 뜻을 드러내어 상주를 위로하다), 불쌍히 여기다, 이르다, 적교(弔橋: 양쪽 언덕에 줄을 건너 질려서 매달아 놓은 다리)'입니다. 여기서는 '불쌍히 여길 조'로 풀이하여 '불쌍한 ~ 위로하여 돕고 등으로 풀이합니다. 속자로 '조상 조(吊)'라고 씁니다.

- **백성 민(民)** 자는 뜻은 '백성(百姓: 국민의 예사스러운 말), 국민, 민가(民家: 백성의 집)'입니다. 국민과 백성은 뜻이 같습니다. 여기서는 '백성'으로 풀이하여 조민(弔民)을 '불쌍한 백성을 위로하여 돕고' 등으로 풀이합니다.

- **칠 벌(伐)** 자는 자랑할 벌, 방패 벌 등으로 읽으며, 뜻은 '치다, 치우다, 치이다, 물건을 힘껏 때리다, 소리를 내려고 두드리다, 정벌(征伐: 죄 있는 무리를 군대로서 침), 베다, 뽑다, 벌목(伐木: 나무를 벰)'입니다. 여기서는 '치다, 정벌하다, 벌을 주었다' 등으로 풀이합니다.

- **허물 죄(罪)** 자는 죄줄 죄 등으로 읽으며, 뜻은 '허물(그릇된 실수), 죄(罪: 도덕상으로 그릇된 짓, 법률을 위반하는 행위)'입니다. 여기서는 '죄 있는 사람, 죄인'으로 풀이하여 벌죄(伐罪)를 '죄지은 이(백성, 임금)를 벌하였으니'로 풀이합니다.

◎ **조민벌죄(弔民伐罪)**란 '백성에게 조문(위로)하고 죄를 다스린 이는 괴로운 일을 당한 백성은 돕고 죄지은 임금은 벌하였으니' 등으로 풀이하며, 임금이 불쌍한 백성은 위로(慰勞: 따뜻한 말이나 행동으로 괴로움을 덜어 주거나 슬픔을 달래 줌)하여 돕고 잔혹한(잔인하고 혹독한) 죄를 지은 임금은 벌을 주었다는 내용입니다.

[13의 2단] 두루 주(周) 필 발(發) 은나라 은(殷) 끓을 탕(湯)

주(周) 발(發) 은(殷) 탕(湯)
① ② ③ ④
주나라 무왕과 은나라 탕왕이다.

● **두루 주(周)** 자는 구할 주, 나라이름 주, 두루할 주 등으로 읽으며, 뜻은 '두루 (골고루, 널리), 미치다, 둘레, 주위(周圍: 둘레)'입니다. 여기서는 '나라이름 주'로 풀이하여 '중국의 주(周)나라'로 풀이합니다.

● **필 발(發)** 자는 일어날 발, 찾아낼 발, 밝힐 발 등으로 읽으며, 뜻은 '피다(꽃이 피다 등), 일어나다, 발생(發生: 생겨남, 처음 일어남) 발명(發明), 발달(發達)' 등 많이 쓰는 글자인데, 여기서 '발(發)'은 주나라 무왕(武王)의 이름이라고 합니다. 그래서 주발(周發)을 '주나라 무왕'으로 풀이합니다. 약자로 '필 발 (発)'이라고 씁니다.

● **은나라 은(殷)** 자는 많을 은 등으로 읽으며, 뜻은 '은(殷)나라, 번창하다(한창 잘되어 성함)'입니다. 여기서는 '중국의 은나라'로 풀이합니다.

● **끓을 탕(湯)** 자는 물 끓일 탕 등으로 읽으며, 뜻은 '끓이다, 끓는 물, 목욕탕(沐浴湯)' 등에 쓰는 글자인데, 여기서 '탕(湯)'은 은나라 탕왕(湯王)의 칭호라고 합니다. 그래서 은탕(殷湯)을 '은나라 탕왕'으로 풀이합니다.

◎ **주발은탕**(周發殷湯)이란 '주나라 무왕 발과 은나라 임금 탕이었다' 등으로 풀이하며, 두 임금을 말하는 것입니다. 주발은 중국 고대의 주(周)나라를 세운 주나라의 무왕 발을 말하는 것이며, 은탕은 중국 고대의 은(상)나라를 세운 탕 임금을 말하는 것입니다. 중국의 은나라와 상나라는 같은 나라를 말하는 것으로, 상나라는 도읍을 은허로 옮긴 후 은나라로 불리웁니다. 참고 사항입니다.

(문장 13) 조민벌죄(弔民伐罪)~**주발은탕**(周發殷湯):
불쌍한 백성을 위로하여 돕고 죄지은 이를 벌하였으니, 주나라 무왕과 은나라 탕왕이다.

14. 좌조문도(坐朝問道)~수공평장(垂拱平章)

[14의 1단] 앉을 좌(坐) 아침 조(朝) 물을 문(問) 길 도(道)

좌(坐)　조(朝)　문(問)　도(道)
②　　①　　④　　③
(임금이) 조정에 앉아서 도(나라 다스리는 방법)를 묻고

● **앉을 좌(坐)** 자는 무릎꿇을 좌, 자리 좌 등으로 읽으며, 뜻은 '앉다, 좌석(坐席: 앉을 자리, 깔고 앉는 물건의 총칭), 좌선(坐禪: 고요히 앉아서 참선함), 자리 좌(座)' 와 '통함, 좌석(座席: 앉는 자리)'입니다. 여기서는 '앉아서'로 풀이합니다.

● **아침 조(朝)** 자는 이를 조, 조정 조 등으로 읽으며, 뜻은 '아침, 조조(早朝: 아침 일찍, 이른 아침), 조정(朝廷: 나라의 정치를 의논 집행하는 곳)'입니다. 여기서는 '아침'이 아니라 '조정'으로 풀이하여 좌조(坐朝)를 '임금이 조정에 앉아서'로 풀이합니다.

● **들을 문(問)** 자는 문안할 문 등으로 읽으며, 뜻은 '묻다(모르는 것을 남에게 대답을 구하다), 문안(問安: 웃어른에게 안부를 물음), 위로하다'입니다. 여기서는 '묻다'로 풀이합니다.

● **길 도(道)** 자는 이치 도, 말할 도 등으로 읽으며, 뜻은 '길, 도로(道路: 사람이나 차가 다니는 길), 도리(道理: 사람이 지켜야 할 바른길, 이치, 방법), 도덕(道德: 사람으로서 마땅히 행해야 할 바른 도리)'입니다. 여기서는 길 도(道) 자를 길 도로가 아니라 '도리'로 풀이하여 문도(問道)를 '도(나라 다스리는 방법)를 묻고'로 풀이합니다.

◎ **좌조문도(坐朝問道)**란 '임금이 조정에 앉아서 나라를 다스리는 법을 묻나니' 등으로 풀이하며, 임금이 조정에 앉아 어진 이를 등용(登用: 인재를 골라 뽑아서 임용함)하고 그 '어진 이'에게 도(나라 다스리는 방법)를 물어서 정치(政治: 국가의 주권자가 그 영토와 국민을 다스리는 일)를 하였다는 내용입니다.

수(垂) 공(拱) 평(平) 장(章)
①   ②   ④   ③
손을 꽂은 채로(팔짱을 끼고) 밝고 평화스럽게 다스렸다.

- **드리울 수(垂)** 자는 거의 수 등으로 읽으며, 뜻은 '드리우다(아래로 늘어지게 하다), 늘어지다, 수양(垂楊) 버들(가지가 아래로 길게 늘어지는 버드나무)'입니다. 여기서는 '드리우다'로 풀이합니다.

- **꽂을 공(拱)** 자는 팔짱 낄 공, 손잡을 공 등으로 읽으며, 뜻은 '팔짱 끼다, 두 손을 모으다, 공수(拱手: 두 손을 잡아 공경하는 뜻을 나타내는 예절)'입니다. 여기서는 '손을 꽂은 채로' 등으로 풀이하여 수공(垂拱)을 '임금이 옷자락을 늘어뜨리고, 손을 꽂은 채로(팔짱을 끼고), 공손한 몸가짐을 하고' 등으로 풀이합니다.

- **평할 평(平)** 자는 평평할 평 등으로 읽으며, 뜻은 '평평하다(높낮이가 없이 판판하다), 고르다, 평안(平安: 걱정이나 탈이 없음), 화평하다, 평화(平和: 전쟁이 없이 세상이 평온함), 다스리다'입니다. 여기서는 '평화스럽게 다스리다' 등으로 풀이합니다.

- **글 장(章)** 자는 밝을 장 등으로 읽으며, 뜻은 '글, 밝다'입니다. 여기서는 글이 아니라 '밝을 장'으로 풀이하여, 평장(平章)을 '밝고 평화스럽게 다스렸다'로 풀이합니다.

◎ **수공평장(垂拱平章)**이란 '임금이 옷자락을 늘어지게 하고 팔짱을 끼고 골고루 평안하게 다스린다' 등으로 풀이하며, 임금이 공손한 몸가짐을 하고 백성들을 밝고 평화스럽게 잘 다스렸다는 내용입니다.

(문장 14) 좌조문도(坐朝問道)~수공평장(垂拱平章):
임금이 조정에 앉아서 도, 나라 다스리는 방법을 묻고, 손을 꽂은 채로 팔짱을 끼고 밝고 평화스럽게 다스렸다.

15. 애육여수(愛育黎首)~신복융강(臣伏戎羌)

[15의 1단] 사랑 애(愛) 기를 육(育) 검을 여(黎) 머리 수(首)

애(愛) 육(育) 여(黎) 수(首)
③   ④   ①   ②
(임금이) 백성(여수: 검은 머리)들을 사랑하고 기르니

● **사랑 애(愛)** 자는 친할 애, 사모할 애 등으로 읽으며, 뜻은 '사랑(정을 느끼거나 줌, 어떤 사람이나 존재를 귀중히 여기는 마음 등), 애국(愛國: 나라를 사랑함), 즐기다, 애독(愛讀: 즐겨 읽음)'입니다. 여기서는 '사랑'으로 풀이합니다.

● **기를 육(育)** 자는 날 육, 자랄 육 등으로 읽으며, 뜻은 '기르다, 육성(育成: 길러 냄) 교육(敎育: 가르쳐 기름), 양육(養育: 보살펴서 자라게 함)'입니다. 여기서는 '기르다'로 풀이하여 애육(愛育)을 '사랑하고 기르니'로 풀이합니다.

● **검을 여(黎)** 자는 동틀 려 등으로 읽으며, 뜻은 '검다. 여민(黎民: 서민)'입니다. 여기서는 '서민'으로 풀이합니다. 서민(庶民)은 '일반 백성'을 말하는 것으로, 서민은 관(冠: 망건 위에 모자처럼 쓰는 것)을 쓰지 않았으므로 검은 머리가 보인다는 뜻으로, '서민, 백성'으로 풀이합니다. '군려(群黎: 많은 백성, 많은 평민)'.

● **머리 수(首)** 자는 먼저 수, 처음 수, 임금님 수 등으로 읽으며, 뜻은 '머리, 수령(首領: 우두머리, 두목)'입니다. 여기서는 '머리'로 풀이하여 여수(黎首)를 '검은 머리, 서민, 백성'으로 풀이합니다.

◎ **애육여수(愛育黎首)**란 '임금이 여수(백성)를 사랑으로 기르니' 등으로 풀이하며, 임금이 백성(검은 머리)들을 사랑하고 잘 돌보아 준다는 내용으로, 생활 능력이 없는 사람들을 임금이 사랑하고 양육(養育: 길러 자라게 함)해 준다는 것을 말한 것입니다.

※ 검을 려(黎) 자는 두음법칙에 의하면 앞에 있으면 '여' 뒤에 있으면 '려'로 읽고 씁니다. 여수(黎首: 검은 머리, 백성), 여명(黎明: 동트는 새벽, 희망의 빛), 군려(群黎: 많은 백성, 많은 평민) 등.

신(臣) 복(伏) 융(戎) 강(羌)
③   ④   ①   ②
(다른 민족인) 융과 강(오랑캐들)도 신하가 되어 엎드린다.

- **신하 신(臣)** 자는 두려울 신 등으로 읽으며, 뜻은 '신하(臣下: 임금을 섬기며 벼슬을 하는 사람), 백성(百姓: 국민), 충신(忠臣: 충성스러운 신하), 간신(奸臣: 간사한 신하)'입니다. 여기서는 '신하'로 풀이합니다.

- **엎드릴 복(伏)** 자는 감출 복 등으로 읽으며, 뜻은 '엎드리다, 감추다. 항복(降伏: 힘에 눌려서 적에게 굴복함), 숨다, 잠복(潛伏: 깊이 숨음)'입니다. 여기서는 '엎드리다'로 풀이하여 신복(臣伏)을 '신하가 되어 엎드린다, 복종한다' 등으로 풀이합니다.

- **오랑캐 융(戎)** 자는 서쪽오랑캐 융, 싸움수레 융, 군사 융, 클 융 등으로 읽으며, 뜻은 '오랑캐(옛날 두만강 일대에 살던 종족의 이름임), 융적(戎狄: 서쪽 오랑캐와 북쪽 오랑캐를 말함)'입니다.

- **오랑캐 강(羌)** 자는 말끝낼 강 등으로 읽으며, 뜻은 '오랑캐(예전에 중국에서 티베트족을 이르던 말이라고 함)'입니다. 여기서는 융강(戎羌)을 오랑캐(야만스러운 겨레)들을 한꺼번에 일컫는 말로 풀이하여 '융과 강, 오랑캐들'로 풀이합니다.

◎ **신복융강(臣伏戎羌)**이란 '오랑캐들(융과 강)도 신하가 되어 복종하게 된다' 등으로 풀이하며, 임금이 백성을 사랑하면서 길러 주니 다른 민족인 융과 강, 오랑캐족들도 모두 와서 그 임금 밑에서 신하가 되겠다고 항복하고 복종한다는 내용입니다.

(문장 15) 애육여수(愛育黎首)~신복융강(臣伏戎羌):
임금이 백성, 검은 머리들을 사랑하고 기르니 다른 민족인 융과 강, 오랑캐들도 신하가 되어 엎드린다.

16. 하이일체(遐邇壹體)~솔빈귀왕(率賓歸王)

> 하(遐) 이(邇) 일(壹) 체(體)
> ①   ②   ③   ④
> 멀고 가까운 이들(다른 민족이나 제후들)이 한 몸이 되고

● **멀 하(遐)** 자는 무엇 하 등으로 읽으며, 뜻은 '멀다, 하향(遐鄉: 서울에서 멀리 떨어져 있는 시골), 하수(遐壽: 오래 삶), 하년(遐年: 오래 삶)'입니다. 여기서는 '멀다'로 풀이합니다.

● **가까울 이(邇)** 자는 뜻은 '가깝다, 비근하다(알기 쉽고 실생활에 가깝다)'입니다. 여기서는 '가깝다'로 풀이하여 하이(遐邇)를 '멀고 가까운 이들(다른 민족이나 제후들)'로 풀이합니다. 멀 원(遠) 자와 가까울 근(近) 자도 '멀다, 가깝다'. 뜻이 같으니 참고 바랍니다.

● **한 일(壹)** 자는 모두 일, 하나 일 등으로 읽으며, 뜻은 '한, 하나'입니다. 여기서는 '한, 하나'로 풀이합니다. 한 일(一) 자와 같은 글자입니다. 공공문서 등에서는 위조를 방지하기 위해 한 일(一) 자를 갖은 자(같은 글자로서 획을 많이 하여 쓰는 한문 글자)로 한 일(壹)이라고 씁니다. 약자로 '한 일(壱)'이라고 씁니다.

● **몸 체(體)** 자는 모양 체 등으로 읽으며, 뜻은 '몸, 체격(體格: 몸의 생김새), 체육(體育: 육체의 건전한 발달과 착한 심성을 기를 목적으로 하는 교육)'입니다. 여기서는 '몸'으로 풀이하여 일체(壹體)를 '한 몸이 되고'로 풀이합니다. 속자로 '몸 체(体)'라고 씁니다. 체육(体育). 참고 바랍니다.

◎ **하이일체(遐邇壹體)**란 '멀고 가까운 나라들이 왕의 덕에 감화되어 한 몸이 되고' 등으로 풀이하며, 먼 이민족이나 가까운 제후(작은 **나라 임금**)들이 임금의 덕망에 감화(感化: 영향을 주어 마음이 변하게 함)되어 일심동체(壹心同體) 한마음, 한 몸이 된다는 내용입니다.

> **[16의 2단] 거느릴 솔(率) 손님 빈(賓) 돌아갈 귀(歸) 임금 왕(王)**
>
> 솔(率) 빈(賓) 귀(歸) 왕(王)
> ②   ①   ④   ③
> (백성들을) 손님처럼 거느리고 임금(왕)에게 돌아온다.

- **거느릴 솔(率)** 자는 새그물 수, 셈이름 률 등 세 가지 발음(솔, 수, 률)으로 읽으며, 뜻은 '거느리다(데리고 있다 등), 앞장서다, 솔선(率先: 남보다 앞서 함), 비율(比率: 비교한 율)'입니다. 여기서는 '거느릴 솔'로 읽고 '거느리다'로 풀이합니다.

- **손님 빈(賓)** 자는 인도할 빈, 복종할 빈 등으로 읽으며, 뜻은 '손, 손님(손은 사람의 손이 아니라 딴 데서 임시로 와서 묵는 사람, 주인을 찾아서 온 사람을 말함), 빈객(賓客: 손, 손님)'입니다. 여기서는 '손님'으로 풀이하여 솔빈(率賓)을 '백성을 손님처럼 거느리고'로 풀이합니다.

- **돌아갈 귀(歸)** 자는 시집갈 귀, 먹을 궤 등 두 가지 발음(귀와 궤)으로 읽으며, 뜻은 '돌아오다, 귀국(歸國: 외국에 있던 사람이 제 나라로 돌아감), 귀가(歸家: 집으로 돌아옴)'입니다. 여기서는 '돌아온다'로 풀이합니다.

- **임금 왕(王)** 자는 할아버지 왕, 어른 왕 등으로 읽으며, 뜻은 '임금, 왕'입니다. 여기서는 '임금, 왕'으로 풀이하여 귀왕(歸王)을 '임금(왕)에게 돌아온다'로 풀이합니다.

◎ **솔빈귀왕**(率賓歸王)이란 '식솔(食率: 식구, 한 집 안에 살며 끼니를 함께하는 사람)을 거느리고 손님이 되어 임금에게 돌아가니라' 등으로 풀이하며, 임금이 덕정(德政: 백성이 잘 살 수 있도록 바르게 다스리는 정치)을 하면 백성들이 따름을 강조한 말이라고 합니다.

(문장 16) 하이일체(遐邇壹體)~솔빈귀왕(率賓歸王):
멀고 가까운 이들, 다른 민족이나 제후들이 한 몸이 되고, 백성들을 손님처럼 거느리고 임금에게 돌아온다.

17. 명봉재수(鳴鳳在樹)~백구식장(白駒食場)

> **[17의 1단] 울 명(鳴) 봉새 봉(鳳) 있을 재(在) 나무 수(樹)**
>
> 명(鳴) 봉(鳳) 재(在) 수(樹)
> ① ② ④ ③
> 우는 봉황새는 나무에 있고(봉황새가 나무 위에서 울고)

● **울 명(鳴)** 자는 새소리 명, 새울음 명 등으로 읽으며, 뜻은 '울다, 새가 울다, 명금(鳴禽: 우는 새), 울리다'입니다. 여기서는 '새가 울다'로 풀이합니다.

● **봉새 봉(鳳)** 자는 새 봉, 봉황 봉 등으로 읽으며, 뜻은 '봉황새, 봉황(鳳凰)새는 상상(想像: 미루어 생각함)의 상스러운(복스럽고 길한 징조) 새로, 요순 임금처럼 어진 임금이 나오면 나타난다고 하는 길조(吉鳥: 사람에게 어떤 좋은 일이 생김을 미리 알려 준다는 새)'입니다. 수컷은 봉(鳳)이고, 암컷은 황(凰)입니다. 여기서는 '봉황새'로 풀이하여 명봉(鳴鳳)을 '우는 봉황새, 봉황새가 울고' 등으로 풀이합니다.

● **있을 재(在)** 자는 살 재, 곳 재 등으로 읽으며, 뜻은 '있다, 재경(在京: 서울에 있음), 재야(在野: 벼슬을 하지 않고 민간에 있음), 존재(存在: 사물이 있음, 현재 있음)'입니다. 여기서는 '있다'로 풀이합니다.

● **나무 수(樹)** 자는 심을 수 등으로 읽으며, 뜻은 '나무, 산 나무, 수목(樹木: 산 나무, 나무를 심음), 심다, 세우다, 수립(樹立: 사업이나 공을 이룩하여 세움)'입니다. 여기서는 '나무'로 풀이하여 재수(在樹)를 '나무에 있고, 나무 위에 있고' 등으로 풀이합니다.

◎ **명봉재수(鳴鳳在樹)**란 '우는 봉황은 나무에 있고, 봉황새가 나무 위에서 울고' 등으로 풀이하며, 훌륭한 임금과 성현(聖賢: 성인과 현인)이 나타나 나라가 태평(太平, 泰平: 나라가 안정되어 아무 걱정 없고 편안함)하면 그 덕이 미치는 곳마다 봉황새가 나타나 나무 위에서 운다는 내용입니다.

백(白)　구(駒)　식(食)　장(場)
①　　②　　④　　③
흰 망아지도 마당에서 (즐겁게 풀을 뜯어) 먹고 논다. (평화스러움을 상징한 것이다.)

● **흰 백**(白) 자는 깨끗한 백, 밝을 백, 성(姓) 백, 땅이름 배 등 두 가지 발음(백과 배)으로 읽으며, 뜻은 '희다, 백마(白馬: 흰 말), 맑다, 백수(白水: 맑은 물), 백지(白紙: 흰 종이, 아무것도 쓰지 않은 빈 종이), 밝다'입니다. 여기서는 '희다(하얗다), 백색(白色: 흰 빛깔), 흰색'으로 풀이합니다.

● **망아지 구**(駒) 자는 애말 구 등으로 읽으며, 뜻은 '망아지(말의 새끼)'입니다. 여기서는 '망아지'로 풀이하여 백구(白駒)를 '흰 망아지'로 풀이합니다.

● **밥 식**(食) 자는 먹을 식, 먹을 사, 사람이름 이 등 세 가지 발음(식, 사, 이)으로 읽으며, 뜻은 '밥, 음식, 먹다, 식량(食糧: 먹을 양식), 단사(簞食: 도시락, 밥)'입니다. 여기서는 '먹는다'로 풀이합니다.

● **마당 장**(場) 자는 싸움터 장 등으로 읽으며, 뜻은 '마당, 자리, 곳, 장소(場所: 처소, 자리)'입니다. 여기서는 '마당'으로 풀이하여 식장(食場)을 '마당에서 풀을 뜯어 먹고 논다'로 풀이합니다.

◎ **백구식장**(白駒食場)이란 '흰 망아지도 마당에서 풀을 뜯어 먹는다' 등으로 풀이하며, 이 구절(句節: 한 토막의 말이나 글)은 봉황새와 백구(흰 망아지)를 등장시켜 태평성대(어진 임금이 나라를 잘 다스려 태평한 세상이나 시대)를 묘사(사물을 있는 그대로 그려 냄)한 내용이라고 합니다.

(문장 17) 명봉재수(鳴鳳在樹)~백구식장(白駒食場):
우는 봉황새는 나무에 있고 봉황새가 나무 위에서 울고 흰 망아지도 마당에서 즐겁게 풀을 뜯어 먹고 논다, 평화스러움을 상징한 것이다.

18. 화피초목(化被草木)~뇌급만방(賴及萬方)

● **될 화(化)** 자는 화할 화, 변화할 화, 본받을 화 등으로 읽으며, 뜻은 '되다, 변하다, 변화(變化: 사물의 성질, 모양, 상태 등이 변하여 다르게 됨), 덕화(德化: 덕행으로 감화시킴), 화(化)하다(익숙하게 되다)'입니다. 여기서는 '덕화'로 풀이합니다.

● **입을 피(被)** 자는 이불 피, 미칠 피 등으로 읽으며, 뜻은 '입다, 당하다, 피해(被害: 해를 당함), 이불(이부자리), 옷, 피복(被服: 의복, 옷)'입니다. 여기서는 '입다, 미칠 피'로 풀이하여 화피(化被)를 '덕화가 입혀지고, 미치고' 등으로 풀이합니다.

● **풀 초(草)** 자는 새 초, 초서 초 등으로 읽으며, 뜻은 '풀, 초목(草木: 풀과 나무), 시작하다, 초창기(草創期: 처음으로 시작하는 시기), 약초(藥草: 약에 쓰이는 풀), 초서(草書: 자획을 간략히 흘리어 쓰는 글씨, 흘림체 글씨)'입니다. 여기서는 '땅에 있는 풀(식물)'로 풀이합니다.

● **나무 목(木)** 자는 질박할 목, 강할 목, 모과 모 등 두 가지 발음(목과 모)으로 읽으며, 뜻은 '나무, 목공(木工: 나무로 물건을 만드는 사람, 목수), 식목(植木: 나무를 심음), 목과(木瓜: 모과라고 읽음, 모과나무의 열매)'입니다. 여기서는 '나무'로 풀이하여 초목(草木)을 '풀과 나무'로 풀이합니다.

◎ **화피초목(化被草木)**이란 '그 덕이 풀과 나무에게까지 미치니' 등으로 풀이하며, 밝은 임금은 덕화(德化)가 사람이나 짐승에게만 미칠 뿐 아니라 초목에게까지 미침을 말하는 것이며, 미침이란 영향이나 작용 따위가 어느 대상에 더하여지는 것을 말합니다. 임금이 정치를 잘하면 사람이나 짐승뿐만 아니라 그 영향이 자연(초목: 풀과 나무)에까지 미쳐 살기 좋은 세상이 된다는 내용입니다.

[18의 2단] **힘입을 뢰(賴) 미칠 급(及) 일만 만(萬) 모 방(方)**

뇌(賴)　급(及)　만(萬)　방(方)
①　　④　　②　　③
그 힘입음이 (백성이 신뢰할 만한 복리가) 만방(온 세상)에 미친다.

- **힘입을 뢰(賴)** 자는 의지할 뢰 등으로 읽으며, 뜻은 '의지하다(남을 의뢰함, 몸을 기대어 부지함), 힘입다(남의 도움을 받다), 신뢰(信賴: 믿고 의뢰함)'입니다. 여기서는 '힘입음, 신뢰'로 풀이합니다.

- **미칠 급(及)** 자는 때가 올 급, 같을 급 등으로 읽으며, 뜻은 '미치다(영향이나 작용 따위가 어느 대상에 더하여지다), 급제(及第: 시험에 합격함)'입니다. 여기서는 '미치다'로 풀이하여 뇌급(賴及)을 '그 힘입음, 신뢰가 ~ 미친다'로 풀이합니다.

- **일만 만(萬)** 자는 많을 만 등으로 읽으며, 뜻은 '일만, 많다, 모든, 만사(萬事: 모든 일), 만물(萬物: 천지간에 있는 모든 물건)'입니다. 여기서는 '모든'으로 풀이합니다.

- **모 방(方)** 자는 방위 방 등으로 읽으며, 뜻은 '모(모서리), 방위(方位: 방향과 위치), 방향(方向: 향하는 쪽, 방면)'입니다. 여기서는 '방향'으로 풀이하여 만방(萬方)을 '모든 방향, 만방, 온 세상'으로 풀이합니다.

◎ **뇌급만방(賴及萬方)**이란 '그 힘입음이, 즉 백성이 신뢰할 만한 복리(福利: 행복과 이익)와 복지(福祉: 행복한 삶)가 온 세상에 미친다' 등으로 풀이하며, 제왕(임금)의 덕정과 치적(治績: 잘 다스린 공적)을 설명한 것입니다.

※ 힘입을 뢰(賴) 자는 두음법칙에 의하면 앞에 있으면 '뇌', 뒤에 있으면 '뢰'로 읽고 씁니다. 뇌급만방(賴及萬方), 신뢰(信賴) 등.

(문장 18) 화피초목(化被草木)~뇌급만방(賴及萬方):
밝은 임금은 덕화가 풀과 나무에까지 입혀지고, 그 힘입음이 백성이 신뢰할 만한 복리가 만방, 온 세상에 미친다.

19. 개차신발(蓋此身髮)~사대오상(四大五常)

> **[19의 1단] 덮을 개(蓋) 이 차(此) 몸 신(身) 터럭 발(髮)**
>
> 개(蓋) 차(此) 신(身) 발(髮)
>   ①   ②   ③   ④
> 대개 이 몸과 터럭(털)은 (사람마다 없는 이가 없듯이)

- **덮을 개(蓋)** 자는 뚜껑 개, 대개 개, 이어덮을 합, 어찌아니 합, 고을이름 갑 등 세 가지 발음(개, 합, 갑)으로 읽으며, 뜻은 '덮다, 덮개, 뚜껑, 대개(大蓋: 일의 큰 원칙으로 말하건대), 어찌 ~하지 않느냐'의 뜻으로 쓰이는 어조사입니다. 여기서는 '대개'로 풀이합니다. 속자로 '덮을 개(盖)'라고 쓰고, '덮을 개(盖)' 자로 표기된 책도 있습니다.

- **이 차(此)** 자는 그칠 차 등으로 읽으며, 뜻은 '이, 이에, 차시(此時: 이때, 지금), 차후(此後: 이다음, 이 뒤), 피차(彼此: 저것과 이것, 서로)'입니다. 여기서는 '~이'로 풀이하여 개차(蓋此)를 '대개(말하건대) 이 ~'로 풀이합니다.

- **몸 신(身)** 자는 아이 밸 신 등으로 읽으며, 뜻은 '몸, 신상(身上: 몸, 한 몸의 형편), 신체(身體: 사람의 몸)'입니다. 여기서는 '사람의 몸'으로 풀이합니다.

- **터럭 발(髮)** 자는 머리카락 발 등으로 읽으며, 뜻은 '터럭(사람이나 짐승에 난 길고 굵은 털), 머리털, 이발소(理髮所)'라고 쓰는 글자입니다. 여기서는 '사람의 털'로 풀이하여 신발(身髮)은 사람의 몸과 터럭(털)으로, 사람의 몸 전체를 말하는 것입니다.

◎ **개차신발(蓋此身髮)**이란 '이 몸과 털은 대개 사람마다 없는 이가 없다. 몸에 있는 털은 사람마다 없는 이가 없듯이' 등으로 풀이하며, 사람의 몸과 털은 부모에게서 받은 소중(所重: 매우 필요하고 귀중한 것)한 것이라는 내용으로, 신발(身髮)은 사람의 몸과 터럭(몸의 털)을 통틀어 말하는 것으로, 사람의 몸 전체를 말하는 것입니다.

사(四)　대(大)　오(五)　상(常)
①　　②　　③　　④
(사람은) 네 가지 큰 것(사대)과 다섯 가지 떳떳함(오상)이 있다.

- **넉 사(四)** 자는 넷 사, 사방 사 등으로 읽으며, 뜻은 '넷, 사방(四方: 동서남북의 네 방면)'입니다. 여기서는 '넷, 네 가지'로 풀이합니다.

- **큰 대(大)** 자는 지날 대, 높이 날 대(태), 극할 다 등 세 가지 발음(대, 태, 다)으로 읽으며, 뜻은 '크다, 대승(大勝: 크게 이김), 많다'입니다. 여기서는 '크다'로 풀이하여 사대(四大)를 '네 가지 큰 것'으로 풀이합니다.

- **다섯 오(五)** 자는 다섯 번 오 등으로 읽으며, 뜻은 '다섯, 오곡(五穀: 쌀, 보리, 조, 콩 기장. 중요한 곡식의 총칭)'입니다. 여기서는 '다섯'으로 풀이합니다.

- **떳떳할 상(常)** 자는 항상 상 등으로 읽으며, 뜻은 '떳떳하다(굽힐 것이 없고 어그러짐이 없다, 당연하다), 항상(恒常: 언제나, 늘)'입니다. 여기서는 '떳떳함'으로 풀이하여 오상(五常)을 '다섯 가지 떳떳함'으로 풀이합니다.

◎ **사대오상(四大五常)**이란 '사람은 네 가지 큰 것과 다섯 가지 떳떳함이 있다' 등으로 풀이하며, 사대(四大: 네 가지 큰 것)는 사람의 몸을 만드는 네 가지 기운으로 지수화풍(地水火風: 땅, 물, 불, 바람), 천지군친(天地君親: 하늘, 땅, 임금, 부모), 사지(四肢: 팔과 다리) 등 또 다른 학설이 있으며, 오상(五常)은 사람이 항상 갖추어야 할 다섯 가지 기본 덕목으로 인의예지신(仁義禮智信: 사람은 남을 사랑하고, 어질고, 의롭고, 예의 바르고, 지혜롭고, 믿음이 있어야 한다), 오륜(五倫), 오행(五行) 등 또 다른 학설이 있으니 참고 바랍니다.

(문장 19) 개차신발(蓋此身髮)~사대오상(四大五常):
대개 이 몸과 터럭, 털은 사람마다 없는 이가 없듯이, 사람은 네 가지 큰 것 사대와 다섯 가지 떳떳함, 오상이 있다.

20. 공유국양(恭惟鞠養)~기감훼상(豈敢毁傷)

공(恭) 유(惟) 국(鞠) 양(養)
①   ④   ②   ③
(부모님이) 공손히 키우고 길러 주신 것을 생각하면

● **공손할 공**(恭) 자는 공경할 경 등으로 읽으며, 뜻은 '공손(恭遜: 공경하고 겸손함), 겸손(謙遜: 남을 높이고 자기를 낮춤)'입니다. 여기서는 '공손히'로 풀이합니다.

● **생각할 유**(惟) 자는 오직 유, 꾀 유, 어조사 유 등으로 읽으며, 뜻은 '생각하다, 오직(다만, 오로지), 오직 유(唯) 자와 같이 씁니다. 여기서는 '생각하다'로 풀이하여 공유(恭惟)를 '공손히 생각하다'로 풀이합니다.

● **기를 국**(鞠) 자는 구부릴 국, 어린아이 국 등으로 읽으며, 뜻은 '기르다, 국육(鞠育: 어린아이를 기름), 굽히다, 국궁(鞠躬: 존경의 뜻으로 몸을 굽힘)'입니다. 여기서는 '기르다'로 풀이합니다.

● **기를 양**(養) 자는 자랄 양, 몸 위할 양, 봉양할 양 등으로 읽으며, 뜻은 '기르다, 양육(養育: 부양하여서 기름. 길러서 자라게 함), 부양(扶養: 생활 능력이 없는 가족을 먹이고 입힘), 양로(養老: 노인을 편히 지내도록 봉양함), 봉양(奉養: 부모나 조부모를 받들어서 모심)'입니다. 여기서는 '부모님이 ~길러 주신 것'으로 풀이하여 국양(鞠養)을 '부모님이 이 몸을 키우고 길러 주신 것, 은혜' 등으로 풀이합니다.

◎ **공유국양**(恭惟鞠養)이란 '국양함을 공손히 하라, 사람은 부모님이 길러 주신 은혜 때문이다' 등으로 풀이하며, 부모님이 이 몸을 키우고 길러 주신 은혜(恩惠: 고맙게 베풀어 주는 혜택)를 잊지 말라는 것을 말한 것입니다.

[20의 2단] 어찌 기(豈) 감히 감(敢) 헐 훼(毀) 상할 상(傷)

기(豈) 감(敢) 훼(毀) 상(傷)
① ② ③ ④
어찌 감히 (이 몸을) 헐고 상하게 하리오. (부모님이 낳아 길러 주신 이 몸을.)

- **어찌 기(豈)** 자는 일찍 기, 승전악 개, 싸움 이긴 노래 개 등 두 가지 발음(기와 개)으로 읽으며, 뜻은 '어찌(어떠한 이유로, 방법으로), 싸움 이긴 노래, 개악(豈樂: 전쟁에 이겼을 때의 음악)'입니다. 여기서는 '어찌 기'로 읽어 '어찌'로 풀이합니다.

- **감히 감(敢)** 자는 구태어 감, 날랠 감 등으로 읽으며, 뜻은 '구태어, 감히(두려움을 무릅쓰고, 뉘 앞이라고), 용감하게(勇敢: 용기가 있어 사물에 임하여 과감함)'입니다. 여기서는 '감히 이 몸'으로 풀이하여 기감(豈敢)을 '어찌 감히 이 몸을' 등으로 풀이합니다.

- **헐 훼(毀)** 자는 무너질 훼 등으로 읽으며, 뜻은 '헐다, 무너지다, 훼상(毀傷: 몸을 다침)'입니다. 여기서는 '헐다'로 풀이합니다.

- **상할 상(傷)** 자는 다칠 상 등으로 읽으며, 뜻은 '다치다, 상처(傷處: 다친 자리, 흉터)'입니다. 여기서는 '상하게(다치거나 헐다 등)'로 풀이하여 훼상(毀傷)을 '이 몸을 헐고 상하게' 등으로 풀이합니다.

◎ **기감훼상(豈敢毀傷)**이란 '부모님이 길러 주신 이 몸을 어찌 감히 훼상하리오' 등으로 풀이하며, '부모님이 낳아 길러 주신 이 몸을 어찌 헐고 상하게 하겠는가'라는 내용입니다.

(문장 20) 공유국양(恭惟鞠養)~기감훼상(豈敢毀傷):
부모님이 공손히 키우고 길러 주신 것을 생각하면 어찌 감히 이 몸을 헐고 상하게 하리오. 부모님이 낳아 길러 주신 이 몸을.

21. 여모정렬(女慕貞烈)~남효재량(男效才良)

[21의 1단] 계집 녀(女) 사모할 모(慕) 곧을 정(貞) 매울 렬(烈)

여(女) 모(慕) 정(貞) 렬(烈)
① ④ ② ③
여자는 정조(깨끗한 절개)를 굳게 지키고, 행실을 단정히 해야 하고

- **계집 녀(女)** 자는 딸 녀, 여자 녀, 너 녀 등으로 읽으며, 뜻은 '계집(여자, 여편네), 여자, 딸'입니다. 여기서는 '여자'로 풀이합니다.

- **사모할 모(慕)** 자는 생각할 모 등으로 읽으며, 뜻은 '사모하다(思慕: 생각하고 그리워하다, 우러러 받들고 마음으로 따름)'입니다. 여기서는 '사모하다'로 풀이하여 여모(女慕)를 '여자는 ~를 사모해야 하고' 등으로 풀이합니다.

- **곧을 정(貞)** 자는 굳을 정 등으로 읽으며, 뜻은 '곧다(똑바르다 등), 굳다(뜻이 흔들리지 않다 등), 바르다, 절개(節槪: 여기서 절개는 지조와 정조를 깨끗하게 지키는 여자의 품성을 말함), 지조(志操: 꿋꿋한 뜻과 바른 몸가짐), 정조(貞操: 여자의 깨끗한 절개)'입니다. 여기서는 '지조(바른 몸가짐), 정조(깨끗한 절개)' 등으로 풀이합니다.

- **매울 렬(烈)** 자는 아름다울 렬 등으로 읽으며, 뜻은 '맵다, 맹렬하다, 절개 굳다, 열녀(烈女: 정조를 굳게 지키는 여자), 아름답다'입니다. 여기서는 '절개가 곧고 굳다, 맵다' 등으로 풀이하여 정렬(貞烈)을 '여자는 정조를 굳게 지키고' 등으로 풀이합니다.

◎ **여모정렬(女慕貞烈)**이란 '여자는 정조와 열렴함을 사모해야 하고, 여자는 정렬을 사모해야 하고' 등으로 풀이하며, 여자는 정조, 깨끗한 절개를 굳게 지키고 행실(行實: 실지로 드러나는 행동)을 단정히 해야 한다는 내용으로, 여자가 가지고 있어야 할 바른 몸가짐을 말하는 것입니다.

※ 계집 녀(女) 자와 매울 렬(烈) 자는 두음법칙에 의하면 앞에 있으면 '여', '열', 뒤에 있으면 '녀', '렬'로 읽고 씁니다. 여자(女子), 남녀(男女), 열녀(烈女), 정렬(貞烈) 등.

[21의 2단] 사내 남(男) 본받을 효(效) 재주 재(才) 어질 량(良)
남(男) 효(效) 재(才) 량(良) ①   ④   ②   ③ **남자는 재능을 닦고 어진 사람을 본받아야 한다.**

- **사내 남(男)** 자는 아들 남, 벼슬이름 남 등으로 읽으며, 뜻은 '사내(사나이), 남자(男子: 사내아이)'입니다. 여기서는 '남자'로 풀이합니다.

- **본받을 효(效)** 자는 배울 효, 닮을 효 등으로 읽으며, 뜻은 본받는다(여기서 본은 모범으로 삼을 만한 것, 남의 본을 따라 그와 같게 한다), 효과(效果: 보람, 좋은 결과). 여기서는 '본받는다'로 풀이하여 남효(男效)를 '남자는 ~를 본받아야 한다' 등으로 풀이합니다.

- **재주 재(才)** 자는 능할 재, 바탕 재 등으로 읽으며, 뜻은 '재주(총기가 있고 무엇을 잘하는 소질), 재능(才能: 재주와 능력)'입니다. 여기서는 '재주, 재능'으로 풀이합니다.

- **어질 량(良)** 자는 착할 량 등으로 읽으며, 뜻은 '어질다(마음이 너그럽고 착하다), 양심(良心: 사물의 시비, 선악을 분별할 줄 아는 타고난 어진 마음)'입니다. 여기서는 '어진 사람'으로 풀이하여 재량(才良)을 '재능을 닦고 어진 사람'으로 풀이합니다.

◎ **남효재량(男效才良)**이란 '남자는 재주 있고 어진 사람을 본받아야 한다' 등으로 풀이하며, 남자가 배우고 본받아야 할 점을 말한 것입니다.

※ 어질 량(良) 자는 두음법칙에 의하면 앞에 있으면 '양', 뒤에 있으면 '량'으로 읽고 씁니다. 양심(良心), 재량(才良) 등.

(문장 21) 여모정렬(女慕貞烈)~남효재량(男效才良):
여자는 정조, 깨끗한 절개를 굳게 지키고, 행실을 단정히 해야 하고 남자는 재능을 닦고 어진 사람을 본받아야 한다.

22. 지과필개(知過必改)~득능막망(得能莫忘)

[22의 1단] 알 지(知) 지날 과(過) 반드시 필(必) 고칠 개(改)

지(知) 과(過) 필(必) 개(改)
②   ①   ③   ④
(자기의) 허물(잘못)을 알면 반드시(꼭, 틀림없이) 고쳐야 하고

● **알 지(知)** 자는 깨달을 지, 생각할 지, 기억할 지 등으로 읽으며, 뜻은 '알다, 깨닫다, 지각(知覺: 알아서 깨달음), 지식(知識: 아는 것과 학식)'입니다. 여기서는 '알다, 깨닫다'로 풀이합니다.

● **지날 과(過)** 자는 허물 과, 넘을 과, 그릇할 과 등으로 읽으며, 뜻은 '지나다, 과거(過去: 이미 지나간 때), 허물(그릇된 실수, 잘못한 것), 과실(過失: 허물, 부주의로 저지른 잘못)'입니다. 여기서는 '허물(잘못)'로 풀이하여 지과(知過)를 '자기의 허물, 잘못을 알면'으로 풀이합니다.

● **반드시 필(必)** 자는 살필 필, 그럴 필 등으로 읽으며, 뜻은 '반드시, 꼭(어김없이), 필요(必要: 꼭 소용이 됨), 필수(必須: 꼭 있어야 함)'입니다. 여기서는 '반드시(꼭, 틀림없이)'로 풀이합니다.

● **고칠 개(改)** 자는 바꿀 개, 새롭게 할 개 등으로 읽으며, 뜻은 '고치다, 개량(改良: 좋게 고침), 개정(改正: 고치어 바르게 함, 옳게 고침)'입니다. 여기서는 '고치다'로 풀이하여 필개(必改)를 '반드시 고쳐야 한다'로 풀이합니다.

◎ **지과필개(知過必改)**란 '사람은 누구나 허물이 있는 것이니, 자기의 잘못을 알았다면 반드시 고쳐야 하고' 등으로 풀이하며, 자신의 잘못을 깨달았으면 반드시 고쳐야 한다는 내용으로, 공자의 제자 자로(子路)는 자신의 허물이 있다는 말을 듣기를 좋아해서 남들이 그 허물을 충고하면 기뻐했다고 합니다. 누구나 해당되는 내용이라고 생각됩니다. 우리 모두 자신의 잘못을 알면 반드시(꼭, 틀림없이) 고치도록 노력합시다.

득(得) 능(能) 막(莫) 망(忘)
② ① ④ ③
(사람으로서) 능함(알아야 할 것)을 얻거든(배우면) 잊지 않도록 (노력)해야 한다.
(그래야 학문이 진취된다.)

● **얻을 득(得)** 자는 탐할 득, 만족할 득, 잡을 득 등으로 읽으며, 뜻은 '얻다(보고 들어 자기 것으로 만들다), 득남, 득녀(得男, 得女: 아들과 딸을 낳음), 소득(所得: 자기 소유가 됨. 일의 결과로 생긴 이익, 수익)'입니다. 여기서는 '얻는다, 배우다'로 풀이합니다.

● **능할 능(能)** 자는 착할 능, 새발자라 내, 별이름 태 등 세 가지 발음(능, 내, 태)으로 읽으며, 뜻은 '능하다(익숙하게 잘하다), 할 수 있다, 능력(能力: 어떤 일을 이룰 수 있는 힘)'입니다. 여기서는 '능함'으로 풀이하여 득능(得能)을 '사람으로서 능함(알아야 할 것)을 얻거든(배우면)' 등으로 풀이합니다.

● **말 막(莫)** 자는 없을 막, 고요할 맥, 저물 모 등 세 가지 발음(막, 맥, 모)으로 읽으며, 뜻은 '없다, 말다, 아니다, 막론(莫論: 말할 필요도 없음), 저물다, 모춘(暮春: 늦은 봄)'입니다. 여기서는 '말라(~ 하지 말라)'로 풀이합니다.

● **잊을 망(忘)** 자는 잃어버릴 망 등으로 읽으며, 뜻은 '잊다, 망각(忘却: 잊어버림)'입니다. 여기서는 '잊다'로 풀이하여 '막망(莫忘)을 잊지 말라' 등으로 풀이합니다.

◎ **득능막망(得能莫忘)**이란 '능함을 얻거든 잊지 말라' 등으로 풀이하며, '사람이 알아야 할 것을 배웠으면 잊어버리면 안 된다. 그래야 학문이 진취(進取: 적극적으로 나아가서 일을 이룩함)된다'는 내용으로, 학문(學問: 배우고 익힘)하는 자세를 말한 것이라고 합니다.

(문장 22) 지과필개(知過必改)~득능막망(得能莫忘):
자기의 허물, 잘못을 알면 반드시, 꼭 틀림없이 고쳐야 하고 사람으로서 능함, 알아야 할 것을 얻거든, 배우면 잊지 않도록 노력해야 한다. 그래야 학문이 진취된다.

23. 망담피단(罔談彼短)~미시기장(靡恃己長)

[23의 1단] 없을 망(罔) 말씀 담(談) 저 피(彼) 짧을 단(短)

망(罔) 담(談) 피(彼) 단(短)
④   ③   ①   ②
남의 단점(부족한 점)을 말하지 말고(흉보지 말고)

- **없을 망(罔)** 자는 속일 망, 그물 망 등으로 읽으며, 뜻은 '없다, 망극(罔極: 어버이의 은혜가 한이 없음, 더할 나위 없는 슬픔), 그물 망, 망고(罔罟: 그물), 속이다, 망민(罔民: 백성을 속임)'입니다. 여기서는 '없을 망(罔)'으로 풀이하여 '없다, ~말고'로 풀이합니다.

- **말씀 담(談)** 자는 바둑 들 담 등으로 읽으며, 뜻은 '말씀, 이야기하다, 덕담(德談: 잘되기를 바라는 말), 담화(談話: 이야기)'입니다. 여기서는 '말씀, 상대방을 높이고 자기가 하는 말'로 풀이하여 망담(罔談)을 '말하지 말고, 흉보지 말고' 등으로 풀이합니다.

- **저 피(彼)** 자는 저것 피 등으로 읽으며, 뜻은 '그, 저, 피인(彼人: 저 사람), 피차(彼此: 저쪽과 이쪽, 그와 나, 서로)'입니다. 여기서는 '피인, 남(타인, 다른 사람)'으로 풀이합니다.

- **짧을 단(短)** 자는 남의 허물 지목할 단, 잘못 단 등으로 읽으며, 뜻은 '짧다, 모자라다, 단점(短點: 부족한 점), 단발(短髮: 짧은 머리털), 단검(短劍: 짧은 칼)'입니다. 여기서는 '단점, 부족한 점'으로 풀이하여 피단(彼短)을 '남의 단점(부족한 점)'으로 풀이합니다.

◎ **망담피단(罔談彼短)**이란 '다른 사람의 단점을 말하지 말라' 등으로 풀이하며, 맹자님은 '남의 단점을 말하다가 후환(後患: 어떤 일로 말이 남아 뒷날 생기는 걱정과 근심)을 얻으면 어찌하려나'라고 말씀하셨다고 합니다. 다른 사람의 단점(부족한 점)을 지적하고 흉보지 말라는 내용으로, 우리 모두 해당(該當: 어떤 조건에 들어맞음, 꼭 맞음)되는 내용이라고 생각됩니다. 참고하기 바랍니다.

미(靡)　시(恃)　기(己)　장(長)
④　　③　　①　　②
자기의 장점(좋은 점)을 믿지 말라(자랑하지 말라).

● **쓰러질 미(靡)** 자는 얽을 미, 어여쁠 미, 휩쓸 미, 흩어질 미, 쏠릴 미, 없을 미 등으로 읽으며, 뜻은 '쓰러지다, 휩쓸다, 아름답다, 하지 말라, 금지하다, 없다' 등이며, 여기서는 '말라'로 풀이합니다. '아닐 미(靡), 말 미, 하지 말라 미' 등으로 표기된 책도 있습니다. 참고 바랍니다.

● **믿을 시(恃)** 자는 의지할 시, 어머니 시 등으로 읽으며, 뜻은 '믿다, 의뢰하다, 시뢰(恃賴: 믿고 의뢰함)'입니다. 여기서는 '믿다'로 풀이하여 미시(靡恃)를 '믿지 말라'로 풀이합니다.

● **몸 기(己)** 자는 저 기, 사사 기, 여섯째 천간 기 등으로 읽으며, 뜻은 '몸 자기 (自己: 그 사람, 자신), 기출(己出: 자기가 낳은 자식)'입니다. 여기서는 '자기'로 풀이합니다.

● **긴 장(長)** 자는 길 장, 어른 장 등으로 읽으며, 뜻은 '길다, 뛰어나다, 어른(나이 나 지위나 항렬이 높은 윗사람), 장관(長官), 회장(會長), 사장(社長)' 등 많이 쓰는 글자입니다. '잘하다, 장점(長點: 좋은 점, 뛰어난 점)'. 여기서는 '장점'으로 풀이 하여 기장(己長)을 '자기의 장점'으로 풀이합니다.

◎ **미시기장(靡恃己長)**이란 '자신의 장점만 믿고 교만(驕慢: 잘난 체하며 뽐내고 건방짐) 해서는 안 된다' 등으로 풀이하며 자기의 장점(좋은 점)만 믿고 남을 업신여기지 말 고 겸손(남을 높이고 자기를 낮춤)하게 자신을 낮추라는 것을 말한 것입니다. 우리 모두 해당되는 내용이며, 특히 청소년들은 웃어른들에게는 공손한 태도로 예의를 지키도록 합시다.

(문장 23) 망담피단(罔談彼短)~미시기장(靡恃己長):
남의 단점, 부족한 점을 말하지 말고 흉보지 말고 자기의 장점, 좋은 점을 믿지 말라, 자랑하지 말라.

24. 신사가복(信使可覆)~기욕난량(器欲難量)

<table>
<tr><td colspan="4">[24의 1단] 믿을 신(信) 하여금 사(使) 옳을 가(可) 덮을 복(覆)</td></tr>
<tr><td>신(信)</td><td>사(使)</td><td>가(可)</td><td>복(覆)</td></tr>
<tr><td>①</td><td>②</td><td>③</td><td>④</td></tr>
<tr><td colspan="4">믿음(신용)으로 하여금 가히 반복하게 하고(남과의 약속은 지킬 수 있게 하고)</td></tr>
</table>

- **믿을 신**(信) 자는 참될 신, 밝힐 신 등으로 읽으며, 뜻은 '믿다(꼭 그렇게 여겨 의심하지 않다), 신용(信用: 믿고 씀, 의심하지 않음)'입니다. 여기서는 '믿음(믿는 마음), 신용'으로 풀이합니다.

- **하여금 사**(使) 자는 부릴 사, 심부름시킬 사, 사신 사 등으로 읽으며, 뜻은 '하여금(으로써, 에게, 시키어 따위의 뜻을 나타냄), 부리다(사람을 시켜 일을 시키다), 사용(使用: 물건을 씀, 사람을 부림)'입니다. 여기서는 '하여금'으로 풀이하여 신사(信使)를 '믿음(신용)으로 하여금 남과의 약속(믿음)은 ~하고' 등으로 풀이합니다.

- **옳을 가**(可) 자는 허락할 가, 가히 가, 오랑캐 극 등 두 가지 발음(가와 극)으로 읽으며, 뜻은 '옳다(바르다, 사리에 맞다), 가결(可決: 회의에서 제출된 의안을 합당하다고 결정함), 가히(可히: 능히, 넉넉히, 마땅히의 뜻을 나타낸다), 가하다(可하다: 보태거나 더해서 늘리다), 가능(可能: 할 수 있음)'입니다. 여기서는 '가히(可히: 넉넉히, 마땅히)'로 풀이합니다.

- **덮을 복**(覆) 자는 돌이킬 복, 덮을 부 등 두 가지 발음(복과 부)으로 읽으며, 뜻은 '덮다, 돌이키다, 반복(反覆: 같은 일을 되풀이함)'입니다. 여기서는 '반복'으로 풀이하여 가복(可覆)을 '가히(넉넉히, 마땅히) 반복하게 하고, 약속은 지킬 수 있게 하고' 등으로 풀이합니다.

◎ **신사가복**(信使可覆)이란 '믿음은 성실함이니, 남과의 약속은 반드시 지켜야 한다. 신용은 되풀이하는 것이 좋다.' 등으로 풀이하며, 무리한 약속은 하지 말고, 해낼 수 있는 약속만 하라는 내용으로, 신용 있는 사람이 되어야 한다는 것을 말한 것입니다.

[24의 2단] 그릇 기(器) 하고자 할 욕(欲) 어려울 난(難) 헤아릴 량(量)

기(器) 욕(欲) 난(難) 량(量)
① ④ ③ ②
(사람의) 기량(그릇)은 남이 헤아리기 어렵게 하고자 한다.

● **그릇 기(器)** 자는 도량 기, 쓰일 기, 중히 여길 기 등으로 읽으며, 뜻은 '그릇(물건 담는 도구), 기량(器量: 재능과 도량)'입니다. 여기서는 '사람의 기량'으로 풀이합니다. 사람을 평할 때 '저 사람은 그릇이 크다, 작다'라고 말하기도 합니다. 참고 사항입니다.

● **하고자 할 욕(欲)** 자는 탐낼 욕, 욕심낼 욕 등으로 읽으며, 뜻은 '하고자 한다, 욕심(慾心, 欲心: 탐내는 마음, 하고자 하는 마음)'입니다. 여기서는 '하고자 한다'로 풀이하여 기욕(器欲)을 '사람의 기량(그릇)은 ~하고자 한다' 등으로 풀이합니다.

● **어려울 난(難)** 자는 근심 난, 막을 난 등으로 읽으며, 뜻은 '어렵다, 난국(難局: 어려운 판국), 꾸짖다, 비난(非難: 남의 잘못이나 흉을 나무람)'입니다. 여기서는 '어렵다'로 풀이합니다.

● **헤아릴 양(量)** 자는 예상할 량 등으로 읽으며, 뜻은 '헤아리다(미루어 생각하다), 측량하다'입니다. 여기서는 '헤아리다'로 풀이하여 난량(難量)을 '헤아리기 어렵다'로 풀이합니다.

◎ **기욕난량(器欲難量)**이란 '사람의 기량은 깊고 깊어서 헤아리기가 어렵다, 사람의 기량은 헤아리기 어려우므로 함부로 판단해서는 안 된다' 등으로 풀이하며, 사람은 남이 헤아릴 수 없는 큰 기량, 큰 그릇을 가진 덕이 많은 사람이 되라는 것을 말한 것입니다.

(문장 24) 신사가복(信使可覆)~기욕난량(器欲難量):
믿음으로 하여금 가히 반복하게 하고, 남과의 약속은 지킬 수 있게 하고, 사람의 기량, 그릇은 남이 헤아리기 어렵게 하고자 한다.

25. 묵비사염(墨悲絲染)~시찬고양(詩讚羔羊)

[25의 1단] 먹 묵(墨) 슬플 비(悲) 실 사(絲) 물들일 염(染)

묵(墨)　비(悲)　사(絲)　염(染)
①　　④　　②　　③
묵자는 실이 물듦을 슬퍼하였고

- **먹 묵(墨)** 자는 어두울 묵 등으로 읽으며, 뜻은 '먹(글을 쓰는 검은 물감), 묵화(墨畵: 먹으로만 그린 그림), 먹 묵(墨) 같은 글자입니다. 여기서는 검은 물감이 아니라 중국 춘추전국시대 때 활약한 사상가(思想家: 깊고 풍부한 사상을 가진 사람)인 묵자(墨子)라는 사람을 말하기 때문에 '묵자'로 풀이합니다.

- **슬플 비(悲)** 자는 불쌍히 여길 비 등으로 읽으며, 뜻은 '슬프다, 자비(慈悲: 사랑하고 불쌍히 여김)'입니다. 여기서는 '슬프다'로 풀이하여 묵비(墨悲)를 '묵자는 슬퍼하였다'로 풀이합니다.

- **실 사(絲)** 자는 풍류이름 사 등으로 읽으며, 뜻은 '실(바느질할 때 쓰는 하얀 실), 줄, 악기 줄, 가늘다, 사우(絲雨: 가랑비, 보슬비)'입니다. 여기서는 '실(하얀 실)'로 풀이합니다. 약자로 '실 사(糸)'라고 씁니다.

- **물들일 염(染)** 자는 물젖을 염 등으로 읽으며, 뜻은 '물들이다, 염료(染料: 물감), 염색(染色: 피륙 따위에 물을 들임)'입니다. 여기서는 '물들이다'로 풀이하여 사염(絲染)을 '실이 물들음, 하얀 실이 물들음' 등으로 풀이합니다.

◎ **묵비사염(墨悲絲染)**이란 '옛날에 묵자라는 사람은 깨끗하고 하얀 실에 새까만 물이 들면 다시 희지 못함을 슬퍼했다' 등으로 풀이하며, 사람도 선(善)에 물들면 착하게 되고, 악(惡)에 물들면 나쁜 사람이 되므로 인간이 악풍(惡風: 나쁜 풍습)에 감염(感染: 남에게 옮아서 물이 듦)되지 않도록 훈계(訓戒: 타일러 가르침)한 것이라고 합니다. 즉, 사람은 매사(每事: 모든 일)를 조심(操心: 삼가 주의함)하라는 것을 말한 것입니다. 참고하기 바랍니다.

시(詩) 찬(讚) 고(羔) 양(羊)
① ④ ② ③
시경(고전 책)에서는 고양 편을 기렸느니라(찬양하였다).

- **귀글 시(詩)** 자는 글 시, 시 시 등으로 읽으며, 뜻은 '귀글(두 마디가 한 덩어리씩 짝이 되어 지은 글), 시(詩: 문학의 한 부분)'입니다. 여기서는 귀글 시(詩) 자를 고전 책 시경(詩經)으로 풀이합니다. 시경은 유교의 경전인 사서오경(四書五經)의 하나인데, 대학, 중용, 논어, 맹자가 사서이고, 시경, 서경, 주역, 예기, 춘추가 오경입니다. 참고 바랍니다.

- **기릴 찬(讚)** 자는 밝을 찬 등으로 읽으며, 뜻은 '기리다(뛰어난 업적이나 정신, 위대한 사람 따위를 칭찬하고 기억하다), 칭찬하다, 찬양(讚揚: 칭찬하여 드러냄)'입니다. 여기서는 '기리다' 등으로 풀이하여 시찬(試讚)을 시경(고전 책)에서는 '~를 기렸느니라' 등으로 풀이합니다. 속자로 '기릴 찬(讃)'이라고 씁니다.

- **새끼 양 고(羔)** 자는 염소 고 등으로 읽으며, 뜻은 '새끼 양(어린 양)'입니다.

- **양 양(羊)** 자는 노닐 양 등으로 읽으며, 뜻은 '양, 염소, 고양(羔羊: 어린 양)'입니다. 여기서는 고양(羔羊)을 '어린 양'으로 풀이하지 않고 시경(고전 책)에 있는 고양 편으로 풀이합니다. 고양 편에는 참 도덕적인 말이 많이 들어 있다고 합니다.

◎ **시찬고양(詩讚羔羊)**이란 '시(詩)는 고양 편을 찬양하였다' 등으로 풀이하며, 시경 고양 편에 남국 대부가 문왕의 덕을 입어 정직하게 됨을 칭찬하였으니 사람의 선악(善惡: 착함과 악함)을 말한 것이라고 합니다.

(문장 25) 묵비사염(墨悲絲染)~시찬고양(詩讚羔羊):
묵자는 실이 물듦을 슬퍼하였고, 시경 고전 책에서는 고양 편을 기렸느니라, 찬양하였다.

26. 경행유현(景行維賢)~극념작성(克念作聖)

[26의 1단] 볕 경(景) 다닐 행(行) 오직 유(維) 어질 현(賢)

경(景) 행(行) 유(維) 현(賢)
② ① ③ ④
행실을 훌륭하게 하면 오직 어진 사람(현인)이 되고

● **볕 경**(景) 자는 빛 경, 경치 경, 클 경 등으로 읽으며, 뜻은 '빛, 상서로운 빛(祥瑞: 복 되고 길한 일이 일어날 조짐이 있다), 경치(景致: 자연의 아름다운 모습), 크다, 경복(景福: 큰 복)'입니다. 여기서는 '크다, 훌륭하다, 빛나게' 등으로 풀이합니다.

● **다닐 행**(行) 자는 갈 행, 시장 항, 항렬 항 등 두 가지 발음(행과 항)으로 읽으며, 뜻은 '다니다, 걷다, 행하다(하다, 행동하다), 행동(行動: 몸을 움직여 하는 것), 행실(行實: 일상 하는 행동), 항렬(行列: 같은 혈족 사이에서의 세대 관계를 나타내는 서열, 돌림, 형제자매의 관계가 한 항렬이다)'입니다. 여기서는 '행실'로 풀이하여 경행(景行)을 '행동을 빛나게 하는 것, 행실을 훌륭하게 하는 것, 큰길을 걷는 것' 등으로 풀이합니다.

● **오직 유**(維) 자는 맬 유, 이을 유 등으로 읽으며, 뜻은 '매다, 지탱하다, 유지(維持: 지탱하여 감, 버티어 감), 오직(다만, 오로지), 오직 유(唯) 자가 또 있으며, '맬 유, 얽을 유(維)' 자로 표기된 책도 있습니다. 여기서는 '오직'으로 풀이합니다.

● **어질 현**(賢) 자는 어진 이 현, 좋을 현 등으로 읽으며, 뜻은 '어질다(마음이 너그럽고 부드러우며 착하다), 현인(賢人: 성인 다음가는 어질고 총명한 사람)'입니다. 여기서는 '어진 사람(현인)'으로 풀이하여 유현(維賢)을 '오직 어진 사람(현인)이 되고'로 풀이합니다.

◎ **경행유현**(景行維賢)이란 '큰길을 걸어가는 사람은 오직 어진 이가 되고' 등으로 풀이하며, 행실을 훌륭하게 하고 당당하게(의젓하게) 쌓으면 어진 사람(현인)이 될 수 있다는 내용입니다.

천자문 千字文

극(克) 념(念) 작(作) 성(聖)
① ② ④ ③
능히 생각하면(생각을 바르게 하면) 성인이 될 수 있다.

- **이길 극(克)** 자는 능할 극 등으로 읽으며, 뜻은 '이기다(겨루어서 상대편을 지게 하다 등), 극복(克服: 어려움을 이기어 냄), 극복(克復: 이기어 원상대로 복귀함)'입니다. 여기서는 '능할 극'으로 풀이하여 '능히(能: 익숙하게 잘) ~하면' 등으로 풀이합니다. 이길 극(尅) 자로 표기한 책도 있습니다.

- **생각 념(念)** 자는 읽을 념 등으로 읽으며, 뜻은 '생각하다, 생각은 의견(意見: 마음 속에 느낀 생각), 사상(思想: 사회 및 인생에 대한 일정한 견해), 깨달음' 등 뜻이 많은 단어입니다. 여기서는 '생각'으로 풀이하여 '극념(克念)'을 능히 생각하면' 등으로 풀이합니다.

- **지을 작(作)** 자는 이룰 작, 일어날 작, 할 자, 만들 주 등 세 가지 발음(작, 자, 주)으로 읽으며, 뜻은 '짓다, 만들다, 작가(作家: 문예작품을 짓는 사람), 일하다, 작업(作業: 일, 일을 함)'입니다. 여기서는 '만들다, 될 수 있다' 등으로 풀이합니다.

- **성인 성(聖)** 자는 착할 성, 성스러울 성, 거룩할 성 등으로 읽으며, 뜻은 '성인(聖人: 지혜와 덕이 뛰어나 남들이 본받을 만한 사람)'입니다. 여기서는 '성인'으로 풀이하여 작성(作聖)을 '성인이 될 수 있다'로 풀이합니다.

◎ **극념작성**(克念作聖)이란 '성인의 언행을 잘 생각하여 수양을 쌓으면 성인이 될 수 있다' 등으로 풀이하며, 세계 4대 성인은 공자, 석가, 예수, 소크라테스를 가리킵니다. 참고 사항입니다.

(문장 26) 경행유현(景行維賢)~극념작성(克念作聖):
행실을 훌륭하게 하면 오직 어진 사람, 현인이 되고 능히 생각하면 생각을 바르게 하면 성인이 될 수 있다.

27. 덕건명립(德建名立)~형단표정(形端表正)

[27의 1단] 큰 덕(德) 세울 건(建) 이름 명(名) 설 립(立)

덕(德) 건(建) 명(名) 립(立)
①   ②   ③   ④

덕이 세워지면 (덕으로서 착한 일을 하면) 이름도 서게 되고(확립되고)

● **큰 덕(德)** 자는 품행 덕, 은혜 덕, 좋은 가르침 덕 등으로 읽으며, 뜻은 '크다, 덕(德: 마음이 바르고 사람이 가는 길에 합당한 일을 말하며 도덕적, 인격적 능력을 말함), 도덕(道德: 사람으로서 지켜야 할 도리), 덕행(德行: 어질고 두터운 행실), 덕담(德談: 남이 잘되기를 기원하여 서로 나누는 좋은 말)'입니다. 여기서는 '덕'으로 풀이합니다. 약자로 '큰 덕(德)'이라고 쓰고, 고자(古字: 옛 글씨의 체)로 '큰 덕(悳)'이라고 씁니다. 참고 바랍니다.

● **세울 건(建)** 자는 설 건, 심을 건 등으로 읽으며, 뜻은 '세우다, 일으키다, 건국(建國: 나라를 세움), 건설(建設: 건물이나 시설물을 세우는 것)'입니다. 여기서는 '세우다'로 풀이하여 덕건(德建)을 '덕이 세워지면, 덕으로서 착한 일을 하면' 등으로 풀이합니다.

● **이름 명(名)** 자는 사람 명, 글 명 등으로 읽으며, 뜻은 '이름, 이름나다, 성명(姓名: 성과 이름), 명사(名士: 명성이 높은 사람)'입니다. 여기서는 '이름'으로 풀이합니다.

● **설 립(立)** 자는 세울 립 등으로 읽으며, 뜻은 '서다, 일어서다, 세우다. 입안(立案: 안을 세움), 확립(確立: 무엇을 굳게 세움)'입니다. 여기서는 '서다(세우다)'로 풀이하여 명립(名立)을 이름이 '서다, 확립되고' 등으로 풀이합니다.

◎ **덕건명립(德建名立)**이란 '덕이 세워지면 이름도 서고' 등으로 풀이하며, 덕으로서 착한 일을 하면 이름도 세상에 나타나게 된다는 것을 말한 것입니다.

※ 설 립(立) 자는 두음법칙에 의하면 앞에 있으면 '입', 뒤에 있으면 '립'으로 읽고 씁니다. 입안(立案), 확립(確立), 명립(名立) 등.

형(形) 단(端) 표(表) 정(正)
　①　　②　　③　　④
얼굴 모양(형상)이 단정하고 깨끗하면 겉모습도 바르게 된다.

● **형상 형(形)** 자는 나타날 형 등으로 읽으며, 뜻은 '형상(形象, 形狀: 물체의 생긴 모습, 모습) 형상(形相: 얼굴 모양), 인상(人相: 사람 얼굴의 생김새)'입니다. 여기서는 얼굴 모양(형상), 용모 등으로 풀이합니다.

● **끝 단(端)** 자는 바른 단, 실마리 단 등으로 읽으며, 뜻은 '끝, 말단(末端: 맨끝, 조직의 가장 아랫부분의 자리), 단정(端正: 얌전하고 조촐함)'입니다. 여기서는 '단정'으로 풀이하여 형단(形端)을 '얼굴 모양, 형상, 용모가 단정하고 깨끗하면' 등으로 풀이합니다.

● **겉 표(表)** 자는 거죽 표 등으로 읽으며, 뜻은 '겉, 거죽, 표면(表面: 겉모양), 나타내 보이다, 표현(表現: 나타내 보임, 사상이나 감정을 나타내는 일)'입니다. 여기서는 겉모양(모습)으로 풀이합니다.

● **바를 정(正)** 자는 과녁 정, 정월 정 등으로 읽으며, 뜻은 '바르다, 정직(正直: 마음이 바르고 곧음), 정월(正月: 일 년 중의 첫째 달), 정확(正確: 바르고 확실함), 정의(正義: 바른 뜻, 올바른 도리)'입니다. 여기서는 '바르다'로 풀이하여 표정(表正)을 '겉모습도 바르게 된다'로 풀이합니다.

◎ **형단표정(形端表正)**이란 '몸매가 단정하면 겉모습이 바르게 된다' 등으로 풀이하며, 몸, 용모, 얼굴 모양이 단정하고 깨끗하면 마음도 바르고 또 겉으로도 나타난다는 내용입니다.

(문장 27) 덕건명립(德建名立)~형단표정(形端表正):
덕이 세워지면 덕으로써 착한 일을 하면 이름도 서게 되고, 확립되고, 얼굴 모양, 형상이 단정하고 깨끗하면 겉모습도 바르게 된다.

28. 공곡전성(空谷傳聲)~허당습청(虛堂習聽)

> ## [28의 1단] 빌 공(空) 골 곡(谷) 전할 전(傳) 소리 성(聲)
>
> 공(空)   곡(谷)   전(傳)   성(聲)
> ①   ②   ④   ③
> 빈 골짜기에서 소리를 치면 그대로 전해지고(메아리)

- **빌 공(空)** 자는 하늘 공, 다할 공, 클 공, 구멍 공 등으로 읽으며, 뜻은 '비다(속에 들어 있는 것이 없다), 공간(空間: 빈 자리, 하늘과 땅 사이), 하늘, 공군(空軍: 공중에서 싸우는 군대), 육군(陸軍), 해군(海軍)'. 참고 사항입니다. '헛되다, 공상(空想: 이루어질 수 없는 헛된 생각)'. 여기서는 '공간, 빈자리'로 풀이합니다.

- **골 곡(谷)** 자는 실 곡, 기를 곳, 성(姓) 욕, 곡려 록 등 세 가지 발음(곡, 욕, 록)으로 읽으며, 뜻은 '골, 골짜기, 계곡(溪谷: 물이 흐르는 산골짜기)'입니다. 여기서는 '골짜기'로 풀이하여, 공곡(空谷)을 '빈 산골짜기, 빈 골짜기'로 풀이합니다.

- **전할 전(傳)** 자는 줄 전, 옮길 전 등으로 읽으며, 뜻은 '전하다(소식을 알려주다 등), 전달(傳達: 전하여 이르게 함)'입니다. 여기서는 '전하다'로 풀이합니다. 약자로 '전할 전(伝)'이라고 씁니다.

- **소리 성(聲)** 자는 풍류 성, 명예 성 등으로 읽으며, 뜻은 '소리 음성(音聲: 사람의 목소리), 명성(名聲: 세상에 널리 떨친 이름)'입니다. 여기서는 '소리'로 풀이하여 전성(傳聲)을 '소리가 전해지고'로 풀이합니다. 약자로 '소리 성(声)'이라고 씁니다.

◎ **공곡전성(空谷傳聲)**이란 '빈 골짜기에서 소리를 치면 메아리(산울림, 산에서 소리를 지를 때 되울려 오는 소리)처럼 그대로 전해지고' 등으로 풀이하며, 덕 있는 군자의 말은 빈 골짜기에서 소리가 전해지듯이 먼 데까지 퍼져 나간다는 내용으로, 군자는 언제 어디서나 몸가짐이나 언행(言行: 말과 행동)을 바르게 해야 한다는 것을 말한 것이라고 합니다. 참고하기 바랍니다.

[28의 2단] 빌 허(虛) 집 당(堂) 익힐 습(習) 들을 청(聽)

허(虛) 당(堂) 습(習) 청(聽)
① ② ③ ④

빈집에서 익히고 듣는다. (착한 말을 하면 천 리 밖에서도 응한다.)

● **빌 허(虛)** 자는 헛될 허, 거짓말 허, 하늘 허 등으로 읽으며, 뜻은 '비다, 헛되다, 허공(虛空: 아무것도 없는 텅 빈 곳, 하늘)'입니다. 여기서는 '빈(비다)'으로 풀이합니다. 속자로 '빌 허(虚)'라고 씁니다.

● **집 당(堂)** 자는 마루 당, 가까운 친척 당 등으로 읽으며, 뜻은 '집, 대청, 당내(堂內: 팔촌 이내의 일가), 당숙(堂叔: 아버지의 사촌형제)'입니다. 여기서는 '집'으로 풀이하여 허당(虛堂)을 '빈집'으로 풀이합니다.

● **익힐 습(習)** 자는 거둠 습, 가까이할 습 등으로 읽으며, 뜻은 '익히다(연습하다), 연습(練習: 학문이나 기예 따위를 연마하여 익힘), 습관(習慣: 익혀 온 버릇)'입니다. 여기서는 '학문을 익히다(배우다, 공부하다, 연습하다, 능숙하게 하다)' 등으로 풀이합니다.

● **들을 청(聽)** 자는 받을 청 등으로 읽으며, 뜻은 '듣다, 청강(聽講: 강의를 들음), 시청(視聽: 눈으로 보고 귀로 들음)'입니다. 여기서는 '듣는다'로 풀이하여 습청(習聽)을 '익히고 듣는다' 등으로 풀이합니다.

◎ **허당습청(虛堂習聽)**이란 '빈집에서 소리를 내면 울리어 잘 들린다. 즉 착한 말을 하면 천 리 밖에서도 응한다' 등으로 풀이하며 사람은 사심(邪心: 도리에 어긋난 못된 마음)을 버려야 올바로 들리고 익혀(여기서 익혀는 '배우다, 공부하다, 연습하다'로 풀이합니다)진다는 내용으로, 군자가 마음을 비우고 욕심 없는 마음속에서 공부하는 자세를 말한 것이라고 합니다.

(문장 28) 공곡전성(空谷傳聲)~허당습청(虛堂習聽):
빈 골짜기에서 소리를 치면 그대로 전해지고 빈집에서 익히고 듣는다, 착한 말을 하면 천 리 밖에서도 응한다.

29. 화인악적(禍因惡積)~복연선경(福緣善慶)

[29의 1단] 재앙 화(禍) 인할 인(因) 악할 악(惡) 쌓을 적(積)

화(禍) 인(因) 악(惡) 적(積)
①   ④   ②   ③

재앙은 악이 쌓임에 인연하고(재앙은 악을 쌓았기 때문에 오는 것이고)

● **재앙 화(禍)** 자는 재화 화, 해로울 화 등으로 읽으며, 뜻은 '재앙(災殃: 불행한 일), 재화(災禍: 재앙과 화난)'입니다. 여기서는 '재앙'으로 풀이합니다.

● **인할 인(因)** 자는 말미암을 인, 인연 인, 까닭 인 등으로 읽으며, 뜻은 '인연(因緣: 서로의 연분), 원인(原因: 일이 일어나게 된 까닭)'입니다. 여기서는 '인연'으로 풀이하여 화인(禍因)을 '재앙은 ~을 인연하고' 등으로 풀이합니다.

● **악할 악(惡)** 자는 모질 악, 미워할 오 등 두 가지 발음(악과 오)으로 읽으며, 뜻은 '악하다(惡: 성질이 모질고 악독하다), 모질다(사람으로서는 차마 못할 짓을 함부로 하는 성질), 미워하다, 증오(憎惡: 미워하다), 오한(惡寒: 몸이 오슬오슬 춥고 괴로운 증세), 악한(惡漢: 나쁜 짓을 일삼는 사람)'입니다. 여기서는 '악'으로 풀이합니다. 속자로 악할 악(悪)이라고 씁니다.

● **쌓을 적(積)** 자는 모을 적, 저축할 자 등 두 가지 발음(적과 자)으로 읽으며, 뜻은 '쌓다, 모으다, 적금(積金: 돈을 모아 둠)'입니다. 여기서는 '쌓다'로 풀이하여 악적(惡積)을 '악을 쌓았기 때문' 등으로 풀이합니다.

◎ **화인악적(禍因惡積)**이란 '재앙은 악을 쌓음으로써 생기고' 등으로 풀이하며, 재앙(불행한 일)을 받는 이는 평소에 악(惡: 착하지 않음, 올바르지 아니함, 양심을 쫓지 않고 도덕을 어기는 일 등)을 많이 쌓았기 때문에 오는 것이므로 옳지 못한 일은 하지 말라는 것을 말한 것입니다. 참고하기 바랍니다.

[29의 2단] 복 복(福) 인연 연(緣) 착할 선(善) 경사 경(慶)

복(福) 연(緣) 선(善) 경(慶)
① ④ ② ③
복은 착한 경사에 인연한다.
(복은 착한 일을 하면 오는 것이니 착한 일을 하면 경사(기쁜 일)가 온다.)

● **복 복(福)** 자는 아름다울 복, 착할 복 등으로 읽으며, 뜻은 '복(福: 삶에서 누리는 좋고 만족할 만한 행운, 거기서 얻는 행복), 행운(幸運: 좋은 운수, 행복한 운수), 행복(幸福: 복된 좋은 운수, 생활에서 충분한 만족과 기쁨을 느끼어 흐뭇함, 그러한 상태)'입니다. 여기서는 '복'으로 풀이합니다.

● **인연 연(緣)** 자는 단 옷 단 등 두 가지(연과 단) 발음으로 읽으며, 뜻은 '인연(因緣: 서로의 연분), 연분(緣分: 하늘이 베푼 인연, 부부가 되는 인연 등)'입니다. 여기서는 '인연'으로 풀이하여 복연(福緣)을 '복은 ~ 인연한다'로 풀이합니다.

● **착할 선(善)** 자는 길할 선, 좋을 선 등으로 읽으며, 뜻은 '착하다, 선행(先行: 착하고 어진 행실) 좋다'입니다. 여기서는 '착한 일을 하면'으로 풀이합니다.

● **경사 경(慶)** 자는 착할 경, 복 강 등 두 가지 발음(경과 강)으로 읽으며, 뜻은 '경사(慶事: 축하할 만한 기쁜 일)'입니다. 경사는 기쁜 일을 말하는 것입니다. 여기서는 '경사(기쁜 일)'로 풀이하여 선경(善慶)을 '착한 일을 하면 경사(기쁜 일)가 온다로 풀이합니다.

◎ **복연선경(福緣善慶)**이란 '복은 착한 경사(기쁜 일)로 인한 것이다' 등으로 풀이하며, 사람은 착한 일을 하면 경사, 기쁜 일이 온다는 내용으로, 착한 일을 하면 복(福), 행복(幸福)이 들어온다는 것을 말하는 것입니다.

(문장 29) 화인악적(禍因惡積)~복연선경(復緣善慶):
재앙은 악이 쌓임에 인연하고, 복은 착한 경사에 인연한다. 복은 착한 일을 하면 오는 것이니 착한 일을 하면 경사, 기쁜 일이 온다.

30. 척벽비보(尺璧非寶)~촌음시경(寸陰是競)

> **[30의 1단] 자 척(尺) 구슬 벽(璧) 아닐 비(非) 보배 보(寶)**
>
> 척(尺) 벽(璧) 비(非) 보(寶)
> ①   ②   ④   ③
> 한 자나 되는 구슬이라고 (시간에 비하면) 다 보배가 아니고

- **자 척(尺)** 자는 가까울 척, 법 척 등으로 읽으며 뜻은 '자, 길이의 단위 또는 그것을 재는 기구, 1척(尺)을 한 자(1자)'라고도 합니다. 1척(1자)은 지금의 길이 단위로 약 30.3cm에 해당됩니다. 여기서는 '한 자(1자: 약 30cm)'로 풀이합니다.

- **구슬 벽(璧)** 자는 별이름 벽 등으로 읽으며, 뜻은 '구슬, 둥근 구슬, 완벽(完璧: 흠이 없는 구슬, 사물이 결점이 없이 완전함)'입니다. 여기서는 '아주 귀한 구슬'로 풀이하여 척벽(尺璧)을 '크기가 한 자(약 30cm)나 되는 아주 귀한 큰 구슬'로 풀이합니다.

- **아닐 비(非)** 자는 나무랄 비, 어길, 비 없을 비 등으로 읽으며, 뜻은 '아니다, 그르다, 어긋나다, 꾸짖다, 나무라다, 비난(非難: 남의 결정을 들어 나무람)'입니다. 여기서는 '아니다'로 풀이합니다.

- **보배 보(寶)** 자는 귀할 보, 옥새 보 등으로 읽으며, 뜻은 '보배(아주 귀하고 소중한 물건), 보물(寶物: 보배로운 물건), 국보(國寶: 나라의 보배)'입니다. 여기서는 '보배'로 풀이하여 비보(非寶)를 '보배가 아니다'로 풀이합니다. 속자로 '보배 보(寶)'라고 쓰고, 약자로 보배 보(宝)라고 씁니다. 참고 바랍니다.

◎ **척벽비보(尺璧非寶)**란 '한 자 되는 구슬이라고 보배라고 볼 수 없다' 등으로 풀이하며, 크기가 한 자(약 30cm)나 되는 옥(玉)그릇이라고 다 보배가 아니라는 내용으로, '보물은 돈만 있으면 언제든지 구하지만, 한번 지나간 시간은 만나 볼 수 없다'. 시간의 귀중함(貴重: 귀하고 소중함)을 말한 것이라고 합니다.

촌(寸)   음(陰)   시(是)   경(競)
①   ②   ④   ③
한 치의 짧은 시간을 다투어 아껴 써야 한다.
(분초를 다투어 공부하고 수양해야 한다.)

● **마디 촌(寸)** 자는 치 촌, 조금 촌, 헤아릴 촌 등으로 읽으며, 뜻은 '마디(손가락 한 마디), 1촌(寸)을 한 치(1치)'라고도 합니다. 지금의 길이 단위로 약 3cm에 해당됩니다. 그러니까 1촌(寸) 한 치(1치)는 1척(尺) 한 자(약 30cm)의 10분의 1로 약 3cm에 해당되므로, 여기서는 '아주 짧은 것'으로 풀이합니다.

● **그늘 음(陰)** 자는 응달 음, 세월 음 등으로 읽으며, 뜻은 '그늘(볕이나 불빛이 가려진 곳), 세월, 광음(光陰: 세월, 흘러가는 시간)'입니다. 여기서는 '광음(시간)'으로 풀이하여 촌음(寸陰)을 '한 치의 짧은 시간'으로 풀이합니다.

● **이 시(是)** 자는 바를 시, 옳을 시 등으로 읽으며, 뜻은 '이, 시일(是日: 이 날), 옳다, 시인(是認: 옳다고 인정함), 시정(是正: 잘못된 것을 바로잡음)'입니다. 여기서는 '이 ~를 한다'로 풀이합니다.

● **다툴 경(競)** 자는 높을 경, 급할 경 등으로 읽으며, 뜻은 '다투다, 겨루다, 경기(競技: 재주를 서로 겨룸)'입니다. 여기서는 '다투어 아껴서'로 풀이하여 시경(是競)을 '~를 다투어 아껴 써야 한다'로 풀이합니다.

◎ **촌음시경(寸陰是競)**이란 '진귀하고 보배로운 구슬보다 짧은 시간이 더 귀중하다' 등으로 풀이하며, 분초를 다투어 공부하고 수양(修養: 몸과 마음을 닦음)해야 한다는 것을 말한 것입니다.

(문장 30) 척벽비보(尺璧非寶)~촌음시경(寸陰是競):
한 자나 되는 구슬이라고 시간에 비하면 다 보배가 아니고, 한 치의 짧은 시간을 다투어 아껴 써야 한다. 분초를 다투어 공부하고 수양해야 한다.

31. 자부사군(資父事君)~왈엄여경(曰嚴與敬)

[31의 1단] 바탕 자(資) 아비 부(父) 일 사(事) 임금 군(君)

자(資) 부(父) 사(事) 군(君)
②　　①　　④　　③
아비(부모) 섬기는 바탕(효도하는 마음)으로 임금을 섬겨야 하며

- **바탕 자(資)** 자는 재물 자, 쓸 자, 도울 자 등으로 읽으며, 뜻은 '바탕(타고난 성질, 근본을 이르는 부분), 재물(財物: 돈이나 그 밖의 값나가는 물건), 밑천, 자본(資本: 영업의 기본이 되는 밑천), 자료(資料: 일의 바탕이 될 재료)'입니다. 여기서는 '바탕'으로 풀이합니다.

- **아비 부(父)** 자는 아버지 부, 할아범 부, 남자의 미칭 보 등 두 가지 발음(부와 보)으로 읽으며, 뜻은 '아비, 아버지, 남자의 미칭(美稱: 임금의 특별한 대우를 받는 칭호)'입니다. 여기서는 '아비(부모)'로 풀이하여 자부(資父)를 '아비(부모) 섬기는 바탕'으로 풀이합니다.

- **일 사(事)** 자는 일삼을 사, 섬길 사 등으로 읽으며, 뜻은 '일, 섬기다(모시어 받들다), 사업(事業: 일)'입니다. 여기서는 일이 아니라 '섬길 사'로 풀이하여 '섬기다(모시어 받들다)'로 풀이합니다.

- **임금 군(君)** 자는 아버지 군, 남편 군 등으로 읽으며, 뜻은 '임금, 군주(君主: 임금), 남편, 부군(夫君: 남편), 군자(君子: 심성이 어질고 덕행이 높은 사람), 제군(諸君: 여러분)'입니다. 여기서는 '군주(임금)'로 풀이하여 사군(事君)을 '임금을 섬기다, 모시어 받들다'로 풀이합니다.

◎ **자부사군(資父事君)**이란 '부모를 섬기는 마음으로 임금을 섬겨야 하며' 등으로 풀이하며 인륜(人倫: 사람이 지켜야 할 떳떳한 도리)을 말하는 것입니다. 곧 군사부일체(君師父一體: 임금, 스승, 아버지의 은혜는 같다)이므로 섬기는 도리는 같다는 내용입니다.

왈(曰) 엄(嚴) 여(與) 경(敬)
④ ① ② ③
(이것을) **엄숙함과 공경함이라고 이른다**(말함이다).

- **가로 왈**(曰) 자는 가로사대 왈 등으로 읽으며, 뜻은 '가로되(말하기를), 공자 왈 (曰: 공자님이 가로사대, 말씀하시기를), 왈가왈부(曰可曰否: 옳다거나 그르다거나 말함)'입니다. 여기서는 '이른다, 말함이다'로 풀이합니다. 날 일(日) 자와 가로 왈 (曰) 자가 비슷하니 어디가 다른지 찾아보기 바랍니다.

- **엄할 엄**(嚴) 자는 굳셀 엄, 공경할 엄, 무서울 엄 등으로 읽으며, 뜻은 '엄하다 (규율이나 예절을 따지는 데에 매우 **딱딱하고 바르다**), 공경하다, 엄숙하다(嚴肅: 장엄하고 정숙함)'입니다. 여기서는 '엄숙함'으로 풀이하여 왈엄(曰嚴)을 '엄숙함 이라고 말한다'로 풀이합니다.

- **더블 여**(與) 자는 같을 여, 어조사 여 등으로 읽으며, 뜻은 '더불어(함께, 같이), ~과(와)'입니다. 여기서는 앞뒤를 연결하는 '~과'로 풀이합니다.

- **공경할 경**(敬) 자는 엄숙할 경, 삼갈 경 등으로 읽으며, 뜻은 '공경하다(恭敬: 공손히 받들어 모심), 경례(敬禮: 공경의 뜻을 나타내는 인사), 경로당(敬老堂)'이라 고 쓰는 글자입니다. 여기서는 '공경함'으로 풀이하여 여경(與敬)을 '~와(과) 공 경함'으로 풀이합니다.

◎ **왈엄여경**(曰嚴與敬)이란 '엄하게 함과 공경함을 말함이다' 등으로 풀이하며, 임금을 섬기는 데는 엄숙함과 공경함이 있어야 한다는 내용으로, 공손히 받들어 모셔야 한다는 것을 말한 것입니다.

(문장 31) 자부사군(資父事君)**~왈엄여경**(曰嚴與敬)**:**
아비, 부모 섬기는 바탕, 효도하는 마음으로 임금을 섬겨야 하며, 이것을 엄숙함과 공 경함이라고 이른다, 말함이다.

32. 효당갈력(孝當竭力)~충즉진명(忠則盡命)

● **효도 효(孝)** 자는 상복 입을 효, 효도할 효 등으로 읽으며, 뜻은 '효도(孝道: 부모를 잘 모시는 도리), 효자, 효녀(孝子, 孝女: 부모를 잘 모시는 아들과 딸)'입니다. 여기서는 '효도'로 풀이합니다.

● **마땅 당(當)** 자는 대적할 당, 막을 당 등으로 읽으며, 뜻은 '마땅하다(행동이나 대상 따위가 일정한 조건에 알맞다), 당연(當然: 이치에 합당함)'입니다. 여기서는 '마땅하다'로 풀이하여 효당(孝當)을 '효도는 마땅히'로 풀이합니다. 약자로 '마땅 당(当)'이라고 씁니다.

● **다할 갈(竭)** 자는 마를 갈, 고갈할 갈(걸) 등 두 가지 발음(갈과 걸)으로 읽으며, 뜻은 '다하다, 갈성(竭誠: 온 정성을 다함)'입니다.

● **힘 력(力)** 자는 육체 력, 부지런할 력, 일할 력 등으로 읽으며, 뜻은 '힘(사람, 동물에 있어서 스스로 움직이거나 남을 움직이게 하는 근육의 작용, 기운, 일을 하는 능력을 힘이라고 함), 역사(力士: 힘이 센 사람), 권력(權力: 억지로 복종시키는 힘 등), 국력(國力: 나라의 힘)'입니다. 여기서는 '힘'으로 풀이하여 갈력(竭力)을 '있는 힘을 다하고'로 풀이합니다.

◎ **효당갈력(孝當竭力)**이란 '효도는 마땅히 온 힘을 다해야 하고' 등으로 풀이하며, 부모를 섬기는 데는 마땅히 힘을 다해야 한다는 내용으로, 효도하는 마음가짐을 말한 것입니다.

※ 힘 력(力) 자는 두음법칙에 의하면 앞에 있으면 '역', 뒤에 있으면 '력'으로 읽고 씁니다. 역사(力士), 역작(力作), 권력(權力), 국력(國力) 등.

[32의 2단] 충성 충(忠) 곧 즉(則) 다할 진(盡) 목숨 명(命)

충(忠)　　즉(則)　　진(盡)　　명(命)
①　　　②　　　④　　　③
(나라에) 충성할 때는 곧 목숨을 다 바쳐야 한다.
(즉, 목숨을 바칠 각오를 하여야 한다.)

● **충성 충(忠)** 자는 곧을 충, 정성껏 할 충 등으로 읽으며, 뜻은 '충성(忠誠: 마음에서 우러나오는 정성), 정성(精誠: 참되어 거짓이 없는 마음의 상태), 충신(忠臣: 나라를 위하여 충성을 다하는 신하)'입니다. 여기서는 '나라에 충성'으로 풀이합니다.

● **곧 즉(則)** 자는 법칙, 모범 칙 등 두 가지 발음(즉과 칙)으로 읽으며, 뜻은 '곧(즉시, 바로), 법(法: 사회의 질서를 유지하기 위한 국가적 규율, 법률)'입니다. 여기서는 '곧'으로 풀이하여 충즉(忠則)을 충성할 때는 '곧(즉시, 바로)'으로 풀이합니다.

● **다할 진(盡)** 자는 마칠 진 등으로 읽으며, 뜻은 '다하다, 진력(盡力: 있는 힘을 다함)'입니다. 여기서는 '다 바쳐야 한다'로 풀이합니다.

● **목숨 명(命)** 자는 시킬 명, 명령할 명, 운수 명 등으로 읽으며, 뜻은 '목숨(살아 있는 힘, 생명), 운수, 명령하다(命令: 윗 사람이 아랫사람에게 내리는 분부)'입니다. 여기서는 '목숨'으로 풀이하여 진명(盡命)을 '목숨을 다 바쳐야 한다'로 풀이합니다.

◎ **충즉진명(忠則盡命)**이란 '나라에 충성할 때는 목숨을 다 바쳐야 한다' 등으로 풀이하며, 충성은 목숨을 바칠 각오를 하여야 한다는 내용으로, 사람은 나(자신)의 이익만 생각하고 남을 괴롭히는(폭행, 도둑 등) 사람이 되지 말고 나와 가족, 이웃과 나라를 위해 헌신(獻身: 몸과 마음을 바쳐 있는 힘을 다함)하는 사람이 되라는 것을 말한 것입니다. 참고하기 바랍니다.

(문장 32) 효당갈력(孝當竭力)~충즉진명(忠則盡命):
부모에게 효도할 때에는 마땅히 힘을 다해야 하고, 나라에 충성할 때는 곧 목숨을 다 바쳐야 한다. 즉, 목숨을 바칠 각오를 하여야 한다.

33. 임심리박(臨深履薄)~숙흥온정(夙興溫凊)

<table>
<tr><td colspan="2">[33의 1단] 임할 림(臨) 깊을 심(深) 밟을 리(履) 얇을 박(薄)</td></tr>
</table>

임(臨)　심(深)　리(履)　박(薄)
　②　　　①　　　④　　　③
(부모님 섬기는 사람은) 깊은 곳에 임하듯 얇은 얼음을 밟듯이 몸을 조심하고

● **임할 림(臨)** 자는 군림할 림, 클 림 등으로 읽으며, 뜻은 '임하다, 다다르다, 임박(臨迫: 시기가 닥쳐옴), 군림(君臨: 임금으로서 나라를 다스리는 것), 임시(臨時: 얼마 동안의 시간)'입니다. 여기서는 '임(臨)하듯 (어떤 장소에 도달하다, 닿다)' 등으로 풀이합니다.

● **깊을 심(深)** 자는 으슥할 심, 멀 심 등으로 읽으며, 뜻은 '깊다, 수심(水深: 못, 호수, 강, 바다 따위의 물의 깊이)'입니다. 여기서는 '깊은 곳'으로 풀이하여 임심(臨深)을 '깊은 곳(연못, 강물 등)에 임하듯 (닿다)'으로 풀이합니다.

● **밟을 리(履)** 자는 신을 리, 녹 리 등으로 읽으며, 뜻은 '밟다(발을 땅 위에 대고 디디다), 이력(履歷: 밟아온 학업, 직업 따위의 경력), 이력서(履歷書: 이력을 적은 문서)'라고 쓰는 글자입니다. '신, 신발, 초리(草履: 짚신)'. 여기서는 '밟다'로 풀이합니다.

● **얇을 박(薄)** 자는 적을 박 등으로 읽으며, 뜻은 '얇다(두께가 두껍지 않다), 적다, 못생기다, 박색(薄色: 못생긴 얼굴)'입니다. 여기서는 '얇다'로 풀이하여 이박(履薄)을 '얇은 얼음을 밟듯'으로 풀이합니다.

◎ **임심리박(臨深履薄)**이란 '깊은 연못을 앞에 두고 있는 듯, 살얼음을 밟듯이 몸조심하고' 등으로 풀이하며, 부모 섬기는 사람은 몸을 조심하면서 부모님을 잘 모셔야 한다는 것을 말한 것입니다.

※ 임할 림(臨) 자와 밟을 리(履) 자는 두음법칙에 의하면 앞에 있으면 '임', 이 뒤에 있으면 '림' '리'로 읽고 씁니다. 임심(臨深), 임시(臨時), 군림(君臨), 이력서(履歷書), 초리(草履: 짚신) 등.

[33의 2단] 일찍 숙(夙) 일어날 흥(興) 따뜻할 온(溫) 서늘할 정(凊)

숙(夙)　흥(興)　온(溫)　정(凊)
①　　②　　③　　④
일찍 일어나서 (부모님의 잠자리가 추우면) 따뜻하게,
(더우면) 서늘하게 모셔야 한다.

● **일찍 숙(夙)** 자는 이룰 숙, 아침 일찍 숙 등으로 읽으며, 뜻은 '일찍, 숙성(夙成: 나이에 비하여 큼)'입니다. 여기서는 '아침 일찍'으로 풀이합니다.

● **일어날 흥(興)** 자는 일 흥, 기쁠 흥 등으로 읽으며, 뜻은 '일어나다, 흥하다(興: 잘되어 일어나다), 흥망(興亡: 일어남과 망함)'입니다. 여기서는 '사람이 아침에 일어나는 것'으로 풀이하여 숙흥(夙興)을 '아침에 일찍 일어나서'로 풀이합니다. 약자로 '일어날 흥(兴)'이라고 씁니다.

● **따뜻할 온(溫)** 자는 데울 온, 익힐 온 등으로 읽으며, 뜻은 '따뜻하다, 부드럽다, 온순(溫順: 부드럽고 순함), 온천(溫泉: 땅속에서 뜨거운 물이 나오는 곳)'입니다. 여기서는 '따뜻하게'로 풀이합니다.

● **서늘할 정(凊)** 자는 본음은 '청' 자입니다. 맑을 청(淸) 자와 비슷하니 참고 바랍니다. 뜻은 '서늘하다'입니다. 여기서는 '서늘하게 모셔야 한다'로 풀이하여 온정(溫凊)을 '부모님을 따뜻하고 서늘하게 모셔야 한다' 등으로 풀이합니다.

◎ **숙흥온정(夙興溫凊)**이란 '일찍 일어나서 부모님을 따뜻하고 서늘하게 모셔야 하느니라' 등으로 풀이하며, 사자성어인 동온하청(冬溫夏凊: 부모 섬기는 도리, 겨울에는 따뜻하게, 여름에는 시원하게 함)과 같은 내용으로 자식 된 자로서 부모님을 모시는 소중한 마음과 태도를 말한 것입니다. 참고하기 바랍니다.

(문장 33) 임심리박(臨深履薄)~숙흥온정(夙興溫凊): 부모님 모시는 사람은 깊은 곳에 임하듯 얇은 얼음을 밟듯이 몸을 조심하고 일찍 일어나서 부모님의 잠자리가 추우면 따뜻하게, 더우면 서늘하게 모셔야 한다.

34. 사란사형(似蘭斯馨)~여송지성(如松之盛)

> ### [34의 1단] 같을 사(似) 난초 란(蘭) 이 사(斯) 향기 형(馨)
>
> 사(似)　란(蘭)　사(斯)　형(馨)
> ②　①　④　③
> 난초와 같이 멀리까지 향기가 나고(군자의 지조를 말한 것임)

● **같을 사(似)** 자는 본딸 사, 이을 사 등으로 읽으며, 뜻은 '같다, 비슷하다, 닮다, 사이비(似而非: 겉으로 보아 같아 보이나 실제로는 다름), 근사(近似: 아주 비슷하다)'입니다. 여기서는 '같다'로 풀이합니다.

● **난초 란(蘭)** 자는 목란꽃 란 등으로 읽으며, 뜻은 '난초(蘭草: 난초과의 다년생 풀, 꽃향기가 좋음), 난실(蘭室: 난초 향기가 그윽한 방)'입니다. 여기서는 '난초'로 풀이하여 사란(似蘭)을 '난초와 같이'로 풀이합니다.

● **이 사(斯)** 자는 쪼갤 사, 말 그칠 사 등으로 읽으며, 뜻은 '이, 이것, 사계(斯界: 이 계통의 사회, 그 전문 분야), 사세(斯世: 이 세상), 사학(斯學: 이 학문)'입니다. 여기서는 '이, 이것, ~나고' 등으로 풀이합니다.

● **향기 형(馨)** 자는 향내 멀리 날 형 등으로 읽으며, 뜻은 '향내 나다, 향기(香氣: 꽃, 향수 따위에서 나는 좋은 냄새), 형향(馨香: 향기로운 냄새)'입니다. 여기서는 '향내 멀리 날 형'으로 풀이하여 사형(似馨)을 '~처럼 멀리까지 향기가 나고' 등으로 풀이합니다.

◎ **사란사형(似蘭斯馨)**이란 '난초와 같이 향기롭고 꽃다우니, 난초와 같이 그 향기가 퍼져 나가니' 등으로 풀이하며, 난초가 은은한 향기를 풍기듯 꽃다우니 군자(君子: 학식과 덕행이 높은 사람, 벼슬이 높은 사람, 여기서는 학식과 덕행이 높은 사람을 가리킴)의 지조(志操: 꿋꿋한 뜻과 바른 몸가짐)를 비유(比喩: 어떠한 사물이나 관념을 그와 비슷한 것을 끌어대어 설명하는 일)해서 말한 것이라고 합니다.

※ 난초 란(蘭) 자는 두음법칙에 의하면 앞에 있으면 '난', 뒤에 있으면 '란'으로 읽고 씁니다. 난초(蘭草), 사란(似蘭: 난초와 같이) 등.

여(如)　송(松)　지(之)　성(盛)
②　　①　　④　　③
소나무같이 푸르고 무성하니라. (군자의 절개를 비유해서 말한 것이다.)

● **같은 여(如)** 자는 우리들 여, 만약 여, 그러할 여 등으로 읽으며, 뜻은 '같다, 여의(如意: 일이 뜻과 같이 됨), 어찌, 여하(如何: 어찌할꼬, 어떠한가), 만일, 어조사'입니다. 여기서는 '~같이'로 풀이합니다.

● **소나무 송(松)** 자는 솔 송, 향풀 송 등으로 읽으며, 뜻은 '소나무, 솔, 송림(松林: 소나무 숲), 송죽(松竹: 소나무와 대나무), 노송(老松: 늙은 소나무), 청송(靑松: 푸른 솔, 청솔: 사시사철 푸른 소나무)'입니다. 여기서는 '푸른 소나무'로 풀이하여 여송(如松)을 '소나무같이 푸르고'로 풀이합니다.

● **갈 지(之)** 자는 이를 지, 이 지, 어조사 지 등으로 읽으며, 뜻은 '가다, 이, 그, 어조사(실질적인 뜻은 없고 다른 글자의 보조로 쓰이는 글자)'입니다. '~하는, ~의, ~이'. 여기서는 '~하는, 하니라'로 풀이합니다.

● **성할 성(盛)** 자는 무성할 성, 많을 성, 클 성 등으로 읽으며, 뜻은 '성하다(盛: 초목이 무성하다 등), 무성하다(茂盛: 초목이 우거짐)'입니다. 여기서는 '무성하다'로 풀이하여 지성(之盛)을 '~처럼 무성하다'로 풀이합니다.

◎ **여송지성(如松之盛)**이란 '소나무같이 무성하니라' 등으로 풀이하며, 소나무같이 변치 않고 성함은 군자의 절개를 비유해서 말한 것입니다. 여기서 군자의 절개(節介)는 신념, 신의 따위를 굽히지 아니하고 굳게 지키는 꿋꿋한 마음과 태도를 말합니다.

(문장 34) 사란사형(似蘭斯馨)~여송지성(如松之盛):
난초와 같이 멀리까지 향기가 나고, 소나무같이 푸르고 무성하니라. 군자의 지조와 절개를 비유해서 말한 것이다.

35. 천류불식(川流不息)~연징취영(淵澄取映)

[35의 1단] 내 천(川) 흐를 류(流) 아니 불(不) 쉴 식(息)

천(川)　류(流)　불(不)　식(息)
　①　　②　　④　　③
냇물은 흘러 쉬지 않으니(군자의 행동거지, 꾸준히 노력하는 것을 말한 것이며)

● **내 천(川)** 자는 굴 천 등으로 읽으며, 뜻은 '내, 개천, 하천(河川: 시내, 강), 천변(川邊: 냇가), 산천(山川: 산과 내, 자연)'입니다. 여기서는 '냇물'로 풀이합니다.

● **흐를 류(流)** 자는 구할 류, 무리 류 등으로 읽으며, 뜻은 '흐르다, 유수(流水: 흐르는 물), 퍼지다, 유행(流行: 세상에 널리 퍼져 행하여 짐)'입니다. 여기서는 '흐르다'로 풀이하여 천류(川流)를 '냇물은 흘러'로 풀이합니다.

● **아니 불(不)** 자는 뜻이 정하지 않을 부, 아닌가 부 등 두 가지 발음(불과 부)으로 읽으며, 뒤에 이어지는 말의 처음이 'ㅈ, ㄷ'일 때는 '부'로 읽는다. 부정(不正), 부족(不足), 부덕(不德) 등 '부'로 읽고, 'ㅈ, ㄷ'이 아닐 경우는 '불'로 읽는다. 불편(不便), 불식(不息), 불의(不義) 등 '불'로 읽는다. 여기서는 '아닐 불(不), 불'로 읽고, 뜻은 '아니다, 아니하다'로 풀이합니다.

● **쉴 식(息)** 자는 자식 식 등으로 읽으며, 뜻은 '쉬다, 휴식(休息: 무슨 일을 하다가 쉼), 숨 쉬다, 살다, 서식(棲息: 삶. 동물이 깃들여 삶), 아들, 자식(子息: 아들과 딸의 총칭)'입니다. 여기서는 '쉰다, 휴식'으로 풀이하여 불식(不息)을 '쉬지 않으니' 등으로 풀이합니다.

◎ **천류불식(川流不息)**이란 '냇물은 흘러 쉬지 않고' 등으로 풀이하며, 군자는 흐르는 냇물처럼 쉬지 않고 꾸준히 노력(努力: 애를 쓰고 힘을 씀)을 한다는 것을 비유해서 말한 것입니다.

※ 흐를 류(流) 자는 두음법칙에 의하면 앞에 있으면 '유', 뒤에 있으면 '류'로 읽고 씁니다. 유행(流行), 천류(川流) 등.

연(淵)　징(澄)　취(取)　영(映)
　①　　②　　④　　③
연못의 물이 맑아서 비치니(군자의 고요한 마음을 비유해서 말한 것이다).

● **못 연(淵)** 자는 깊을 연 등으로 읽으며, 뜻은 '못(물이 고여 있는 연못), 연천(淵川: 못과 샘), 샘'입니다. 여기서는 '연못'으로 풀이합니다.

● **맑을 징(澄)** 자는 술이름 징 등으로 읽으며, 뜻은 '맑다, 징파(澄波: 맑고 깨끗한 물)'입니다. 여기서는 '맑다'로 풀이하여 연징(淵澄)을 '연못의 물이 맑다'로 풀이합니다.

● **취할 취(取)** 자는 얻을 취, 가질 취 등으로 읽으며, 뜻은 '취하다, 가지다, 취득(取得: 손에 넣음. 자기의 소유로 만듦)'입니다. 여기서는 '~를 취한다(가지다. 제 것으로 만든다)'로 풀이합니다.

● **비칠 영(映)** 자는 빛날 영 등으로 읽으며, 뜻은 '비추다(빛을 내쏘아 밝게 만들다), 영사(映寫: 환등이나 영화를 비침), 상영(上映: 극장 등에서 영화를 영사하여 공개함)'입니다. 여기서는 '비친다, 비추어 볼 수 있다' 등으로 풀이하여 취영(取映)을 '물속까지 비쳐 보인다, 볼 수 있다' 등으로 풀이합니다. 비칠 영(映, 暎) 두 글자는 같은 글자입니다. 참고 바랍니다.

◎ **연징취영(淵澄取映)**이란 '연못의 물이 맑으면 물 속을 비추어 볼 수 있다' 등으로 풀이하며, 못의 물이 맑아 물속을 볼 수 있는 것처럼 군자의 고요한 마음을 비유해서 말한 것입니다. 군자(君子)의 반대는 소인(小人: 간사하고 도량이 좁은 사람)입니다.

(문장 35) 천류불식(川流不息)~연징취영(淵澄取映):
냇물은 흘러 쉬지 않으니 군자의 행동거지 꾸준히 노력하는 것을 말한 것이며, 연못의 물이 맑아서 비치니 군자의 고요한 마음을 비유해서 말한 것이다.

36. 용지약사(容止若思)~언사안정(言辭安定)

> **[36의 1단] 얼굴 용(容) 그칠 지(止) 같을 약(若) 생각 사(思)**
>
> 용(容)   지(止)   약(若)   사(思)
> ①   ②   ④   ③
> (군자는) 얼굴(용모)과 행동거지는 생각하는 것같이 하고

- **얼굴 용(容)** 자는 모양 용, 내용 용, 용서할 용 등으로 읽으며, 뜻은 '얼굴 모습, 용모(容貌: 사람의 얼굴 모양), 담다, 용기(容器: 물건을 담는 그릇), 내용(內容: 사물의 속내, 말하는 사실 등), 용서(容恕: 놓아줌, 관용을 베풀어 벌하지 않음)'입니다. 여기서는 '얼굴, 용모' 등으로 풀이합니다.

- **그칠 지(止)** 자는 말지, 고요할지 등으로 읽으며, 뜻은 '그치다, 머무르다, 막다, 금지(禁止: 금하여 못 하게 함), 행동거지(行動擧止: 몸을 움직이는 모든 것)'입니다. 여기서는 '행동거지'로 풀이하여 용지(容止)를 '얼굴(용모)과 행동거지'로 풀이합니다.

- **같을 약(若)** 자는 만약 약, 반야 야 등 두 가지 발음(약과 야)으로 읽으며, 뜻은 '같다, 약시(若是: 이와 같이), 만약, 어조사, 반야(般若: 불교에서 모든 법의 진실을 아는 지혜)'입니다. 여기서는 '같이'로 풀이합니다.

- **생각 사(思)** 자는 생각할 사 등으로 읽으며, 뜻은 '생각(사물을 헤아리고 판단하는 작용, 어떤 사람이나 일 따위에 대한 기억, 어떤 일을 하고 싶거나 관심을 가짐 등), 사고(思考: 생각하고 궁리함), 사상(思想: 생각, 사회 및 인생에 대한 일정한 견해, 판단과 추리를 거쳐서 생긴 의식 등)' 등 뜻이 많은 단어입니다. 여기서는 '생각'으로 풀이하여 약사(若思)를 '생각하는 것같이'로 풀이합니다.

◎ **용지약사(容止若思)**란 '용모와 행동거지는 생각하는 것같이 하고' 등으로 풀이하며, 군자는 얼굴과 행동거지, 몸을 움직이는 모든 것은 늘 생각하는 것처럼 침착한 태도를 가지고 살아가야 한다는 것을 말한 것입니다.

> ### [36의 2단] 말씀 언(言) 말씀 사(辭) 편안 안(安) 정할 정(定)
>
> 언(言) 사(辭) 안(安) 정(定)
> ①   ②   ③   ④
> **말도 편안하고 안정되게 해야 한다.** (필요 없는 말은 하지 말라.)

- **말씀 언**(言) 자는 말할 언, 어조사 언 등으로 읽으며, 뜻은 '말씀, 말, 말하다, 언동(言動: 언어와 행동), 언쟁(言爭: 말다툼)'입니다. 여기서는 '말(사람의 사상, 감정을 나타내는 소리)'로 풀이합니다.

- **말씀 사**(辭) 자는 사례할 사, 글 사, 감사할 사, 거절할 사 등으로 읽으며, 뜻은 '말, 글, 사양하다(辭讓: 겸손하여 받지 아니하고 남에게 양보한다)'입니다. 여기서는 '사람들이 하는 말'로 풀이하여 언사(言辭)를 '말, 말소리, 말투, 말과 글, 말솜씨' 등으로 풀이합니다. 약자로 '말씀 사(辞)'라고 씁니다.

- **편안 안**(安) 자는 고요할 안, 즐거울 안 등으로 읽으며, 뜻은 '편안하다(便安: 무사함, 거북하지 않고 한결같이 좋음), 안정(安定: 안전하게 자리잡음), 안전(安全: 편안하고 온전함, 위험이 없음)'입니다.

- **정할 정**(定) 자는 바를 정 등으로 읽으며, 뜻은 '정하다(定: 자리를 잡다, 일을 결정하다), 결정(決定: 결단하여 정함)'입니다. 여기서는 '정하다'로 풀이하여 안정(安定)을 '~은 편안하고 안정되어야 한다' 등으로 풀이합니다.

◎ **언사안정**(言辭安定)이란 '말과 글은 편안하고 일정해야 한다' 등으로 풀이하며, 군자(사람)는 태도만 침착(沈着: 행동이 들뜨지 아니하고 차분함)하게 할 뿐 아니라 말을 함부로(조심하거나 깊이 생각하지 않고 하고 싶은 대로) 하지 말고 필요(必要: 반드시 요구되는 바가 있음) 없는 말은 하지 말라는 것을 말한 것입니다. 참고 바랍니다.

> **(문장 36) 용지약사(容止若思)~언사안정(言辭安定):**
> 군자는 얼굴, 용모와 행동거지는 생각하는 것같이 하고, 말도 편안하고 안정되게 해야 한다. 필요 없는 말은 하지 말라.

37. 독초성미(篤初誠美)~신종의령(愼終宜令)

독(篤)   초(初)   성(誠)   미(美)
② ① ③ ④
(무슨 일이든) 처음을 돈독히 하면 참으로 아름답고

● **도타울 독**(篤) 자는 굳을 독, 두터울 독 등으로 읽으며, 뜻은 '도탑다(인정, 정의, 사랑 등이 많고 깊다), 독실하다(篤實: 인정 있고 친절함), 돈독히(敦篤: 사랑과 인정이 많고 도타움)'입니다. 여기서는 '돈독히'로 풀이합니다.

● **처음 초**(初) 자는 비롯할 초, 근본 초 등으로 읽으며, 뜻은 '처음(일의 시초, 맨 첫 번), 초급(初級: 맨 처음의 등급), 초등학교(初等學校)'라고 쓰는 글자입니다. 여기서는 '처음'으로 풀이하여 독초(篤初)를 '처음을 돈독히 하면'으로 풀이합니다.

● **정성 성**(誠) 자는 공경할 성, 진실 성 등으로 읽으며, 뜻은 '정성(精誠: 참되어 거짓이 없는 마음), 성금(誠金: 정성으로 내는 돈)'입니다. 여기서는 '정성, 참(거짓이 없는 마음)'으로 풀이합니다.

● **아름다울 미**(美) 자는 예쁠 미, 좋을 미 등으로 읽으며, 뜻은 '아름답다(예쁘고 곱다), 미인(美人: 얼굴이 예쁜 여자), 맛있다, 미식(美食: 맛있는 음식)'입니다. 여기서는 '아름답다'로 풀이하여 성미(誠美)를 '참으로 아름답고' 등으로 풀이합니다.

◎ **독초성미**(篤初誠美)란 '무슨 일이든 처음을 신중히(愼重: 매우 조심스럽게) 하는 것은 참으로 아름다운 것이다. 시작할 때 온 힘을 쏟는 것은 참으로 아름다운 것이다. 처음을 성실(誠實: 정성스럽고 참됨)하고 신중히 하는 것은 진실로 아름답고' 등으로 풀이하며, 무슨 일을 하든지 처음 시작할 때는 성실하고 조심스럽게 하여야 한다는 것을 말한 것입니다.

신(愼)　종(終)　의(宜)　령(令)
②　　①　　③　　④
끝맺음도 (잘하도록) 삼가는 것이 마땅하다. (끝맺음도 좋아야 한다.)

● **삼갈 신(愼)** 자는 정성스러울 신, 생각할 신 등으로 읽으며, 뜻은 '삼가다(조심하다, 경계하다, 지나치지 않도록 하다), 신중히(愼重: 매우 조심스러움)'입니다. 여기서는 '삼가다, 신중히'로 풀이합니다.

● **마칠 종(終)** 자는 끝 종, 마침내 종 등으로 읽으며, 뜻은 '마치다, 끝맺음, 마무리, 종례시간(終禮: 그 날의 일과를 다 마친 뒤에 하는 모임)'입니다. 여기서는 '끝맺음'으로 풀이하여 신종(愼終)을 '끝맺음도 잘하도록 삼가는 것'으로 풀이합니다.

● **마땅 의(宜)** 자는 옳을 의, 좋아할 의 등으로 읽으며, 뜻은 '마땅하다(그렇게 하는 것이 옳다), 의당(宜當: 마땅히), 알맞다'입니다. 여기서는 '마땅하다'로 풀이합니다. 속자로 '마땅 의(冝)'라고 씁니다.

● **하여금 령(令)** 자는 시킬 령, 명령할 령 등으로 읽으며, 뜻은 '하여금(으로써, 에게) 명령하다(命令: 윗사람이 아랫사람에게 내리는 분부)'입니다. 여기서는 '명령하다, ~하다'로 풀이하여 의령(宜令)을 '마땅하다, 좋게 하다' 등으로 풀이합니다.

◎ **신종의령(愼終宜令)**이란 '끝맺음 또한 처음 시작할 때와 같이 좋아야 한다' 등으로 풀이하며, 처음뿐만 아니라 마무리가 좋아야 한다는 내용으로, 무슨 일을 하든지 끝맺음을 잘하라는 것을 말한 것입니다. 참고하기 바랍니다.

(문장 37) 독초성미(篤初誠美)~신종의령(愼終宜令):
무슨 일이든 처음을 돈독히 하면 참으로 아름답고, 끝맺음도 잘하도록 삼가는 것이 마땅하다. 끝맺음도 좋아야 한다.

38. 영업소기(榮業所基)~적심무경(籍甚無竟)

● **영화 영(榮)** 자는 명예 영, 빛날 영 등으로 읽으며, 뜻은 '영화(榮華: 귀하게 되어 이름이 빛남), 영광(榮光: 영화로운 현상, 빛나는 명예), 성하다'입니다. 여기서는 '영화(榮華)'로 풀이합니다. 약자로 '영화 영(栄)'이라고 씁니다.

● **일 업(業)** 자는 일할 업 등으로 읽으며, 뜻은 '업(일, 직업), 업적(業績: 일의 성과, 사업 성적)'입니다. 여기서는 '업적'으로 풀이하여 영업(營業)을 '영화(榮華: 귀하게 되어 이름이 빛남)로운 업적'으로 풀이합니다.

● **바 소(所)** 자는 것 소, 곳 소, 연고 소 등으로 읽으며, 뜻은 '바(방법이나 일이라는 뜻으로 항상 다른 말 아래 붙어 쓰임), 소감(所感: 마음에 느낀 바), 곳, 위치, 소재(所在: 있는 곳), 주소(住所: 살고 있는 곳)'입니다. 여기서는 '~되는 바이고'로 풀이합니다.

● **터 기(基)** 자는 근본 기, 업 기, 호미 기 등으로 읽으며, 뜻은 '터(건축, 토목공사를 하거나 또는 했던 자리, 토대 등), 바탕, 근본, 기본(基本: 사물의 근본), 기초(基礎: 사물의 밑바탕, 근본)'입니다. 여기서는 '터(기초)'로 풀이하여 소기(所基)를 '~터(기초)가 되는 바이고'로 풀이합니다.

◎ **영업소기(榮業所基)**란 '이상과 같이 잘 지키면 성대한 사업의 기초가 된다' 등으로 풀이하며, 앞의 문장(독초성미~신종의령)과 같이 무슨 일을 하든지 처음을 조심스럽게 하고 끝맺음도 잘하면 영화(귀하게 되어 이름이 빛남)로운 업적의 터를 닦는 기초가 된다는 것을 말한 것입니다.

적(籍)　심(甚)　무(無)　경(竟)

①　　②　　④　　③

(뿐만 아니라) 자신의 명예스러운 이름이 더욱 커져 끝이 없으리라.

- **문서 적(籍)** 자는 서적 적, 호적 적 등으로 읽으며, 뜻은 '문서(文書: 상고할 글 발이나 장부 등), 호적(戶籍: 식구별로 기록한 장부. 그 집에 속하는 사람, 성명 등을 기록한 공문서)'입니다. 여기서는 '사람 이름, 명성(名聲: 세상에 널리 펼친 이름), 명예(名譽: 세상에서 훌륭하다고 인정되는 이름)스러운 이름' 등으로 풀이합니다.

- **심할 심(甚)** 자는 몹시 심, 더욱 심 등으로 읽으며, 뜻은 '심하다(정도에 지나치다), 더욱(한층 더)'입니다. 여기서는 '더욱'으로 풀이하여 적심(籍甚)을 '자신의 명예스러운 이름은 더욱 커져' 등으로 풀이합니다.

- **없을 무(無)** 자는 아닐 무 등으로 읽으며, 뜻은 '없다, 무탈(無頉: 아무 탈이 없음), 무궁(無窮: 끝없이 영원히 계속됨), 무궁화(無窮花)꽃'이라고 쓰는 글자입니다. 여기서는 '없다, 없으리라'로 풀이합니다.

- **마칠 경(竟)** 자는 다할 경, 마침내 경 등으로 읽으며, 뜻은 '마침내, 드디어, 다 하다, 끝나다, 여기서는 다하다, 끝나다'로 풀이하여 무경(無竟)을 '끝이 없으리 라' 등으로 풀이합니다.

◎ **적심무경(籍甚無竟)**이란 '뿐만 아니라 자신의 명성이 길이 전해질 것이다' 등으로 풀이하며, 자신의 명예와 평판(評判: 세상 사람들의 비평)이 후세(後世: 뒤의 세상)에 길이 칭송(稱頌: 공덕을 칭찬하여 기림)될 것이라는 내용입니다.

(문장 38) 영업소기(榮業所基)~적심무경(籍甚無竟):
이상과 같이 처음을 조심스럽게 하고 끝맺음을 잘하면 영화로운 업적의 터 기초가 되 는 바이고, 뿐만 아니라 자신의 명예스러운 이름이 더욱 커져 끝이 없으리라.

39. 학우등사(學優登仕)~섭직종정(攝職從政)

> **[39의 1단] 배울 학(學) 넉넉할 우(優) 오를 등(登) 벼슬 사(仕)**
>
> 학(學) 우(優) 등(登) 사(仕)
> ① ② ④ ③
> 배운 것(학문)이 넉넉하면 벼슬길에 오르고

● **배울 학(學)** 자는 글방 학, 서당 학, 본받을 학, 깨달을 학 등으로 읽으며, 뜻은 '배우다(남의 가르침을 받다), 학생(學生: 학문을 배우는 사람), 학교(學校: 학생을 가르치는 교육 기관), 학문(學問: 어떤 분야를 체계적으로 배워서 익힘)'입니다. 여기서는 '배운 것(학문)'으로 풀이합니다. 약자로 '배울 학(孝, 学)'이라고 씁니다. 참고 바랍니다.

● **넉넉할 우(優)** 자는 화할 우, 광대놀이 우 등으로 읽으며, 뜻은 '넉넉하다(모자람이 없다), 뛰어나다, 우수(優秀: 여럿 가운데 아주 뛰어남), 우등생(優等生: 학업 성적이 뛰어나서 다른 학생에게 모범이 되는 학생), 광대, 배우(俳優: 연극이나 영화 속의 인물로 분장하여 연기하는 사람)'입니다. 여기서는 '넉넉하다'로 풀이하여 학우(學優)를 '배움(학문)이 넉넉하면' 등으로 풀이합니다.

● **오를 등(登)** 자는 나아갈 등, 벼슬에 오를 등 등으로 읽으며, 뜻은 '오르다, 등산(登山: 산에 오름), 나가다, 등교(登校: 학교에 나아감), 뽑다, 등용(登用: 인재를 뽑아 씀)'입니다. 여기서는 '오르다'로 풀이합니다.

● **벼슬 사(仕)** 자는 배울 사 등으로 읽으며, 뜻은 '벼슬(관청에 나아가서 나라를 다스리는 자리), 섬기다, 봉사(奉仕: 남을 위하여 일을 함)'입니다. 여기서는 '벼슬'로 풀이하여 등사(登仕)를 '벼슬길에 오르고'로 풀이합니다.

◎ **학우등사(學優登仕)**란 '배움이 넉넉하고 우수하면 벼슬에 오를 수 있다' 등으로 풀이하며, 청소년들은 자신이 좋아하고 하고 싶은 일이 무엇인가를 찾아서 그 과목(국·영·수·예체능 등등)을 중점적으로 재능(재주와 능력)을 갈고닦아서 공부를 열심히 하면 학교 졸업 후 사회 각 분야(도농상공, 정치, 예체능 등등)에서 성공하게 될 것입니다. 그러면 가족(친족)들이 기뻐하고 응원해 줄 것입니다. 재능을 갈고닦아서 꼭 성공하기 바랍니다.

섭(攝)　직(職)　종(從)　정(政)
②　　①　　④　　③
직책을 맡아서 정사를 좇는다. (나라 다스리는 일에 종사한다.)

● **잡을 섭(攝)** 자는 대신할 섭, 가질 녑 등 두 가지 발음(섭과 녑)으로 읽으며, 뜻은 '끌어 잡다. 빨아들이다, 섭취(攝取: 양분을 빨아들임), 대신하다, 섭정(攝政: 임금을 대신하여 정사를 봄)'입니다. 여기서는 '~를 잡다, 맡다(책임지고 담당하다)'로 풀이합니다.

● **벼슬 직(職)** 자는 맡을 직, 직분 직 등으로 읽으며, 뜻은 '직분, 일, 맡다, 직책(職責: 직무상의 책임), 관직(官職: 관리의 직책, 벼슬), 벼슬(관청에 나아가서 나랏일을 맡아 다스리는 자리)'입니다. 여기서는 '직책'으로 풀이하여 섭직(攝職)을 '직책을 맡아서' 등으로 풀이합니다.

● **좇을 종(從)** 자는 따를 종, 허락할 종 등으로 읽으며, 뜻은 '좇다(남의 뒤를 따르다), 일하다, 종사(從事: 어떤 일을 일삼아 함)'입니다. 여기서는 '~에 좇는다, 종사한다'로 풀이합니다.

● **정사 정(政)** 자는 바르게 할 정 등으로 읽으며, 뜻은 '정치(政治: 국가의 주권자가 그 영토와 국민을 다스리는 일), 정사(政事: 정치를 하는 일)'입니다. 여기서는 '정사'로 풀이하여 종정(從政)을 '나라 다스리는 일(정사)에 좇는다(따라간다), 종사한다' 등으로 풀이합니다.

◎ **섭직종정(攝職從政)**이란 '벼슬을 잡아 정사(나라 다스리는 일)를 좇는다' 등으로 풀이하며, 관직(官職: 관리의 직책, 벼슬)을 맡아서 국정(國定: 나라의 정치)에 참여함(參與: 참가하여 관계함)을 말한 것입니다.

(문장 39) 학우등사(學優登仕)~섭직종정(攝職從政):
배운 것, 학문이 넉넉하면 벼슬길에 오르고, 직책을 맡아서 정사를 좇는다. 나라 다스리는 일에 종사한다.

40. 존이감당(存以甘棠)~거이익영(去而益詠)

존(存) 이(以) 감(甘) 당(棠)
③   ④   ①   ②
(주나라 소공이 머물렀던) 감당나무(아가위나무)를 보존하니

- **있을 존(存)** 자는 보존할 존, 살필 존 등으로 읽으며, 뜻은 '있다, 존재(存在: 있음, 현재 있음), 묻다, 존문(存問: 안부를 물음), 보존(保存: 잘 지켜서 탈이 없도록 함), 존폐(存廢: 보존과 폐지)'입니다. 여기서는 '보존'으로 풀이합니다.

- **써 이(以)** 자는 할 이, 쓸 이, 까닭 이 등으로 읽으며, 뜻은 '써, ~로(으로써), ~부터 목적, 수단, 원인, 이유' 등을 지시할 때 쓰인다. '이상(以上) 이하(以下)' 등. 여기서는 '~하고, 하니'로 풀이하여 존이(存以)를 '보존하니, 하고' 등으로 풀이합니다.

- **달 감(甘)** 자는 맛 감, 싫을 감 등으로 읽으며, 뜻은 '달다, 맛 좋다, 감미(甘味: 단맛, 좋은 맛)' 등에 쓰는 글자입니다.

- **아가위 당(棠)** 자는 사당나무 당 등으로 읽으며, 뜻은 '아가위나무(팥배나무), 감당나무'입니다. 여기서는 '감당나무'로 풀이하여 감당(甘棠)을 '감당나무(아가위나무)'로 풀이합니다. 감당나무, 아가위나무, 팥배나무 같은 나무를 말합니다.

◎ **존이감당(存以甘棠)**이란 '주(周)나라 소공(召公)이 머물렀던 감당나무를 그대로 두어, 이 팥배나무를 그대로 남겨 두라' 등으로 풀이하며, 주나라 소공이 남국의 감당나무(아가위나무, 팥배나무) 아래에서 남국의 백성들을 교화(教化: 가르쳐 착한 길로 인도함)하였는데, 백성들은 그 덕을 기리어(칭찬하여) 그 감당나무(팥배나무, 아가위나무)를 잘 보존하여 남겨 두었다는 내용입니다.

거(去) 이(而) 익(益) 영(詠)
①   ②   ③   ④

(그가) 떠난 뒤에도 (남국의 백성들이) 더욱 그를 기리는 시를 읊었다.

- **갈 거(去)** 자는 오래될 거 등으로 읽으며, 뜻은 '가다, 거년(去年: 지난 해), 거취(去就: 일신상의 진퇴), 과거(過去: 지나간 때)'입니다. 여기서는 '거취, 떠난 뒤'로 풀이합니다.

- **말이을 이(而)** 자는 또 이, 어조사 이 등으로 읽으며, 뜻은 '말 잇다(말을 이어 주는 접속사), 어조사, 이후(而後: 이제부터)'입니다. 여기서는 '말을 이어 주는 접속사'로 풀이하여 거이(去而)를 '(그가) 떠난 뒤에도'로 풀이합니다.

- **더할 익(益)** 자는 나아갈 익, 넉넉할 익, 많을 익 등으로 읽으며, 뜻은 '더하다, 이롭다, 더욱, 익수(益壽: 더욱 오래 삶), 익조(益鳥: 사람에게 이로운 새)'입니다. 여기서는 '더욱'으로 풀이합니다.

- **읊을 영(詠)** 자는 뜻은 '읊다(소리를 내어 시를 외다 등), 노래하다. 여기서는 읊다'로 풀이하여 익영(益詠)을 '더욱 그를 기리는 시를 읊었다'로 풀이합니다.

◎ **거이익영(去而益詠)**이란 '소공이 떠난 뒤에도 더욱 그를 기리는 시를 읊느니라' 등으로 풀이하며, 남국의 백성들이 감당시를 읊었다는 내용입니다. (감당시: 우거진 감당나무 자르지도 베지도 마라 소백께서 쉬시던 곳이니, 우거진 감당나무 자르고 꺾지랑 마라 소백께서 쉬시던 곳이니, 우거진 감당나무 자르거나 굽히지 마라 소백께서 쉬시던 곳이니) 참고 바랍니다.

(문장 40) 존이감당(存以甘棠)~거이익영(去而益詠):
주나라 소공이 머물렀던 감당나무, 아가위나무를 보존하니 그가 떠난 뒤에도 남국의 백성들이 더욱 그를 기리는 시를 읊었다.

41. 악수귀천(樂殊貴賤)~예별존비(禮別尊卑)

[41의 1단] 풍류 악(樂) 다를 수(殊) 귀할 귀(貴) 천할 천(賤)

악(樂) 수(殊) 귀(貴) 천(賤)
① ④ ② ③
음악(풍류)은 귀하고 천함(귀천)에 따라 다르고

● **풍류 악(樂)** 자는 즐거울 락, 좋아할 요 등 세 가지 발음(악, 락, 요)으로 읽으며, 뜻은 '풍류(風流: 속된 일을 떠나 풍치가 있고 멋스럽게 노는 일 등), 음악(音樂: 박자, 가락, 음성 등을 조립한 곡을 목소리나 악기를 통하여 나타내는 예술), 낙원(樂園: 살기 좋은 즐거운 곳), 좋아하다, 요산(樂山: 산을 좋아함)'입니다. 여기서는 '풍류, 음악'으로 풀이합니다. 약자로 '풍류 악(楽)'이라고 씁니다.

● **다를 수(殊)** 자는 베일 수 등으로 읽으며, 뜻은 '다르다, 특수(特殊: 특별히 다름)'입니다. 여기서는 '다르다'로 풀이하여 악수(樂殊)를 '음악이 다르다'로 풀이합니다.

● **귀할 귀(貴)** 자는 높일 귀 등으로 읽으며, 뜻은 '귀하다(신분, 지위가 높다), 귀인(貴人: 지위 높은 사람)'입니다. 여기서는 '귀하다'로 풀이합니다.

● **천할 천(賤)** 자는 흔할 천 등으로 읽으며, 뜻은 '천하다(賤: 신분이 낮다) 흔하다(귀하지 않고 많이 있다)'입니다. 여기서는 '천하다'로 풀이하여 귀천(貴賤)을 '귀하고 천함'으로 풀이합니다.

◎ **악수귀천(樂殊貴賤)**이란 '음악(풍류)은 귀천에 따라 다르고' 등으로 풀이하며, 중국 고대의 음악은 귀천에 따라 임금(왕)이 행하는 음악은 여덟 명이 8열(줄)로 64명이 춤추므로 팔일무(八佾舞), 제후는 6명이 6열로 춤추므로 6일무, 대부(大夫)는 4명이 4열로 춤추므로 4일무, 사(士: 선비)는 2명이 2열로 춤추므로, 이일무(二佾舞)라고 합니다. 짝을 짓고 춤을 추고, 음악을 연주하는데, 귀천(신분)에 따라 격식을 다르게 하였다는 내용입니다.

※ 춤 일(佾) 자입니다. 뜻은 춤, 일무(佾舞)는 고전무용의 한 가지. 참고 사항입니다.

[41의 2단] 예도 례(禮) 분별할 별(別) 높을 존(尊) 낮을 비(卑)

예(禮) 별(別) 존(尊) 비(卑)
①   ④   ②   ③
예절도 신분이 높고 낮음을 분별한다. (오륜을 말하는 것임.)

● **예도 례(禮)** 자는 절 례, 인사 례 등으로 읽으며, 뜻은 '예도(禮度: 예의와 법도, 예절), 절하다, 예절(禮節: 예의와 범절), 배례(拜禮: 절하는 예)'입니다. 여기서는 '예절'로 풀이합니다. 약자로 '예도 례(礼)'라고 씁니다.

● **분별할 별(別)** 자는 다를 별, 나눌 별 등으로 읽으며, 뜻은 '다르다, 분별한다(分別: 사물을 종류에 따라 나눔, 구별)'입니다. 여기서는 '분별한다'로 풀이하여 예별(禮別)을 '예절도 분별한다'로 풀이합니다. 속자로 '다를 별(別)'이라고 씁니다.

● **높을 존(尊)** 자는 술 준 등 두 가지 발음(존과 준)으로 읽으며, 뜻은 '높다, 어른, 존장(尊長: 웃어른, 나이가 아버지뻘 되는 어른) 높이다, 신분(身分: 개인의 사회적인 지위와 계급)이 높다, 존경(尊敬: 높이어 공경함)'입니다. 여기서는 '신분이 높다' 등으로 풀이합니다.

● **낮을 비(卑)** 자는 천할 비 등으로 읽으며, 뜻은 '낮다, 천하다(신분이 낮다)'입니다. 여기서는 '낮다'로 풀이하여 존비(尊卑)를 '신분이 높고 낮음'으로 풀이합니다.

◎ **예별존비(禮別尊卑)**란 '예절도 윗사람과 아랫사람을 분별한다' 등으로 풀이하며, 예도에 존비의 분별이 있으니, 군신, 부자, 부부, 장유, 붕우의 차별이 있습니다. 유교의 도덕에서 사람들이 지켜야 할 오륜(五倫)을 말하는 것입니다.

※ 예도 례(禮) 자는 두음법칙에 의하면 앞에 있으면 '예', 뒤에 있으면 '례'로 읽고 씁니다. 예의(禮儀), 예절(禮節), 배례(拜禮) 등.

(문장 41) 악수귀천(樂殊貴賤)~예별존비(禮別尊卑):
음악, 풍류는 귀하고 천함에 따라 다르고 예절도 신분이 높고 낮음을 분별한다. 오륜을 말하는 것임.

99

42. 상화하목(上和下睦)~부창부수(夫唱婦隨)

[42의 1단] 윗 상(上) 화할 화(和) 아래 하(下) 화목할 목(睦)

상(上) 화(和) 하(下) 목(睦)
①   ②   ③   ④
위에서 화합하고(사랑하면) 아래에서도 화목하고

● **윗 상(上)** 자는 오를 상, 높을 상, 임금 상 등으로 읽으며, 뜻은 '위, 상하(上下: 위와 아래, 윗사람과 아랫사람), 높다, 임금, 상감(上監: 임금), 오르다, 상경(上京: 서울로 올라감)'입니다. 여기서는 윗사람으로 풀이합니다.

● **화할 화(和)** 자는 합할 화, 순할 화 등으로 읽으며, 뜻은 '화하다, 화합(和合: 화목하여 잘 합하여짐). 화목하다(和睦: 서로 뜻이 맞고 정다움)'입니다. 여기서는 '화합하면'으로 풀이하여 상화(上和)를 '위에서 화합하면' 등으로 풀이합니다.

● **아래 하(下)** 자는 떨어질 하, 내릴 하 등으로 읽으며, 뜻은 '아래, 낮다, 하급(下級: 등급이 낮음, 아래 등급), 내리다, 물러나다, 하야(下野: 관직에서 물러남)'입니다. 여기서는 '아래, 아랫사람'으로 풀이합니다.

● **화목할 목(睦)** 자는 친목할 목, 공경할 목 등으로 읽으며, 뜻은 '화목하다(和睦: 서로 뜻이 맞고 정다움), 친목하다(親睦: 서로 친하여 뜻이 맞고 정다움)'입니다. 여기서는 '화목하고'로 풀이하여 하목(下睦)을 '아래에서도 (아랫사람) 화목하고' 등으로 풀이합니다.

◎ **상화하목(上和下睦)**이란 '위에서 교화(敎化: 가르쳐 착한 길로 인도함)하고 아래에서 공경(恭敬: 삼가서 예를 차려 높임)하므로 화목한 가정이 되고' 등으로 풀이하며, 가정이나 인간사회에서도 윗사람이 아랫사람을 사랑하면 아랫사람은 자연스럽게 위에 있는 사람을 공손히(恭遜: 겸손하고 예의 바른 말이나 행동으로) 따르게 된다는 것을 말한 것입니다.

[42의 2단] 지아비 부(夫) 부를 창(唱) 지어미 부(婦) 따를 수(隨)

부(夫) 창(唱) 부(婦) 수(隨)
①　　②　　③　　④
남편이 부르면 아내는 따른다. (그러면 화목한 가정을 이룬다.)

● **지아비 부**(夫) 자는 사내 부, 선생 부 등으로 읽으며, 뜻은 '지아비(웃어른 앞에서 자기 남편을 낮추어 이르는 말), 남편(男便: 아내의 배우자), 부군(夫君: 남편의 높임말), 부부(夫婦: 남편과 아내), 사내(사나이, 남자)'입니다. 여기서는 '남편'으로 풀이합니다.

● **부를 창**(唱) 자는 노래 부를 창, 인도할 창 등으로 읽으며, 뜻은 '노래 부르다, 창가(唱歌: 곡조에 맞춰 노래를 부름), 부르다(소리를 내어 외치다)'입니다. 여기서는 '부르다, 인도할 창'으로도 풀이하여 부창(夫唱)을 '남편이 부르면 인도(引導: 이끌어 가르침)하면' 등으로 풀이합니다.

● **지어미 부**(婦) 자는 아내 부, 며느리 부, 여자 부 등으로 읽으며, 뜻은 '지어미(자기 아내를 어른 앞에서 낮추어 이르는 말), 부인(婦人: 결혼한 여자)'입니다. 여기서는 '아내'로 풀이합니다.

● **따를 수**(隨) 자는 맡길 수 등으로 읽으며, 뜻은 '따르다, 수행(隨行: 따라 감)'입니다. 여기서는 '따르다'로 풀이하여 부수(婦隨)를 '아내는 따른다'로 풀이합니다.

◎ **부창부수**(夫唱婦隨)란 '남편이 인도하면 아내는 따른다' 등으로 풀이하며, 남편이 먼저 노래하면 부인은 이에 따르니 동양의 예의 질서는 화합(和合: 화목하여 잘 합하여짐)이 근본 사상이라는 내용으로, 남편이 부르면 아내가 따라서 하면 화목한(和睦: 서로 뜻이 맞고 정다운) 가정을 이룬다는 것을 말한 것입니다.

(문장 42) 상화하목(上和下睦)~부창부수(夫唱婦隨):
위에서 화합하고 사랑하면 아래에서도 화목하고, 남편이 부르면 아내는 따른다. 그러면 화목한 가정을 이룬다.

101

43. 외수부훈(外受傅訓)~입봉모의(入奉母儀)

> **[43의 1단] 바깥 외(外) 받을 수(受) 스승 부(傅) 가르칠 훈(訓)**
>
> 외(外) 수(受) 부(傅) 훈(訓)
> ① ④ ② ③
> 밖에서는 스승의 가르침을 받고(즉, 학교에 가서 배운다.)

- **바깥 외(外)** 자는 다를 외, 겉 외 등으로 읽으며, 뜻은 '바깥, 겉, 외출(外出: 집 밖으로 나감), 외가(外家: 어머니의 친정), 외국(外國: 다른 나라)'입니다. 여기서는 '바깥(문밖)'으로 풀이합니다.

- **받을 수(受)** 자는 이을 수, 얻을 수, 용납할 수 등으로 읽으며, 뜻은 '받다, 수강(受講: 강습이나 강의를 받음), 수상(受賞: 상을 받음)'입니다. 여기서는 '받는다'로 풀이하여 외수(外受)를 '밖에서는 ~를 받음'으로 풀이합니다.

- **스승 부(傅)** 자는 붙을 부, 가까울 부, 베풀 부 등으로 읽으며, 뜻은 '스승(자기를 가르쳐 이끌어 주는 사람, 선생님), 사부(師傅: 스승), 돕다'입니다. 여기서는 '스승(선생님)'으로 풀이합니다. 스승 부(傅) 자와 전할 전(傳) 자가 비슷하니 참고 바랍니다.

- **가르칠 훈(訓)** 자는 인도할 훈, 뜻 알려 줄 훈 등으로 읽으며, 뜻은 '가르치다, 타이르다, 훈계(訓戒: 타일러 가르침), 뜻 새김(글의 뜻을 알기 쉽게 풀이합니다), 해석, 훈장(訓長: 글방의 스승)'입니다. 여기서는 '가르치다, 가르침'으로 풀이하여 부훈(傅訓)을 '스승의 가르침'으로 풀이합니다.

◎ **외수부훈(外受傅訓)**이란 '나이 8세가 되면 밖으로 나가 스승의 가르침을 받아야 하고' 등으로 풀이하며, 사람이 태어나 성장하면 집 밖에 나가 선생님의 가르침을 받아야 한다는 내용으로, 학교에 가서 배워야 한다는 것을 말한 것입니다.

입(入)　봉(奉)　모(母)　의(儀)
①　　④　　②　　③
(집 안에) 들어와서는 어머니의 거동을 받들어 가정 교육을 받는다.

● **들 입(入)** 자는 넣을 입, 받을 입, 드릴 입 등으로 읽으며, 뜻은 '들어가다, 넣다, 입학(入學: 학교에 들어감)'입니다. 여기서는 '집 안에 들어와서는'으로 풀이합니다. 들 입(入) 자와 사람 인(人) 자가 비슷하니 어느 획이 다른지 찾아보기 바랍니다.

● **받들 봉(奉)** 자는 봉양할 봉, 녹 봉 등으로 읽으며, 뜻은 '받들다(공경하고 높이어 모시다, 가르침이나 명령 따위를 따른다), 섬기다(모시어 받들다), 봉양(奉養: 부모, 조부모를 받들어 모심)'입니다. 여기서는 '받들다'로 풀이하여 입봉(入奉)을 '집 안에 들어와서는 ~를 받들어 본받는다' 등으로 풀이합니다.

● **어머니 모(母)** 자는 암컷 모, 장모 모 등으로 읽으며, 뜻은 '어머니, 근본, 모국(母國: 자기가 출생한 나라), 모교(母校: 출신 학교)'입니다. 여기서는 '어머니'로 풀이합니다.

● **거동 의(儀)** 자는 꼴 의, 형상 의 등으로 읽으며, 뜻은 '거동(擧動: 몸가짐, 동작)'입니다. 여기서는 '거동'으로 풀이하여 모의(母儀)를 '어머니의 거동'으로 풀이합니다.

◎ **입봉모의**(入奉母儀)란 '집 안에 들어와서는 어머니의 가르침을 받고 행실을 본받는다' 등으로 풀이하며, 집에 들어와서는 어머니를 받들어 모시어 가정 교육을 받는다는 내용입니다.

(문장 43) 외수부훈(外受傅訓)**~입봉모의**(入奉母儀)**:**
밖에서는 스승의 가르침을 받고, 학교에 가서 배우고, 집안에 들어와서는 어머니의 거동을 받들어 가정 교육을 받는다.

44. 제고백숙(諸姑伯叔)~유자비아(猶子比兒)

● **모두 제(諸)** 자는 모든 제, 어조사 제 등으로 읽으며, 뜻은 '모든, 여러, 제반(諸般: 여러 가지, 모든), 제공(諸公: 여러분), 어조사'입니다. 여기서는 '모든, 여러' 등으로 풀이합니다.

● **고모 고(姑)** 자는 시어머니 고, 시누이 고, 할미 고 등으로 읽으며, 뜻은 '고모(姑母: 아버지의 누이, 누나, 여동생), 시어머니 고부(姑婦: 시어머니와 며느리), 시누이, 소고(小姑: 시누이)'입니다. 여기서는 '고모'로 풀이하여 제고(諸姑)를 '모든(여러) 고모'로 풀이합니다.

● **맏 백(伯)** 자는 벼슬 이름 백, 백부 백, 형 백, 우두머리 패, 으뜸 패 등 두 가지 발음(백과 패)으로 읽으며, 뜻은 '맏이(첫째), 우두머리(단체의 두령, 두목), 도백(道伯: 도지사, 관찰사)'입니다. 여기서는 '백부(伯父: 큰아버지)'로 풀이합니다.

● **아재비 숙(叔)** 자는 어릴 숙, 콩 숙, 삼촌 숙 등으로 읽으며, 뜻은 '아재비(작은아버지), 숙부(叔父: 아버지의 동생, 작은아버지), 숙질(叔姪: 아저씨와 조카)'입니다. 여기서는 숙부로 풀이하여 백숙(伯叔)을 '백부(큰아버지)와 숙부(작은아버지)'로 풀이합니다. '백모(伯母: 큰어머니), 숙모(叔母: 작은어머니)'입니다.

◎ **제고백숙(諸姑伯叔)**이란 '모든 고모와 큰아버지, 작은아버지는 아버지의 형제이시니' 등으로 풀이하며, 여러 고모와 백부, 숙부(큰아버지, 작은아버지)는 당내친(堂內親: 팔촌 안의 가장 가까운 일가붙이)이라는 내용입니다.

유(猶) 자(子) 비(比) 아(兒)
②   ①   ④   ③
(조카를) 아들과 같이 여기고 내 아이처럼 대해야 한다.

- **같을 유(猶)** 자는 오히려 유, 한 가지 유 등으로 읽으며, 뜻은 '같다, 오히려, 망설이다'입니다. 여기서는 '~같이'로 풀이합니다.

- **아들 자(子)** 자는 씨 자, 첫째지지 자 등으로 읽으며, 뜻은 '아들, 자손(子孫: 아들과 손자, 후손), 첫째지지 글자'입니다(쥐로 나타낸다). 지지 글자는 12개가 있다고 해서 12지지(地支)라고도 합니다. ① 자(子: 쥐), ② 축(丑: 소), ③ 인(寅: 범, 호랑이), ④ 묘(卯: 토끼), ⑤ 진(辰: 용), ⑥ 사(巳: 뱀), ⑦ 오(午: 말), ⑧ 미(未: 양), ⑨ 신(申: 원숭이), ⑩ 유(酉: 닭), ⑪ 술(戌: 개), ⑫ 해(亥: 돼지)로 나타낸다. 나는 무슨 띠에 태어났는지 찾아봅시다. 참고 사항입니다. 여기서는 아들 자(子) 자를 '아들'로 풀이하여 유자(猶子)를 '아들과 같이'로 풀이합니다.

- **견줄 비(比)** 자는 나란히 할 비 등으로 읽으며, 뜻은 '견주다, 비교하다(比較: 서로 견줌), 나란히 하다'입니다. 여기서는 '나란히 ~같이 대한다'로 풀이합니다.

- **아이 아(兒)** 자는 아기 아, 어릴 예 등 두 가지 발음(아와 예)으로 읽으며, 뜻은 '아이, 어린이'입니다. 여기서는 '아이'로 풀이하여 비아(比兒)를 '내 아이처럼 대한다'로 풀이합니다. 약자로 '아이 아(児)'라고 씁니다. 아동(児童) 등.

◎ 유자비아(猶子比兒)란 '조카들도 자기의 아들, 딸과 같이 대해야 한다' 등으로 풀이하며, 조카들도 자기의 아들, 딸같이 잘 보살펴 주어야 한다는 것을 말한 것입니다.

(문장 44) 제고백숙(諸姑伯叔)~유자비아(猶子比兒):
모든 고모와 백부, 큰아버지와 숙부, 작은아버지는 조카를 아들과 같이 여기고 내 아이처럼 대해야 한다.

45. 공회형제(孔懷兄弟)~동기련지(同氣連枝)

> **[45의 1단]** **구멍 공(孔) 품을 회(懷) 맏 형(兄) 아우 제(弟)**
>
> 공(孔) 회(懷) 형(兄) 제(弟)
> ① ② ③ ④
> 매우 깊이 사모하는(생각하고 그리워하는) 형과 아우는

● **구멍 공(孔)** 자는 매우 공, 심할 공, 성(姓) 공 등으로 읽으며, 뜻은 '구멍, 모공(毛孔: 털구멍), 매우, 성(姓: 공자의 성), 공맹(孔孟: 공자와 맹자)'입니다. 여기서는 '매우 공'으로 풀이하여 '매우 깊이'로 풀이합니다.

● **품을 회(懷)** 자는 생각할 회, 돌아갈 회 등으로 읽으며, 뜻은 '생각하다, 가슴에 품다(생각들을 마음속에 가지다), 회모(懷慕: 마음속 깊이 사모함), 사모하는(思慕: 생각하고 그리워함)'입니다. 여기서는 '회모(마음 깊이 사모함)' 등으로 풀이하여 공회(孔懷)를 '매우 깊이 사모하는, 생각하고 그리워하는' 등으로 풀이합니다.

● **맏 형(兄)** 자는 어른 형, 클 황 등 두 가지 발음(형과 황)으로 읽으며, 뜻은 '맏이, 형, 여기서는 먼저 난 형'으로 풀이합니다.

● **아우 제(弟)** 자는 동생 제, 순할 제 등으로 읽으며, 뜻은 '아우, 동생, 제자(弟子: 가르침을 받는 사람)'입니다. 여기서는 '아우'로 풀이하여 형제(兄弟)를 '형과 아우'로 풀이합니다.

◎ **공회형제(孔懷兄弟)**란 '형제는 서로 사랑하고 의좋게 지내야 한다. 깊이 사모하는 형과 아우는, 형제는 서로 사랑하고 매우 그리워하는 것은 가장 가깝게 생각하고 잊지 못하는 것은 형제 간이며' 등으로 풀이하며, 어려울 때에 형제는 서로 돕고 생각한다는 내용으로 형제 간의 우애(友愛: 형제 간의 정애, 따뜻한 사랑)를 말한 것입니다.

[45의 2단] **한 가지 동(同) 기운 기(氣) 이을 련(連) 가지 지(枝)**

동(同)　기(氣)　련(連)　지(枝)
①　　②　　④　　③
(형제는 부모의) 같은 기운을 받았으니
(나무에 비하면) 가지가 이어져 있기 때문이다.

● **한 가지 동(同)** 자는 모을 동, 같을 동 등으로 읽으며, 뜻은 '한 가지(서로 같음), 같다, 동갑(同甲: 나이가 같음), 동료(同僚: 같은 직장이나 같은 부문에서 함께 일하는 사람)'입니다. 여기서는 '같은'으로 풀이합니다.

● **기운 기(氣)** 자는 날씨 기, 기후 기, 힘 기 등으로 읽으며, 뜻은 '기운(생물이 살아 움직이는 힘), 기분(마음의 상태)' 등입니다. 여기서는 '기운'으로 풀이하여 동기(同氣)를 '같은 기운을 받았으니'로 풀이합니다. 약자로 '기운 기(気)'라고 씁니다.

● **이을 련(連)** 자는 연할 련 등으로 읽으며, 뜻은 '잇다, 연하다, 연결(連結: 서로 이어져 있음), 연속(連續: 끊이지 않고 이어짐), 연련(連連: 쭉 잇달려 있음)'입니다. 여기서는 '이어져 있다'로 풀이합니다.

● **가지 지(枝)** 자는 흩어질지, 손마디 지 등으로 읽으며, 뜻은 '가지(나무의 줄기), 버티다'입니다. 여기서는 '가지(나무의 줄기)'로 풀이하여 연지(連枝)를 '가지가 이어져 있다'로 풀이합니다.

◎ **동기련지(同氣連枝)**란 '기운을 같이하는 가지가 이어져 있다' 등으로 풀이하며, 형제는 부모의 기운을 함께 받았으니 나무에 비하면 가지가 이어져 있기 때문이라는 내용입니다.

※ 이을 련(連) 자는 두음법칙에 의하면 앞에 있으면 '연', 뒤에 있으면 '련'으로 읽고 씁니다. 연결(連結), 연속(連續), 연련(連連) 등.

(문장 45) 공회형제(孔懷兄弟)~동기련지(同氣連枝):
매우 깊이 사모하는, 생각하고 그리워하는 형과 아우는 형제는 부모의 같은 기운을 받았으니 나무에 비하면 가지가 이어져 있기 때문이다.

46. 교우투분(交友投分)~절마잠규(切磨箴規)

[46의 1단] 사귈 교(交) 벗 우(友) 던질 투(投) 나눌 분(分)

교(交) 우(友) 투(投) 분(分)
② ① ④ ③
벗(친구)을 사귈 때에는 분수를 지켜 의기투합해야 하고
(서로 마음이 맞도록 해야 하고)

- **사귈 교(交)** 자는 벗할 교, 서로 주고받을 교 등으로 읽으며, 뜻은 '사귀다(서로 얼굴을 익히고 말을 하다), 교제(交際: 서로 사귀어 가까이 지냄)'입니다. 여기서는 '사귀다'로 풀이합니다.

- **벗 우(友)** 자는 친구 우, 우애 우 등으로 읽으며, 뜻은 '벗(마음이 서로 통하여 사귄 사람, 친구), 친구(오래 두고 사귀어 온 사람, 벗), 우정(友情: 벗, 친구 사이의 정)'입니다. 여기서는 '벗, 친구'로 풀이하여 교우(交友)를 '벗, 친구를 사귈 때는 벗을 사귀어' 등으로 풀이합니다.

- **던질 투(投)** 자는 버릴 투, 나아갈 투 등으로 읽으며, 뜻은 '던지다'. 여기서 투(投) 자는 '서로 준다'는 뜻이다. 의기투합(意氣投合: 마음이나 뜻이 서로 잘 맞음). 여기서는 '의기투합'으로 풀이합니다.

- **나눌 분(分)** 자는 쪼갤 분, 분수 분, 푼 푼 등 두 가지 발음(분과 푼)으로 읽으며, 뜻은 '분수(分數: 사물을 분별하는 지혜, 자기 신분에 맞는 한도), 정분(情分: 사귀어서 든 정)'입니다. 여기서는 '분수, 정분' 등으로 풀이하여 투분(投分)을 '분수를 지켜 의기투합해야 하고, 정분을 나누고' 등으로 풀이합니다.

◎ **교우투분(交友投分)**이란 친구를 사귈 때에는 서로 분수에 맞는 사람들끼리 하여야 한다. 벗을 사귀어 정분을 함께 나누고 등으로 풀이하며, 청소년들은 친구를 사귀면 서로 도와주어야지 왕따(따돌림)를 시키고 괴롭히는 사람이 되면 안 됩니다. 필자의 개인 생각이지만 학교 다닐 때 사귄 친구들이 가장 정답고 흉허물이 없으며, 소중하고 고마운 친구들이라고 생각합니다. 성인이 된 지금도 만나면 반갑고, 서로 도와주고, 잘못이 있으면 충고해 주고 있습니다. 참고 사항입니다. 청소년

들도 학교 졸업 후에도 친구 간의 우정을 잊지 말고 서로 도와 가면서 행복하게 살아가기를 바랍니다.

[46의 2단] 끊을 절(切) 갈 마(磨) 경계할 잠(箴) 법 규(規)

절(切) 마(磨) 잠(箴) 규(規)
②   ①   ③   ④
(학문과 덕행을) 갈고닦아 (배워서) 서로 경계하고 바로잡아 주어야 한다.

- **끊을 절(切)** 자는 간절할 절, 모두 체, 대강 체 등 두 가지 발음(절과 체)으로 읽으며, 뜻은 '끊다, 절단(切斷: 끊어 냄), 일절(一切: 사물을 부인, 금지할 때 씀), 일체(一切: 모든 것, 모두)'입니다. 여기서는 '절'로 읽고 '끊어서'로 풀이합니다.

- **갈 마(磨)** 자는 맷돌 마 등으로 읽으며, 뜻은 '갈다, 맷돌(곡식을 가는 데 쓰이는 기구)'입니다. 여기서는 '연마(研磨: 갈고닦음)'로 풀이하여 절마(切磨)를 '학문을 갈고 끊어서(배워서)' 등으로 풀이합니다.

- **경계할 잠(箴)** 자는 바늘 잠 등으로 읽으며, 뜻은 '경계하다(警戒: 잘못이 없도록 미리 조심함), 돌침, 바늘'입니다. 여기서는 '경계하는 말'로 풀이합니다.

- **법 규(規)** 자는 꾀 규 등으로 읽으며, 뜻은 '법, 규칙(規則: 여러 사람이 다 같이 지키기로 작정한 법칙), 본보기, 바로잡다'입니다. 여기서는 '바로잡다'로 풀이하여 잠규(箴規)를 '서로 경계하고 바로잡아 주어야 한다'로 풀이합니다.

◎ **절마잠규(切磨箴規)**란 '학문을 갈고닦아서 서로 경계하고 본받는다' 등으로 풀이하며, 친구를 사귀면 서로 도와 가면서 잘못이 있으면 바로잡아 주어야 한다는 것을 말한 것입니다. 그러므로 청소년들도 친구를 사귀면 서로 돕고 잘못이 있으면 바로잡아 주어야지 폭력(학폭)을 행하면 안 됩니다. 그리고 학교 졸업 후에도 서로 배려(配慮: 도와주거나 보살펴 주려고 하는 마음)해 가면서 정답게 살아가도록 합시다.

(문장 46) 교우투분(交友投分)~절마잠규(切磨箴規):
친구를 사귈 때에는 분수를 지켜 의기투합해야 하고, 서로 마음이 맞도록 해야 하고, 학문과 덕행을 갈고닦아 배워서 서로 경계하고 바로잡아 주어야 한다.

47. 인자은측(仁慈隱惻)~조차불리(造次弗離)

[47의 1단] 어질 인(仁) 사랑 자(慈) 숨을 은(隱) 슬퍼할 측(惻)

인(仁) 자(慈) 은(隱) 측(惻)
　①　　②　　④　　③
어진 마음으로 남을 사랑하고 (인자함과) 불쌍히 여기는 마음은(측은함은)

- **어질 인**(仁) 자는 착할 인, 동정할 인 등으로 읽으며, 뜻은 '어질다(마음이 너그럽고 부드러우며 착하다), 인덕(仁德: 어진 덕)'입니다. 여기서는 '어진 마음'으로 풀이합니다.

- **사랑 자**(慈) 자는 착할 자, 어질 자, 불쌍할 자 등으로 읽으며, 뜻은 '사랑(정을 느끼거나 줌, 귀여워 함 등), 자애(慈愛: 아랫사람에 대한 도타운 사랑), 어머니, 자당(慈堂: 남의 어머니의 존칭)'입니다. 여기서는 '자애'로 풀이하여 인자(仁慈)를 '어질고 자애로움, 어진 마음으로 남을 사랑하고, 인자(仁慈)함' 등으로 풀이합니다.

- **숨을 은**(隱) 자는 숨길 은, 불쌍히 여길 은 등으로 읽으며 뜻은 '숨다, 불쌍하다'입니다. 여기서는 '불쌍하다'로 풀이합니다. 속자로 '숨을 은(隱)'이라고 씁니다.

- **슬퍼할 측**(惻) 자는 아플 측, 불쌍할 측 등으로 읽으며, 뜻은 '슬퍼하다, 측은(惻隱: 불쌍하고 가엾음)'입니다. 여기서는 '측은'으로 풀이하여 은측(隱惻)을 '측은하게 여기는 마음은 불쌍하게 여기는 마음은 측은함' 등으로 풀이합니다.

◎ **인자은측**(仁慈隱惻)이란 '인자함과 측은함은 어진 마음으로 남을 사랑하고 불쌍하게 여기는 마음은' 등으로 풀이하며, 군자는 자기 자신은 물론이고 집안도 가지런히 다듬고 남을 사랑하고 동정(同情: 남의 어려운 형편을 생각하고 따뜻한 마음을 씀)하는 마음을 항상(恒常: 언제나 변함없이) 가지고 살아가야 한다는 것을 말한 것입니다. 참고하기 바랍니다.

> **[47의 2단] 지을 조(造) 버금 차(次) 아닐 불(弗) 떠날 리(離)**
>
> 조(造) 차(次) 불(弗) 리(離)
> ① ② ④ ③
> 잠시라도(마음속에서) 떠나서는 안 된다. (남을 사랑하고 동정하는 마음을)

- **지을 조(造)** 자는 만들 조, 이룰 조, 잠깐 조 등으로 읽으며, 뜻은 '짓다, 만들다, 조성(造成: 물건을 만들어 냄), 갑자기'입니다. 여기서는 '만들다'가 아니라 '잠깐 조'로 풀이하며, '조차간(造次間: 오래되지 않은 동안), 잠시(暫時: 오래되지 않은 동안, 잠깐)'로 풀이합니다.

- **버금 차(次)** 자는 차례 차 등으로 읽으며, 뜻은 '버금(다음가는 차례), 둘째, 다음, 차남(次男: 둘째 아들), 차례(次例: 순서), 조차간(造次間: 짧은 시간)'입니다. 여기서는 '조차간'으로 풀이하여 조차(造次)를 '조자간(오래되지 않은 동안) 잠시라도 마음속에서'라고 풀이합니다.

- **아닐 불(弗)** 자는 아니 불, 말 불, 달러 불 등으로 읽으며, 뜻은 '아니다, 달러, 불화(弗貨: 달러, 미국의 화폐)'입니다. 여기서는 '안 된다'로 풀이합니다.

- **떠날 리(離)** 자는 지날 리 등으로 읽으며, 뜻은 '떠나다, 이별(離別: 서로 떨어짐)'입니다. 여기서는 '떠나다'로 풀이하여 불리(弗離)를 '떠나서는 안 된다'로 풀이합니다.

◎ **조차불리(造次弗離)**란 '잠깐도 마음속에서 떠나서는 안 되고' 등으로 풀이하며, 군자는 남을 위한 동정심을 잠시라도 잊지 말고 항상 가지고 있어야 한다는 것을 말한 것입니다.

※ 떠날 리(離) 자는 두음법칙에 의하면 앞에 있으면 '이', 뒤에 있으면 '리'로 읽고 씁니다. 이별(離別), 불리(弗離), 격리(隔離) 등.

(문장 47) 인자은측(仁慈隱惻)~조차불리(造次弗離):
어진 마음으로 남을 사랑하고 인자함과 불쌍히 여기는 마음은, 측은함은 잠시라도 마음속에서 떠나서는 안 된다. 남을 사랑하고 동정하는 마음을.

48. 절의렴퇴(節義廉退)~전패비휴(顚沛匪虧)

[48의 1단] 마디 절(節) 옳을 의(義) 청렴할 렴(廉) 물러날 퇴(退)

절(節)　의(義)　렴(廉)　퇴(退)
① ② ③ ④
(군자는) 절개(꼿꼿한 마음)와 의리, 청렴과 물러남은 늘 지켜야 하고

● **마디 절(節)** 자는 절개 절, 풍류가락 절 등으로 읽으며, 뜻은 '마디(나무, 줄기에 가지나 잎이 나는 곳), 절개(節介: 여기서 절개는 신념, 신의를 굽히지 아니하고 굳게 지키는 군자의 꼿꼿한 마음과 태도를 말하는 것임)'입니다. 여기서는 '군자의 절개'로 풀이합니다.

● **옳을 의(義)** 자는 의리 의 등으로 읽으며, 뜻은 '옳다(바르다), 정의(正義: 바른 뜻, 바른 의리), 의리(義理: 사람으로서 지켜야 할 옳은 의리)'입니다. 여기서는 '의리'로 풀이하여 절의(節義)를 '절개와 의리'로 풀이합니다.

● **청렴할 렴(廉)** 자는 맑을 렴, 살필 렴, 값 쌀 렴 등으로 읽으며, 뜻은 '청렴(淸廉: 성품이 욕심이 없고 깨끗함), 값싸다, 염가(廉價: 싼값)'입니다. 여기서는 '청렴'으로 풀이합니다.

● **물러날 퇴(退)** 자는 갈 퇴, 물리칠 퇴, 물러갈 퇴 등으로 읽으며, 뜻은 '물러나다, 퇴직(退職: 현직에서 물러남)'입니다. 여기서는 '물러나다'로 풀이하여 염퇴(廉退)를 '청렴과 물러남' 등으로 풀이합니다. 물러날 퇴(退, 逯) 두 글자는 같은 글자입니다.

◎ **절의렴퇴(節義廉退)**란 '절개, 의리, 청렴, 사양함은 군자로서 항시 조심하여야 할 일이다' 등으로 풀이하며, 군자는 절개와 의리를 지키고 청렴하게 살고 물러갈 때가 되면 미련 없이 용퇴(勇退: 용감하게 물러남)하라는 것을 말한 것입니다.

※ 청렴할 렴(廉) 자는 두음법칙에 의하면 앞에 있으면 '염', 뒤에 있으면 '렴'으로 읽고 씁니다. 염가(廉價), 청렴(淸廉) 등.

[48의 2단] 엎어질 전(顚) 자빠질 패(沛) 아닐 비(匪) 이지러질 휴(虧)
전(顚)   패(沛)   비(匪)   휴(虧)
①   ②   ④   ③
엎어지고 자빠져도 (어려운 속에서도) 이지러지면 안 된다.

- **엎어질 전(顚)** 자는 엎드려질 전, 이마 전, 정수리 전 등으로 읽으며, 뜻은 '넘어지다, 전도(顚倒: 넘어짐, 거꾸로 됨) 정수리(머리 위의 숨구멍이 있는 자리, 꼭대기)'입니다. 여기서는 '엎어지고 넘어짐'으로 풀이합니다.

- **자빠질 패(沛)** 자는 늪 패, 패수 패 등으로 읽으며, 뜻은 '늪(초목과 물이 있는 곳), 자빠지다'입니다. 여기서는 '자빠지다'로 풀이하여 전패(顚沛)를 '엎어지고 자빠져도 어려운 속에서도'로 풀이합니다.

- **아닐 비(匪)** 자는 도둑 비, 나눌 분 등 두 가지 발음(비와 분)으로 읽으며, 뜻은 '도둑, 비적(匪賊: 도둑의 떼), 아니다, 나누다'입니다. 여기서는 '아니다'로 풀이합니다. '아닐 비(非)' 자가 또 있습니다. 참고 바랍니다.

- **이지러질 휴(虧)** 자는 덜릴 휴 등으로 읽으며, 뜻은 '이지러지다(한쪽 귀퉁이가 떨어져 없어지다), 휴월(虧月: 이지러진 달)'입니다. 여기서는 '이지러지다'로 풀이하여 비휴(匪虧)를 '이지러지면 안 된다'로 풀이합니다.

◎ **전패비휴(顚沛匪虧)**란 '청렴과 물러남은 어렵다 하여 이지러지면(한쪽이 떨어지면) 안 된다' 등으로 풀이하며, 군자는 절개와 의리, 청렴과 물러남의 판단은 엎어지고 넘어지는 위급(危急: 위태롭고 급함)한 경지에서라도 이지러지지 않도록 하라는 내용으로, 용기를 잃지 말고 잘 지키라는 것을 말한 것입니다.

(문장 48) 절의렴퇴(節義廉退)~전패비휴(顚沛匪虧):
군자는 절개, 꿋꿋한 마음과 의리, 청렴과 물러남은 늘 지켜야 하고, 엎어지고 자빠져도 어려운 속에서도 이지러지면 안 된다.

49. 성정정일(性靜情逸)~심동신피(心動神疲)

[49의 1단] 성품 성(性) 고요 정(靜) 뜻 정(情) 편안 일(逸)

성(性) 정(靜) 정(情) 일(逸)
① ② ③ ④
성품이 고요하면 감정(뜻, 마음)이 편안해지고

● **성품 성(性)** 자는 마음 성, 바탕 성, 색욕 성 등으로 읽으며, 뜻은 '성품(性品: 사람의 성질이나 됨됨이, 품격), 성질(性質: 사람이 지닌 마음의 본바탕)'입니다. 여기서는 '성품'으로 풀이합니다.

● **고요 정(靜)** 자는 고요할 정, 조용할 정 등으로 읽으며, 뜻은 '고요하다(조용하다), 정숙(靜肅: 조용하고 엄숙함)'입니다. 여기서는 '고요하다'로 풀이하여 성정(性靜)을 '성품이 고요하면' 등으로 풀이합니다.

● **뜻 정(情)** 자는 마음속 정 등으로 읽으며, 뜻은 '뜻(여기서 뜻은 글이나 말이 가진 속 안의 의미를 말하는 것이 아니라 무엇을 하겠다고 속으로 먹은 마음, 감정을 말함), 감정(感情: 사물에 느끼어 일어나는 심정, 기분, 기쁨, 슬픔, 성남, 놀람 등을 느끼는 마음)'입니다. 여기서는 '감정'으로 풀이합니다. 뜻 정(情, 情) 같은 글자입니다.

● **편안 일(逸)** 자는 편안할 일, 숨을 일 등으로 읽으며, 뜻은 '편안하다(便安: 무사함, 거북하지 않고 한결같이 좋음)'입니다. 여기서는 '편안하다'로 풀이하여 정일(情逸)을 '감정(뜻, 마음)이 편안해지고'로 풀이합니다.

◎ **성정정일(性靜情逸)**이란 '성품이 고요하면 마음이 편안해지고, 성품이 고요하면 뜻이 편안하니 고요함은 천성(天性: 본래부터 타고난 성질)이요, 동작함은 인정(人情: 사람이 본디 가지고 있는 감정이나 심정)이다' 등으로 풀이하며, 사람이 정서(情緒: 사물에 부딪쳐서 일어나는 온갖 감정)적으로 안정되어 있으면 모든 일이 편안(便安: 몸이나 마음이 거북하지 않고 걱정 없이 좋음)해진다는 것을 말한 것입니다.

심(心) 동(動) 신(神) 피(疲)
① ② ③ ④
마음이 움직이면 정신이 피곤해진다.

- **마음 심(心)** 자는 가운데 심, 근본 심 등으로 읽으며, 뜻은 '마음(사람이 지닌 성격이나 품성, 생각하고 있는 일, 기분 등), 심정(心情: 마음에 품은 생각과 감정) 가운데, 중심(中心: 한가운데)'입니다. 여기서는 '사람의 마음'으로 풀이합니다.

- **움직일 동(動)** 자는 행동 동, 동물 동 등으로 읽으며, 뜻은 '움직이다, 행동(行動: 몸을 움직여 동작함), 동물(動物: 스스로 움직일 수 있으며 생명을 가진 생물)'입니다. 여기서는 '움직인다'로 풀이하여 심동(心動)을 '마음이 움직이면'으로 풀이합니다. 여기서는 '움직인다는 마음이 흔들리다'로 풀이합니다.

- **귀신 신(神)** 자는 신 신, 하느님 신, 정신 신 등으로 읽으며, 뜻은 '신(神: 종교의 대상으로 초인간적, 초자연적인 위력을 가진 존재)'입니다. 여기서는 '정신 신'으로 풀이하여 '정신(精神: 마음, 넋)'으로 풀이합니다.

- **피곤할 피(疲)** 자는 나른할 피 등으로 읽으며, 뜻은 '피곤하다(몸이 지치어 고달픔), 피로(疲勞: 고단함, 지침)'입니다. 여기서는 '피곤하다'로 풀이하여 신피(神疲)를 '정신도 피곤해진다'로 풀이합니다.

◎ **심동신피(心動神疲)**란 '마음이 흔들리면 정신도 피곤해진다' 등으로 풀이하며, 마음이 불안하면 정신도 불편해진다는 내용으로 무슨 일을 하든지 마음을 가라앉히고 하라는 것을 말한 것입니다.

(문장 49) 성정정일(性靜情逸)~심동신피(心動神疲):
성품이 고요하면 감정, 뜻, 마음이 편안해지고, 마음이 움직이면 정신도 피곤해진다.

115

50. 수진지만(守眞志滿)~축물의이(逐物意移)

[50의 1단] 지킬 수(守) 참 진(眞) 뜻 지(志) 가득할 만(滿)

수(守) 진(眞) 지(志) 만(滿)
② ① ③ ④
(사람이) 진실(참된 마음)을 지키면 뜻(의지)도 가득 차고

● **지킬 수(守)** 자는 보살필 수, 기다릴 수 등으로 읽으며, 뜻은 '지키다, 수비(守備: 적의 침해로부터 지키어 방어함), 수위(守衛: 지키는 사람)'입니다. 여기서는 '지키다(약속, 규칙, 법률 등을 어기지 아니하다)'로 풀이합니다.

● **참 진(眞)** 자는 진실할 진, 정신 진, 바를 진 등으로 읽으며, 뜻은 '참(여기서는 옳고 바른 일, 진실), 진실(眞實: 성정이 바르고 참됨, 거짓이 없는 참된 마음)'입니다. 여기서는 '진실'로 풀이하여 수진(守眞)을 '진실(참된 마음)을 지키면' 등으로 풀이합니다.

● **뜻 지(志)** 자는 뜻할 지, 맞출 지, 희망할 지, 기억할 지 등으로 읽으며, '뜻은 뜻(여기서 뜻은 무엇하리라고 먹은 마음으로 풀이합니다), 지학(志學: 학문에 뜻을 둠), 의지(意志: 어떠한 일을 이루고자 하는 마음), 지원(志願: 하고 싶어서 바람)'입니다. 여기서는 뜻 지(志) 자를 '뜻, 의지'로 풀이합니다.

● **가득할 만(滿)** 자는 찰 만, 넘칠 만 등으로 읽으며, 뜻은 '가득 차다, 충만(充滿: 가득하게 참), 만원(滿員: 정원에 참)'입니다. 여기서는 '충만, 가득 차다' 등으로 풀이하여 지만(志滿)을 '뜻(의지)도 가득 차고' 등으로 풀이합니다. 약자로 '찰 만(満)'이라고 씁니다.

◎ **수진지만**(守眞志滿)이란 '사람이 참된 마음을 지키면 그 뜻이 충만해지고' 등으로 풀이하며, 사람이 도리(道理: 사람이 마땅히 지켜야 할 바른길)를 지키지 못하면 여러 가지 욕심이 생겨 자기도 모르게 올바르지 못한 행동을 하게 되므로, 마음을 비우고 욕심을 부리지 말라는 것을 말한 것입니다.

축(逐)　물(物)　의(意)　이(移)
②　　　①　　　③　　　④
물건을 쫓아가면(욕심, 내면) 뜻(의욕: 하고자 하는 마음)도 옮겨진다(변하게 된다).

● **쫓을 축(逐)** 자는 물리칠 축, 좇을 축, 말 달릴 적 등 두 가지 발음(축과 적)으로 읽으며, 뜻은 '쫓다(뒤를 급히 따르다, 떠나도록 몰다, 물리치다 등), 축객(逐客: 손을 쫓아 버림), 차례로 따르다'입니다. 여기서는 '쫓다, 물리치다, 쫓아 버림'이 아니라 '차례로 따르다, 쫓아가면'으로 풀이합니다.

● **만물 물(物)** 자는 물건 물, 재물 물 등으로 읽으며, 뜻은 '만물(萬物: 온 세상에 있는 모든 물건), 물건(物件: 일정한 형체를 가진 모든 것)'입니다. 여기서는 '물건'으로 풀이하여 축물(逐物)을 '물건을 쫓아가면(욕심 내면)' 등으로 풀이합니다.

● **뜻 의(意)** 자는 생각의 등으로 읽으며, 뜻은 '뜻, 생각, 의미(意味: 말이나 글의 뜻), 의욕(意慾: 하고자 하는 마음)'입니다. 여기서는 뜻 의(意) 자를 '뜻, 의욕'으로 풀이합니다.

● **옮길 이(移)** 자는 변할 이 등으로 읽으며, 뜻은 '옮기다, 바꾸다, 이사(移徙: 집을 옮김)'입니다. 여기서는 '옮기다'로 풀이하여 의이(意移)를 '뜻(의욕)도 옮겨진다'로 풀이합니다.

◎ **축물의이(逐物意移)**란 '사람이 물건에 대하여 욕심 내면 마음도 변하게 된다' 등으로 풀이하며, 사자성어인 견물생심(見物生心: 물건을 보면 욕심이 생긴다)과 같은 내용으로, 사람은 물건을 보면 가지고 싶은 마음이 생기므로 욕심을 부리지 말라는 것을 말한 것입니다.

(문장 50) 수진지만(守眞志滿)~축물의이(逐物意移):
사람이 진실, 참된 마음을 지키면 뜻, 의지도 가득 차고, 물건을 쫓아가면, 욕심내면 뜻, 의욕, 하고자 하는 마음도 옮겨진다, 변하게 된다.

51. 견지아조(堅持雅操)~호작자미(好爵自縻)

[51의 1단] 굳을 견(堅) 가질 지(持) 맑을 아(雅) 잡을 조(操)

견(堅) 지(持) 아(雅) 조(操)
③   ④   ①   ②
맑은 지조(바른 몸가짐)를 굳게 가지고 있으면(지키고 살면)

● **굳을 견(堅)** 자는 굳셀 견, 변하지 않을 견, 강할 견 등으로 읽으며, 뜻은 '굳다(단단하다, 뜻이 흔들리지 않다, 든든하다), 견고(堅固: 굳고 단단함)'입니다. 여기서는 '굳게'로 풀이합니다.

● **가질 지(持)** 자는 잡을 지, 지킬 지 등으로 읽으며, 뜻은 '가지다, 유지(維持: 지니어 감, 지탱하여 감)'입니다. 여기서는 '가지다'로 풀이하여 견지(堅持)를 '굳게 가지고 있으면, 지키고 살면' 등으로 풀이합니다.

● **맑을 아(雅)** 자는 아담할 아, 바를 아, 떳떳할 아, 우아할 아 등으로 읽으며, 뜻은 '맑다, 아담하다(雅談: 말쑥하고 담담함), 너그럽다, 아량(雅量: 너그러운 도량), 바르다'입니다. 여기서는 '맑다, 바르다'로 풀이합니다.

● **잡을 조(操)** 자는 지조 조, 풍치 조, 가락 조 등으로 읽으며, 뜻은 '잡다, 부리다, 조종(操縱: 마음대로 다루어 움직임, 다루고 부림), 지조(志操: 꿋꿋한 뜻과 바른 조행, 몸가짐)'입니다. 여기서는 '지조(바른 몸가짐)'로 풀이하여 아조(雅操)를 '맑은 지조, 바른 몸가짐'으로 풀이합니다.

◎ **견지아조(堅持雅操)**란 '군자는 맑은 지조를 굳게 지키면 나의 도의가 극진(極盡: 마음과 힘을 다하고 어떤 대상에 대하여 정성을 다하는 태도)하게 된다' 등으로 풀이하며, 군자는 맑은 지조, 바른 몸가짐과 책임감, 사명감을 가지고 자기의 역할과 도리를 극진히 정성을 다하면 그 안에 벼슬과 출세(出世: 사회적으로 높은 지위에 오르거나 유명하게 됨)가 있다는 것을 말한 것이라고 합니다.

호(好) 작(爵) 자(自) 미(縻)
①　　②　　③　　④
좋은 벼슬이 스스로 얽힌다(저절로 따른다).

● **좋을 호(好)** 자는 아름다울 호, 사랑할 호 등으로 읽으며, 뜻은 '좋다, 좋아하다, 애호(愛好: 사랑하고 즐김), 호평(好評: 좋은 평판)'입니다. 여기서는 '좋다(마음에 들다)'로 풀이합니다.

● **벼슬 작(爵)** 자는 작위 작, 참새 작 등으로 읽으며, 뜻은 '벼슬(관청에 나가서 나랏일을 다스리는 자리), 작위(爵位: 벼슬과 지위)'입니다. 여기서는 '벼슬'로 풀이하여 호작(好爵)을 '좋은 벼슬'로 풀이합니다.

● **스스로 자(自)** 자는 몸소 자, 저절로 자 등으로 읽으며, 뜻은 '스스로, 몸소, 저절로, 자연(自然: 사람의 힘을 더하지 않은 천연 그대로의 상태, 저절로 그렇게 되는 상태)'입니다. 여기서는 '스스로, 저절로'로 풀이합니다.

● **얽을 미(縻)** 자는 소고삐 미, 얽어맬 미 등으로 읽으며, 뜻은 '얽어매다, 쇠고삐 끈'입니다. 여기서는 '얽힌다'로 풀이하여 자미(自縻)를 '스스로 얽힌다'로 풀이합니다.

◎ **호작자미(好爵自縻)**란 '좋은 벼슬이 저절로 따른다, 얻게 된다' 등으로 풀이하며, 군자는 실력도 가지고 있어야 하지만 맑은 인품도 갖추고 수양(修養: 몸과 마음을 갈고 닦아 품성이나 지식, 도덕 따위를 높은 경지로 끌어올림)에 힘써 노력한다면 좋은 벼슬은 그 후에 저절로 받게 된다는 것을 말하는 것입니다. 참고하기 바랍니다.

(문장 51) 견지아조(堅持雅操)~호작자미(好爵自縻):
맑은 지조, 바른 몸가짐을 굳게 가지고 있으면, 지키고 살면 좋은 벼슬이 스스로 얽힌다, 저절로 따른다.

52. 도읍화하(都邑華夏)~동서이경(東西二京)

[52의 1단] 도읍 도(都) 고을 읍(邑) 빛날 화(華) 여름 하(夏)

도(都)　읍(邑)　화(華)　하(夏)
③　　④　　①　　②

화하(옛 중국)의 도읍(서울)을('화하'는 당시 중국을 지칭하던 말이라고 합니다)

● **도읍 도(都)** 자는 도무지 도, 성할 도 등으로 읽으며, 뜻은 '도읍(都邑: 서울),
도시(都市: 사람이 많이 모여 사는 번잡한 곳), 모두'입니다. 여기서는 '도읍(서울)'
으로 풀이합니다.

● **고을 읍(邑)** 자는 답답할 읍 등으로 읽으며, 뜻은 '고을 읍(邑: 행정구역의 하나),
답답하다'입니다. 여기서는 '읍(邑)'으로 풀이하여 도읍(都邑)을 '도읍(한나라의
중앙정부가 있는 곳, 수도) 서울'로 풀이합니다.

● **빛날 화(華)** 자는 쪼갤 화, 꽃필 화, 나라이름 화 등으로 읽으며, 뜻은 '빛나다,
화려(華麗: 빛나고 아름다움)'입니다. 여기서는 '나라이름 화'로 풀이하여 '중화
(中華), 화하(華夏)'로 풀이합니다.

● **여름 하(夏)** 자는 나라 하, 클 하 등으로 읽으며, 뜻은 '여름, 하복(夏服: 여름에
입는 옷)'입니다. 여기서는 여름이 아니라 '나라 하'로 풀이하여 당시 중국인들
은 자기 나라 이름을 화하(華夏)라고 불렀다고 합니다. 그래서 화하를 '화하,
옛 중국'으로 풀이합니다.

◎ **도읍화하(都邑華夏)**란 '화하에 도읍하니 시대에 따라 수도(서울)가 다르다. 화하(중
국)에 도읍하니' 등으로 풀이하며, 화하는 당시 중국인들이 자기 나라 이름을 지칭
(指稱: 가리켜 일컬음)하던 말로 화하중국야(華夏中國也)라 하였다고 합니다. 중국은
예로부터 자기 나라 이름을 중국, 중화, 화하라고 불렀다고 합니다.

[52의 2단] 동녘 동(東) 서녘 서(西) 두 이(二) 서울 경(京)

동(東)　서(西)　이(二)　경(京)
①　　②　　③　　④
동쪽과 서쪽에 두 서울을 두었다. (동경은 낙양이고 서경은 장안이다.)

● **동녘 동(東)** 자는 오른쪽 동, 봄 동 등으로 읽으며, 뜻은 '동녘(동쪽 방향), 봄, 동풍(東風: 동쪽에서 불어오는 바람, 봄바람)'입니다. 여기서는 '동쪽'으로 풀이합니다.

● **서녘 서(西)** 자는 수박 서, 서양 서 등으로 읽으며, 뜻은 '서녘(서쪽 방향), 서양(西洋: 유럽과 아메리카의 여러 나라를 통틀어 일컫는 말)'입니다. 여기서는 '서쪽'으로 풀이하여 동서(東西)를 '동쪽과 서쪽'으로 풀이합니다.

● **두 이(二)** 자는 둘 이, 같은 이 등으로 읽으며, 뜻은 '두, 둘, 둘째'입니다. 여기서는 '두, 둘'로 풀이합니다. 갖은 자(같은 글자로서 획을 많이 하여 쓰는 한문글자)로 '두 이(貳)'라고 쓰고, 고자(古字: 옛 글씨의 체)로 '두 이(弍)'라고 씁니다. 참고 바랍니다.

● **서울 경(京)** 자는 클 경, 언덕 경 등으로 읽으며, 뜻은 '서울, 크다, 높다, 상경(上京: 시골에서 서울로 올라감)'입니다. 여기서는 '서울'로 풀이하여 이경(二京)을 '두 서울을 두었다, 두 수도가 있으니' 등으로 풀이합니다.

◎ **동서이경(東西二京)**이란 '동과 서에 두 수도가 있으니 동경은 낙양이고, 서경은 장안이다' 등으로 풀이하며, 동쪽에 있는 서울인 동경(東京)은 낙양에 있고, 서쪽에 있는 서울인 서경(西京)은 장안(長安)에 있다는 내용입니다.

(문장 52) 도읍화하(都邑華夏)~동서이경(東西二京):
화하, 옛 중국의 도읍 서울을 동쪽과 서쪽에 두 서울을 두었다. 동경은 낙양이고, 서경은 장안이다.

53. 배망면락(背邙面洛)~부위거경(浮渭據涇)

- **등 배(背)** 자는 질 배, 벌일 패, 배반할 패 등 두 가지 발음(배와 패)으로 읽으며, 뜻은 '등, 뒤, 배후(背後: 뒤쪽, 뒤), 어기다, 배반(背叛: 신의를 버리고 돌아섬), 배경(背景: 뒤쪽의 경치)'입니다. 여기서는 '등지고(배경: 뒤쪽의 경치)'로 풀이합니다.

- **터 망(邙)** 자는 산 이름 망 등으로 읽으며, 뜻은 '산 이름, 중국 낙양에 있는 북망산'을 말합니다. 여기서는 '북망산'으로 풀이하여 배망(背邙)을 '북망산을 등지고, 배경으로 하고' 등으로 풀이합니다.

- **낯 면(面)** 자는 얼굴 면, 앞 면, 보일 면 등으로 읽으며, 뜻은 '낯, 얼굴, 탈(가면), 바닥, 면적(面積: 한정된 바닥의 면적), 면(面: 행정 단위), 면장(面長: 한 면의 우두머리)'입니다. 여기서는 '앞 면, 보일 면'으로 풀이하여 '앞으로는 ~를 바라보고' 등으로 풀이합니다. 속자로 '낯 면(靣)'이라고 씁니다.

- **낙수 락(洛)** 자는 서울 락, 물 이름 락 등으로 읽으며, 뜻은 '물 이름, 낙수(洛水: 중국의 강 이름), 땅 이름'입니다. 여기서는 '낙수(강 이름)'로 풀이하여 면락(面洛)을 '동경인 낙양은 앞으로는 낙수를 바라보고'로 풀이합니다.

◎ **배망면락(背邙面洛)**이란 '동경인 낙양은 북쪽에 북망산이 있고 남쪽에 낙수가 있으며' 등으로 풀이하며, 동쪽에 있는 서울인 낙양의 지리적 형세(形勢: 풍수지리에서 산의 모양과 지세)를 설명한 것입니다.

※ 낙수 락(洛) 자는 두음법칙에 의하면 앞에 있으면 '낙', 뒤에 있으면 '락'으로 읽고 씁니다. 낙양(洛陽), 낙수(洛水), 면락(面洛) 등.

부(浮)　위(渭)　거(據)　경(涇)
②　　①　　④　　③
(서경인 장안은) 위수에 떠 있으며(위치하고), 경수에 웅거하고 있다.

● **뜰 부(浮)** 자는 넘칠 부, 지날 부 등으로 읽으며 뜻은 '뜨다, 부동(浮動: 떠서 움직임), 덧없다, 부생(浮生: 덧없는 인생)'입니다. 여기서는 '떠 있다, 위치하고 있다'로 풀이합니다.

● **위수 위(渭)** 자는 물 이름 위 등으로 읽으며, 뜻은 '물 이름, 위수(渭水: 중국의 강 이름)'입니다. 여기서는 '위수'로 풀이하여 부위(浮渭)를 '위수에 떠 있으며, 위치하고 있으며' 등으로 풀이합니다.

● **웅거할 거(據)** 자는 의지할 거 등으로 읽으며, 뜻은 '의지하다, 거점(據點: 활동 근거가 되는 지점), 웅거(雄據: 땅을 차지하고 크게 막아 지킴)'입니다. 여기서는 '웅거'로 풀이합니다.

● **경수 경(涇)** 자는 통할 경, 물 이름 경 등으로 읽으며, 뜻은 '통하다, 물 이름, 경수(涇水: 중국의 강 이름)'입니다. 여기서는 '경수'로 풀이하여 거경(據涇)을 '경수에 웅거하고 있다'로 풀이합니다.

◎ **부위거경(浮渭據涇)**이란 '서경인 장안은 위수 강가에 위치하고 경수를 의지하고 있다. 서쪽에 있는 서울인 장안은 서북에 위수와 경수, 두 강물이 흐르고 있었다.' 등으로 풀이하며, 동경인 낙양(洛陽)과 서경인 장안(長安)의 지리적 형세(땅의 모양)를 말한 것입니다.

(문장 53) 배망면락(背邙面洛)~부위거경(浮渭據涇):
동경인 낙양은 북망산을 등지고, 앞으로는 낙수를 바라보고, 서경인 장안은 위수에 떠 있으며 위치하고, 경수에 웅거하고 있다.

54. 궁전반울(宮殿盤鬱)~누관비경(樓觀飛驚)

> **[54의 1단] 집 궁(宮) 대궐 전(殿) 소반 반(盤) 답답할 울(鬱)**
>
> 궁(宮) 전(殿) 반(盤) 울(鬱)
> ① ② ④ ③
> 궁전은 울창한 나무 사이에 서린 듯이 정하였고

● **집 궁(宮)** 자는 궁궐 궁, 종묘 궁 등으로 읽으며, 뜻은 '집, 대궐, 궁전(宮殿: 임금이 거처하는 집), 궁궐(宮闕: 임금이 거처하는 집)'입니다. 여기서는 '궁전'으로 풀이합니다.

● **대궐 전(殿)** 자는 큰 집 전, 전각 전, 후궁 전, 집 전 등으로 읽으며, 뜻은 '대궐, 궁궐, 궁전'과 같은 뜻입니다. 여기서는 궁전(宮殿)을 '임금이 거처하는 집인 대궐, 궁전'으로 풀이합니다.

● **소반 반(盤)** 자는 어정거릴 반, 서릴 반, 목욕통 반 등으로 읽으며, 뜻은 '소반(음식을 먹는 상, 밥상), 쟁반, 받침, 바탕, 큰 돌 기반(基盤: 기초가 될 만한 자리, 터전), 넓고 큰 모양, 서리다(김, 안개 등이 잔뜩 끼다)'입니다. 여기서는 '궁전이 있는 자리의 터가 넓고 큰 모양으로 안개가 서린 듯'으로 풀이합니다.

● **답답할 울(鬱)** 자는 빽빽할 울, 울창할 울 등으로 읽으며, 뜻은 '답답하다, 빽빽하다, 울창하다(나무가 빽빽하게 우거진 모양)'입니다. 여기서는 '울창한 나무, 빽빽하게'로 풀이하여 반울(盤鬱)을 '울창한 나무 사이에 빽빽하게 서린 듯 정하였고' 등으로 풀이합니다.

◎ **궁전반울(宮殿盤鬱)**이란 '궁전은 울창한 나무 사이에 서리어 깊숙하고, 궁궐과 전각이 널리 빽빽하게 들어차 있고' 등으로 풀이하며 임금이 거처하는 궁전은 울창한 나무 사이에 서리어(김, 안개, 그을음 따위가 잔뜩 끼다) 깊숙하게 들어차 있다는 내용으로, 왕궁의 장엄(莊嚴: 규모가 크고 엄숙함)한 모습을 말한 것입니다.

천자문 千字文

누(樓) 관(觀) 비(飛) 경(驚)
①   ②   ③   ④
(궁전 안의) 누관(망루)은 나는 듯 높아 놀라게 한다.

● **다락 루(樓)** 자는 봉우리 루, 문 루 등으로 읽으며, 뜻은 '다락(부엌 위에 2층처럼 만들어서 물건을 두는 곳), 누관(樓館: 다락집 모양으로 높게 지은 관, 집)'입니다. 여기서는 '누관(다락집)'으로 풀이합니다.

● **볼 관(觀)** 자는 보일 관, 집 관 등으로 읽으며, 뜻은 '보다, 관찰(觀察: 사물을 자세히 살펴봄), 관각(觀閣: 망대, 망루)'입니다. 여기서는 '망루'로 풀이하여 누관(樓觀)을 '다락집처럼 높게 지은 망대, 망루(望樓: 적이나 주위의 동정을 살피기 위하여 높게 지은 다락집)'로 풀이합니다.

● **날 비(飛)** 자는 흩어질 비 등으로 읽으며, 뜻은 '날다, 높다, 빠르다, 비행기(飛行機)'라고 쓰는 글자입니다. 여기서는 '나는 듯 높다'로 풀이합니다.

● **놀랄 경(驚)** 자는 말 놀랄 경 등으로 읽으며, 뜻은 '놀라다'입니다. 여기서는 '놀라다'로 풀이하여 비경(飛驚)을 '나는 듯 높아 놀라게 한다'로 풀이합니다.

◎ **누관비경(樓觀飛驚)**이란 '궁전의 망루는 높아서 올라가면 나는 듯하여 놀라게 한다' 등으로 풀이하며, 적의 동태를 살펴보는 망루의 웅장(雄壯: 으리으리 크고도 굉장함)한 모습을 말한 것입니다.

※ 다락 루(樓) 자는 두음법칙에 의하면 앞에 있으면 '누', 뒤에 있으면 '루'로 읽고 씁니다. 누관(樓觀), 망루(望樓) 등.

(문장 54) 궁전반울(宮殿盤鬱)~누관비경(樓觀飛驚):
궁전은 울창한 나무 사이에 서린 듯이 정하였고, 궁전 안의 누관, 망루는 나는 듯 높아 놀라게 한다.

55. 도사금수(圖寫禽獸)~화채선령(畵彩仙靈)

[55의 1단] 그림 도(圖) 베낄 사(寫) 새 금(禽) 짐승 수(獸)

도(圖) 사(寫) 금(禽) 수(獸)
③   ④   ①   ②

(궁전 안에는) 새와 짐승을 그림으로 그려 베껴 놓았고

● **그림 도(圖)** 자는 꾀할 도, 다스릴 도, 고안할 도 등으로 읽으며, 뜻은 '그림 그리다, 도서(圖書: 글씨, 그림, 서적 등의 총칭), 도표(圖表: 그림으로 나타낸 표), 도화지(圖畵紙: 그림을 그리는 데 쓰는 종이)'입니다. 여기서는 '그림'으로 풀이합니다. 약자로 '그림 도(図)'라고 씁니다.

● **베낄 사(寫)** 자는 모뜰 사, 부어 만들 사 등으로 읽으며, 뜻은 '베끼다, 사본(寫本: 문서나 책을 베껴 부본을 만듦), 그리다, 사진(寫眞: 기계로 물체의 형상, 모양을 찍어 냄)'입니다. 여기서는 '베끼다'로 풀이하여 도사(圖寫)를 '그림으로 그려 베껴 놓았고'로 풀이합니다. 속자로 '베낄 사(寫)'라고 씁니다.

● **새 금(禽)** 자는 사로잡을 금 등으로 읽으며, 뜻은 '날짐승(날아다니는 짐승), 가금(家禽: 집에서 기르는 새, 닭, 오리 등)'입니다. 여기서는 '새(날짐승)'로 풀이합니다.

● **짐승 수(獸)** 자는 뜻은 '짐승, 길짐승(기어 다니는 짐승), 맹수(猛獸: 사나운 짐승)'입니다. 여기서는 '길짐승'으로 풀이하여 금수(禽獸)를 '새와 길짐승, 봉황새와 용, 호랑이, 기린 등 날짐승과 길짐승'으로 풀이합니다.

◎ **도사금수(圖寫禽獸)**란 '궁전 안에는 새(봉황새)와 짐승(용, 호랑이, 기린 등)을 그린 그림이 장식되어 있고, 날짐승과 길짐승을 그려 베껴 놓았고' 등으로 풀이하며, 궁전 안에 있는 건물에 유명한 화가들이 그린 그림(봉황새, 용, 기린 등)이 화려하게 장식(裝飾: 겉모양을 아름답게 꾸밈, 꾸밈새)되어 있다는 것을 말한 것입니다.

[55의 2단] 그림 화(畵) 채색 채(綵) 신선 선(仙) 신령 령(靈)

화(畵) 채(綵) 선(仙) 령(靈)
③   ④   ①   ②
신선과 신령의 그림도 (화려하게) 채색되어 있다.

- **그림 화(畵)** 자는 그을 획, 나눌 획 등 두 가지 발음(화와 획)으로 읽으며, 뜻은 '그림, 그림 그리다, 화백(畵伯: 화가의 높임말), 긋다, 획순(畵順: 글자 획의 차례)'입니다. 여기서는 '그림 화, 그림'으로 풀이합니다. 속자로 '그림 화(畵)', 약자로 '그림 화(畵)'라고 씁니다.

- **채색 채(綵)** 자는 비단 채 등으로 읽으며, 뜻은 '비단, 문채, 빛깔, 채색 채(彩)' 자가 또 있으며, '채색(彩色: 그림에 색을 칠함)'. 여기서는 '채색'으로 풀이하여 화채(畵綵)를 '그림도 화려하게 채색되어 있다'로 풀이합니다. 채색 채(采) 자로 표기된 책도 있습니다.

- **신선 선(仙)** 자는 뜻은 '신선(神仙: 선도를 닦아 도에 통한 사람), 뛰어나게 고상하다'입니다. 여기서는 '신선'으로 풀이합니다.

- **신령 령(靈)** 자는 뜻은 '신령(神靈: 풍습으로 섬기는 모든 신), 영감(靈感: 신령스러운 예감이나 느낌)'입니다. 여기서는 '신령'으로 풀이하여 선령(仙靈)을 '신선과 신령'으로 풀이합니다. 약자로 '신령 령(灵)'이라고 씁니다.

◎ **화채선령(畵彩仙靈)**이란 '신선과 신령의 그림도 곱게 그려 놓았다' 등으로 풀이하며, 궁전 안에 신선과 신령의 그림도 화려하게 장식해 두었다는 것을 말한 것입니다.

※ 신령 령(靈) 자는 두음법칙에 의하면 앞에 있으면 '영', 뒤에 있으면 '령'으로 읽고 씁니다. 영감(靈感), 신령(神靈) 등.

(문장 55) 도사금수(圖寫禽獸)~화채선령(畵彩仙靈):
궁전 안에는 새와 짐승을 그림으로 그려 베껴 놓았고, 신선과 신령의 그림도 화려하게 채색되어 있다.

127

56. 병사방계(丙舍傍啓)~갑장대영(甲帳對楹)

<table>
<tr><td colspan="4">[56의 1단] 남녘 병(丙) 집 사(舍) 곁 방(傍) 열 계(啓)</td></tr>
<tr><td>병(丙)</td><td>사(舍)</td><td>방(傍)</td><td>계(啓)</td></tr>
<tr><td>①</td><td>②</td><td>③</td><td>④</td></tr>
<tr><td colspan="4">(궁전 안에는 신하들이 쉬는) 병사(건물)의 문은 옆으로 열려 있고</td></tr>
</table>

- **남녘 병(丙)** 자는 남쪽 병, 십간의 셋째 천간 병 등으로 읽으며, 뜻은 '남녘(남쪽 방면), 셋째 천간 글자임. 병인(丙寅: 육십갑자의 셋째) 병종(丙種: 등급으로 셋째 가는 것)', '천간(天干)' 글자는 열 개가 있다고 해서 '십간(十干)'이라고도 합니다. ① 갑(甲: 첫째 천간), ② 을(乙: 둘째 천간), ③ 병(丙: 셋째 천간), ④ 정(丁: 넷째 천간), ⑤ 무(戊: 다섯째 천간), ⑥ 기(己: 여섯째 천간), ⑦ 경(庚: 일곱째 천간), ⑧ 신(辛: 여덟째 천간), ⑨ 임(壬: 아홉째 천간), ⑩ 계(癸: 열째 천간 글자)입니다. 참고하기 바랍니다.

- **집 사(舍)** 자는 쉴 사, 베풀 사 등으로 읽으며, 뜻은 '집, 쉬다, 사택(舍宅: 사람이 사는 집), 관사(官舍: 관리가 살도록 관청에서 지은 집)'입니다. 여기서는 '집, 건물'로 풀이하여 병사(兵舍)를 '궁전 안에 신하들이 쉬는 건물 이름'으로 풀이합니다.

- **곁 방(傍)** 자는 의지할 방, 마지못할 팽 등 두 가지 발음(방과 팽)으로 읽으며, 뜻은 '곁(옆) 가까이하다'입니다. 여기서는 '옆'으로 풀이합니다.

- **열 계(啓)** 자는 가르칠 계 등으로 읽으며, 뜻은 '열다, 일깨우다, 계몽(啓蒙: 무식한 사람을 일깨워 깨우치게 함)'입니다. 여기서는 '열다'로 풀이하여 방계(傍啓)를 '옆으로 열려 있고'로 풀이합니다.

◎ **병사방계(丙舍傍啓)**란 '병사의 문은 옆으로 열려 있고' 등으로 풀이하며, 궁전 사이에는 많은 관사(官舍: 관리가 살도록 관청에서 지은 집)가 건립되어 그곳에 통하는 출입문은 옆으로 열려 있다는 내용으로 출입하는 사람들의 편리를 도모하였다는 것을 말한 것이라고 합니다.

> **[56의 2단] 갑옷 갑(甲) 휘장 장(帳) 대할 대(對) 기둥 영(楹)**
>
> 갑(甲)　장(帳)　대(對)　영(楹)
> ①　　②　　④　　③
> (화려한) 갑장(휘장)은 기둥에 대하고 있다. (마주 보며 둘러 있다.)

- **갑옷 갑(甲)** 자는 으뜸 갑, 첫째 천간 갑 등으로 읽으며, 뜻은 '갑옷(옛날 싸움을 할 때 화살, 창검을 막기 위해 입던 옷), 껍질, 으뜸, 갑부(甲富: 으뜸가는 부자), 갑자(甲子: 60갑자의 첫째), 갑종합격(甲種合格: 신체검사 같은 데에서 제1급으로 되는 합격), 환갑(還甲: 예순한 살)' 등에 쓰는 글자입니다.

- **휘장 장(帳)** 자는 장막 장 등으로 읽으며, 뜻은 '휘장(揮帳: 피륙을 이어서 둘러치는 막)'입니다. 여기서는 '휘장, 천막'으로 풀이하여 갑장(甲帳)을 '임금이 머무르는 곳에 치는 천막, 휘장'으로 풀이합니다.

- **대할 대(對)** 자는 대답할 대 등으로 읽으며, 뜻은 '대하다(마주 보다), 상대(相對: 서로 마주 봄, 서로 맞섬), 대답(對答: 부름이나 물음에 응하는 말)'입니다. 여기서는 '대하다, 마주 보며'로 풀이합니다. 약자로 '대할 대(対)'라고 씁니다.

- **기둥 영(楹)** 자는 관귀임목 영 등으로 읽으며 뜻은 '기둥'입니다. 여기서는 '기둥'으로 풀이하여, 대영(對楹)을 '기둥에 대하고 있다, 마주 보며 둘러 있다' 등으로 풀이합니다.

◎ **갑장대영(甲帳對楹)**이란 '화려한 갑장이 기둥을 대하였으니 동방삭이 갑장을 지어 임금이 잠시 머무시는 곳이다' 등으로 풀이하며, 온갖 진주로 화려하게 장식한 갑장(휘장: 임금이 머무는 곳)이 기둥을 마주 보며 둘러 있다는 내용으로, 궁전 안의 화려한 모습을 말한 것입니다.

(문장 56) 병사방계(丙舍傍啓)~갑장대영(甲帳對楹):
궁전 안에는 신하들이 쉬는 병사 건물의 문은 옆으로 열려 있고, 화려한 갑장, 휘장은 기둥에 대하고 있다. 마주 보며 열려 있다.

57. 사연설석(肆筵設席)~고슬취생(鼓瑟吹笙)

> **[57의 1단] 베풀 사(肆) 자리 연(筵) 베풀 설(設) 자리 석(席)**
>
> 사(肆) 연(筵) 설(設) 석(席)
> ②   ①   ④   ③
> 자리를 베풀고 돗자리를 펴 연회(잔치)하는 좌석을 만들고

- **베풀 사**(肆) 자는 방자할 사, 늘어놓을 사 등으로 읽으며, 뜻은 '베풀다, 무슨 일을 차리어 벌이다, 사진(肆陳: 베풀어 놓음), 방자하다(어려워하거나 태도가 건방지고 무례하다)'입니다. 여기서는 '베풀다, 늘어놓고'로 풀이합니다.

- **자리 연**(筵) 자는 대자리 연 등으로 읽으며, 뜻은 '대자리(대오리로 만든 자리), 자리(사람이 앉을 수 있도록 바닥에 까는 물건, 돗자리, 대자리 등)'입니다. 여기서는 '대자리, 돗자리'로 풀이하여 사연(肆筵)을 '자리를 베풀고 돗자리를 펴' 등으로 풀이합니다.

- **베풀 설**(設) 자는 만들 설, 갖출 설 등으로 읽으며, 뜻은 '베풀다, 설립(設立: 베풀어 세움), 건설(建設: 새로 만들어 세움), 설치(設置: 베풀어 둠)'입니다. 여기서는 '설치, 만든다'로 풀이합니다.

- **자리 석**(席) 자는 돗 석, 깔 석, 베풀 석 등으로 읽으며, 뜻은 '자리, 깔 것, 돗자리, 모인 자리, 연석(宴席: 연회의 좌석 또 그 자리), 출석(出席: 어떤 자리에 참석함), 방석(方席: 앉을 때 까는 작은 깔개), 좌석(座席: 앉을 수 있게 만든 자리)'입니다. 여기서는 '좌석'으로 풀이하여 설석(設席)을 '좌석을 만들고, 자리를 베풀고' 등으로 풀이합니다.

◎ **사연설석**(肆筵設席)이란 '자리를 펴고 돗자리를 깔아 잔치하는 자리를 만들고' 등으로 풀이하며, 궁전 안에서 군신(君臣: 임금과 신하) 간의 화합을 도모하기 위해서 연회(宴會: 축하, 위로, 환영, 석별 따위를 위하여 여러 사람이 모여 베푸는 잔치)하는 좌석(자리)을 만든다는 내용입니다.

[57의 2단] 북 고(鼓) 비파 슬(瑟) 불 취(吹) 생황 생(笙)

고(鼓)　슬(瑟)　취(吹)　생(笙)

①　　②　　④　　③

북을 치고 비파(거문고)를 뜯고 생황(젓대, 피리)을 분다.

● **북 고(鼓)** 자는 별이름 고 등으로 읽으며, 뜻은 '북(타악기의 하나), 북치다, 고수(鼓手: 북을 쳐서 장단을 맞추어 주는 사람), 울리다'입니다. 여기서는 '북을 치고' 등으로 풀이합니다.

● **비파 슬(瑟)** 자는 거문고 슬, 바람소리 슬 등으로 읽으며, 뜻은 '비파(琵琶: 현악기의 하나, 큰 거문고), 금슬, 금실(琴瑟: 거문고와 비파, 부부의 화목한 즐거움)'. 여기서는 '비파(거문고)'로 풀이하여 고슬(鼓瑟)을 '북을 치고 비파(거문고)를 뜯고'로 풀이합니다.

● **불 취(吹)** 자는 숨 쉴 취, 악기 불 취, 바람 취 등으로 읽으며, 뜻은 '불다, 취주(吹奏: 관악기를 입으로 불어 연주함), 부추기다, 고취(鼓吹: 북을 치고 피리를 붊)'입니다. 여기서는 '~를 분다'로 풀이합니다.

● **생황 생(笙)** 자는 대자리 생, 저 생 등으로 읽으며, 뜻은 '생황(笙篁: 국악에 쓰는 관악기)', '젓대'나 '저'는 '대금, 피리'를 말합니다. 여기서는 '생황(피리)'으로 풀이하여 취생(吹笙)을 '생황(피리)을 분다'로 풀이합니다.

◎ **고슬취생(鼓瑟吹笙)**이란 '거문고를 타고 생황 저를 불어서 음악을 연주한다' 등으로 풀이하며, 궁전 안에서 연회(잔치)할 때 북을 치고, 비파, 거문고 등의 악기를 연주하면서 잔치하는 모습을 묘사(描寫: 어떤 대상이나 현상을 그대로 그리어 냄)한 내용입니다.

(문장 57) 사연설석(肆筵設席)~고슬취생(鼓瑟吹笙):
자리를 베풀고 돗자리를 펴 연회, 잔치하는 좌석을 만들고, 북을 치고 비파, 거문고를 뜯고 생황, 젓대, 피리를 분다.

58. 승계납폐(陞階納陛)~변전의성(弁轉疑星)

[58의 1단] 오를 승(陞) 섬돌 계(階) 들일 납(納) 섬돌 폐(陛)
승(陞)　계(階)　납(納)　폐(陛) ②　　①　　④　　③ (임금을 뵈러) 계단에 오르고 임금의 뜰(섬돌)에 들어가니

● **오를 승(陞)** 자는 올릴 승 등으로 읽으며, 뜻은 '오르다, 승진(陞進, 昇進: 지위가 올라감)'입니다. '오를 승(昇)' 자가 또 있습니다. 여기서는 '오르고'로 풀이합니다.

● **섬돌 계(階)** 자는 층 계, 벼슬차례 계 등으로 읽으며, 뜻은 '섬돌(오르내리는 돌층계), 계단(階段: 층층대)'입니다. 여기서는 '계단'으로 풀이하여 승계(陞階)를 '계단에 오르고' 등으로 풀이합니다.

● **들일 납(納)** 자는 받을 납, 바칠 납 등으로 읽으며, 뜻은 '들이다, 바치다, 납세(納稅: 세금을 바침)'입니다. 여기서는 '들이다(안으로 들어오도록 하거나 들어가도록 하다), 들어가니'로 풀이합니다.

● **섬돌 폐(陛)** 자는 대궐 섬돌 폐 등으로 읽으며, 뜻은 '섬돌(오르내리는 돌층계), 폐하(陛下: 황제: 皇帝: 임금에 대한 존칭, 섬돌 아래라는 뜻임)'입니다. 여기서 '섬돌 폐(陛)' 자는 '궁전 안 임금의 뜰에 있는 계단으로 임금이 오르내리는 계단'을 말하고, '섬돌 계(階)' 자는 '궁전 마당에 있는 여러 신하들이 오르는 계단'을 말합니다. 여기서는 '임금의 돌(섬돌)'로 풀이하여 납폐(納陛)를 '임금의 뜰(섬뜰)로 들어가니'로 풀이합니다.

◎ **승계납폐(陞階納陛)**란 '문무백관들이 임금을 뵈러 섬돌로 들어가니, 임금을 뵈러 계단을 올라 임금께 납폐하는 절차이다' 등으로 풀이하며, 이 구절은 옛날 궁전에서 황제와 신하(臣下: 임금을 모시어 섬기는 사람)들이 모여서 정사(政事: 나라 다스리는 일)를 행하기 위해 문무백관들이 임금의 뜰(섬돌)에 들어가는 모습을 말한 것입니다.

변(弁) 전(轉) 의(疑) 성(星)
①   ②   ④   ③
(백관들이 쓴) 고깔(관)의 (구슬이) 움직임에 따라
(반짝거려) 별인가 의심할 정도였다.

- **고깔 변(弁)** 자는 떨 변, 즐거울 반 등 두 가지 발음(변과 반)으로 읽으며, 뜻은 '고깔(중이 쓰는 모자의 하나), 관(冠: 망건 위에 모자처럼 쓰는 것)'입니다. 여기서는 '고깔, 관'으로 풀이합니다.

- **구를 전(轉)** 자는 넘어질 전, 돌 전, 굴릴 전 등으로 읽으며, 뜻은 '구르다, 돌다, 운전(運轉: 기계나 수레 등을 움직여 굴림)'입니다. 여기서는 '구르다, 움직인다'로 풀이하여 변전(弁轉)을 '문무백관들이 쓴 고깔(관)이 움직임에 따라'로 풀이합니다. 약자로 '구를 전(転)'이라고 씁니다.

- **의심 의(疑)** 자는 정할 응, 바로설 을 등 세 가지 발음(의, 응, 을)으로 읽으며, 뜻은 '의심(疑心: 마음에 이상하게 여기는 마음), 의문(疑問: 의심하여 물음)'입니다. 여기서는 '의심'으로 풀이합니다.

- **별 성(星)** 자는 세월 성, 천문 성 등으로 읽으며, 뜻은 '별(지구, 달, 태양을 제외한 하늘에 있는 별), 세월, 성상(星霜: 세월)'입니다. 여기서는 '별'로 풀이하여 의성(疑星)을 '별인가 의심 든다' 등으로 풀이합니다.

◎ **변전의성(弁轉疑星)**이란 '백관들이 쓴 관의 구슬이 별처럼 반짝인다' 등으로 풀이하며, '백관들이 쓴 고깔에 장식한 구슬이 백관들이 움직임에 따라 번쩍거려 별인가 의심할 정도였다'라는 내용입니다.

(문장 58) 승계납폐(陞階納陛)~변전의성(弁轉疑星):
임금을 뵈러 계단에 오르고 임금의 뜰, 섬돌에 들어가니 백관들이 쓴 고깔의 구슬이 움직임에 따라 반짝거려 별인가 의심할 정도였다.

133

59. 우통광내(右通廣內)~좌달승명(左達承明)

● **오른 우(右)** 자는 오른쪽 우, 도울 우, 곁 우 등으로 읽으며, 뜻은 '오른쪽, 우측(右側: 오른편), 우수(右手: 오른손)'입니다. 여기서는 '오른쪽'으로 풀이합니다.

● **통할 통(通)** 자는 뚫릴 통, 형통할 통, 다닐 통 등으로 읽으며, 뜻은 '통하다(막힘이 없이 트이다), 오가다, 교통(交通: 오고 감 등)'입니다. 여기서는 '통한다'로 풀이하여 우통(右通)을 '오른쪽으로는 ~로 통하고'로 풀이합니다.

● **넓을 광(廣)** 자는 클 광 등으로 읽으며, 뜻은 '넓다, 널리, 광고(廣告: 세상에 널리 알림), 광장(廣場: 넓은 마당), 광야(廣野: 넓은 들)' 등에 쓰는 글자입니다. 약자로 '넓을 광(広)'이라고 씁니다.

● **안 내(內)** 자는 속 내, 대궐 안 내, 처 내, 받을 납, 들일 납, 여관 나 등 세 가지 발음(내, 납, 나)으로 읽으며, 뜻은 '안, 속, 내외(內外: 안과 밖, 남편과 아내), 내용(內容: 사물의 속내)'입니다. 여기서는 '광내(廣內)'를 '나라의 비서(秘書: 중요한 문서, 서적 등)를 두는 곳, 궁전 안에 있는 시설물(건물)의 명칭'을 말한 것으로, '광내전'으로 풀이합니다.

◎ **우통광내(右通廣內)**란 '궁전의 오른편으로는 광내로 통하니 광내는 나라의 비서(중요한 문서, 서적 등)를 두는 곳이다' 등으로 풀이하며, 광내는 광내전(廣內殿)으로 한(漢)나라 때 서적을 다루는 장서각(藏書閣: 궁중도서관)으로 궁전 안에 있는 시설물, 건물을 말한 것입니다.

천자문 千字文

[59의 2단] 왼 좌(左) 통달할 달(達) 이을 승(承) 밝을 명(明)

좌(左)　달(達)　승(承)　명(明)
①　　④　　②　　③
(궁전의) 왼쪽으로는 승명려로 통한다.

- **왼 좌**(左) 자는 도울 좌, 심술궂을 좌 등으로 읽으며, 뜻은 '왼쪽, 좌측(左側: 왼쪽, 옆)'입니다. 여기서는 '왼쪽'으로 풀이합니다.

- **통달할 달**(達) 자는 이를 달, 보낼 달, 나타날 달 등으로 읽으며, 뜻은 '통달하다(막힘이 없이 환히 통함), 깨닫다, 이루다, 달성(達成: 성공에 이룸, 목적을 이룸), 잘하다'입니다. 여기서는 '통한다'로 풀이하여 좌달(左達)을 '왼쪽으로 ~통한다'로 풀이합니다.

- **이을 승**(承) 자는 받들 승 등으로 읽으며, 뜻은 '잇다, 승계(承繼: 뒤를 이어받음), 받아들이다, 승인(承認: 뜻을 받아들여 인정함), 승낙(承諾: 청하는 바를 들어줌)' 등에 쓰는 글자입니다.

- **밝을 명**(明) 자는 분명할 명, 총명할 명, 낮 명 등으로 읽으며, 뜻은 '밝다, 명월(明月: 밝은 달), 명랑(明朗: 유쾌하고 활발함)'입니다. 여기서는 승명(承明)을 '사기(史記: 역사책)를 교열(校閱: 교정하여 검열함)하는 곳, 궁전 안에 있는 시설물, 건물의 명칭(이름)'을 말한 것으로, '승명, 승명려'로 풀이합니다.

◎ **좌달승명**(左達承明)이란 '궁전의 왼편은 승명려에 달한다' 등으로 풀이하며, 신하들은 우측에 있는 시설물인 광내전에서는 서적을 쌓아 놓고, 좌측에 있는 승명려에서는 그 책을 하나하나 가지고 와서 열람하였다는 내용으로, 궁전 안에 있는 시설물, 건물을 말한 것입니다.

(문장 59) 우통광내(右通廣內)~**좌달승명**(左達承明):
궁전의 오른쪽으로는 광내전으로 통하고, 왼쪽으로는 승명려에 통한다.

60. 기집분전(旣集墳典)~역취군영(亦聚群英)

[60의 1단] **이미 기(旣) 모을 집(集) 무덤 분(墳) 법 전(典)**
기(旣) 집(集) 분(墳) 전(典)
①   ④   ②   ③
이미 분과 전의 옛 서적을 모아 놓았고
(삼황의 글은 삼분이고 오제의 글은 오전이다.)

● **이미 기(旣)** 자는 다할 기, 끝날 기 등으로 읽으며, 뜻은 '이미(벌써, 앞서), 기결(旣決: 이미 된 결정), 기혼(旣婚: 이미 혼인을 하였음)'입니다. 여기서는 '이미'로 풀이합니다.

● **모을 집(集)** 자는 문집 집 등으로 읽으며, 뜻은 '모으다, 모집(募集: 모음)'입니다. 여기서는 '모으다'로 풀이하여 기집(旣集)을 '이미 ~를 모아 놓았고'로 풀이합니다.

● **무덤 분(墳)** 자는 봉분 분 등으로 읽으며, 뜻은 '봉분, 무덤, 고분(古墳: 고대의 무덤), 봉분(封墳: 흙을 쌓아 올려 만든 무덤)'입니다.

● **법 전(典)** 자는 책 전 등으로 읽으며, 뜻은 '법, 책'입니다. 여기서는 '책 전'으로 풀이하여 분전(墳典)을 '고분(고대의 무덤)에서 나온 옛 서적으로 상황의 글은 삼분(三墳)이고 오제의 글은 오전(五典)'으로 풀이합니다.

◎ **기집분전(旣集墳典)**이란 '이미 분과 전을 모아 놓았으니 삼황의 글은 삼분이고, 오제의 글은 오전이다' 등으로 풀이하며, 옛날 중국에는 전설적인 제왕으로 삼황오제(三皇五帝)가 있었다고 합니다. 삼황(三皇)은 복희씨, 신농씨, 여와씨, 여신인 여와씨 대신 수인씨, 축융씨 또 천황(天皇: 복희씨), 지황(地皇: 신농씨), 인황(人皇: 황제: 黃帝) 또 소호씨로 기록이 일정하지 않으며, 오제(五帝)는 황제(黃帝), 전욱, 제곡, 요, 순 또 소호씨, 전욱, 제곡, 요, 순 등 책에 따라 또 다른 삼황오제에 대한 기록이 있으니 참고하기 바랍니다.

역(亦)　취(聚)　군(群)　영(英)
　①　　　④　　　②　　　③
또한 많은 영재(재주가 뛰어난 사람)들을 불러 모았다.

- **또 역(亦)** 자는 또한 역, 모두 역 등으로 읽으며, 뜻은 '또, 또한, 역시(亦是: 또한)'입니다. 여기서는 '또한'으로 풀이합니다.

- **모을 취(聚)** 자는 쌓을 취, 많을 취 등으로 읽으며, 뜻은 '모으다, 모이다, 취산(聚散: 모이고 흩어짐), 마을, 취락(聚落: 마을, 부락)'입니다. 여기서는 '모았다'로 풀이하여 역취(亦聚)를 '또한 모았다' 등으로 풀이합니다.

- **무리 군(群)** 자는 많은 군, 떼 군, 모을 군 등으로 읽으며, 뜻은 '무리, 떼, 많다, 군중(群衆: 많이 모인 사람)'입니다. 여기서는 '많다'로 풀이합니다.

- **꽃부리 영(英)** 자는 영웅 영, 아름다울 영 등으로 읽으며, 뜻은 '꽃부리(꽃의 가장 아름다운 부분), 영웅(英雄: 재능과 담력이 뛰어난 사람), 영재(英才: 뛰어난 재주를 가진 사람)'입니다. 여기서는 '영웅, 영재'로 풀이하여 군영(群英)을 '많은 영웅, 영재'로 풀이합니다.

◎ **역취군영(亦聚群英)**이란 '또한 여러 영웅 등을 불러 모으니' 등으로 풀이하며, 이 구절은 나라의 훌륭한 인재(人材, 人才: 학식과 재주가 뛰어난 사람)들을 양성하는 교육 시설이 정비(整備: 정돈하여 바로잡음)되었음을 말한 것이라고 합니다.

(문장 60) 기집분전(旣集墳典)~역취군영(亦聚群英):
이미 분과 전의 옛 서적을 모아 놓았고, 삼황의 글은 삼분이고 오제의 글은 오전이다. 또한 많은 영재, 재주가 뛰어난 사람들을 불러 모았다.

61. 두고종례(杜槀鐘隷)~칠서벽경(漆書壁經)

- **막을 두(杜)** 자는 아가위 두 등으로 읽으며, 뜻은 '막다, 두절(杜絶: 교통, 통신 등이 막힘)'입니다. 여기서는 '두조(杜操)'라는 사람을 말합니다.

- **볏짚 고(槀)** 자는 사초 고, 원고 고 등으로 읽으며, 뜻은 '볏짚, 고초(槀草), 원고(原稿: 인쇄하기 위해 초벌로 쓴 글)'입니다. 여기서는 볏짚 고(槀) 자를 볏짚이 흩어져 있는 모습과 비슷한 붓글씨체인 '초서(草書)'로 풀이하여 두고(杜稿)를 '붓글씨를 잘 쓴 두조(杜操)의 초서'로 풀이합니다.

- **쇠북 종(鐘)** 자는 술잔 종, 음률이름 종, 거문고 종 등으로 읽으며, 뜻은 '쇠북(종의 옛말), 술잔, 보시기, 모으다'입니다. 여기서는 '붓글씨를 잘 쓴 종요(鐘鷂)라는 사람'을 말합니다. 술잔 종(鍾) 자로 표기된 책도 있습니다. 쇠북 종(鐘) 자가 또 있습니다.

- **글씨 례(隷)** 자는 종례 등으로 읽으며, 뜻은 '종, 노예, 예서(隷書: 한자 서체의 한 가지, 전서의 번잡함을 간략하게 고친 서체)'입니다. 여기서는 '예서'로 풀이하여 종례(鐘隷)를 '종요의 예서'로 풀이합니다.

◎ **두고종례(杜槀鐘隷)**란 '명필인 두조의 초서와 종요의 예서도 비치해 두었고' 등으로 풀이하며, 초서를 처음으로 쓴 두조의 글과 예서를 쓴 종요의 글도 궁전 안에 비치(備置: 갖추어 마련해 둠)해 두었다는 것을 말한 것입니다.

※ 글씨 례(隷) 자는 두음법칙에 의하면 앞에 있으면 '예', 뒤에 있으면 '례'로 읽고 씁니다. 예서(隷書), 종례(鐘隷) 등.

칠(漆) 서(書) 벽(壁) 경(經)
①   ②   ③   ④
(글로는) 옻칠한 (죽간의) 글과 벽 속에서 나온 글(경서)도 비치해 두었다.

● **옻 칠(漆)** 자는 캄캄할 칠 등으로 읽으며, 뜻은 '옻(옻나무 진), 검다, 칠판(漆板: 분필로 쓰는 검게 칠한 칠판), 어둡다, 칠야(漆夜: 캄캄한 밤)'입니다. 여기서는 '옻 칠한 ~'으로 풀이합니다.

● **글 서(書)** 자는 쓸 서, 서적 서, 글씨 서 등으로 읽으며, 뜻은 '글, 책, 서적(書籍: 책)'입니다. 여기서는 '글'로 풀이하여 칠서(漆書)를 '종이가 없던 옛날에 대쪽에 글자를 쓰고 옻칠한 글자, 즉 죽간(竹簡: 글씨를 기록하던 대나무 조각 등)의 글'로 풀이합니다.

● **벽 벽(壁)** 자는 바람 벽 등으로 읽으며, 뜻은 '바람 벽, 벽보(壁報: 벽에 쓰거나 붙여 여러 사람에게 알리는 글), 벽화(壁畫: 벽에 그린 그림)'입니다. 여기서는 '벽 속'으로 풀이합니다.

● **글 경(經)** 자는 경서 경 등으로 읽으며, 뜻은 '경서(經書: 사서오경 등 유교의 가르침을 쓴 서적), 다스리다'입니다. 여기서는 '경서'로 풀이하여 벽경(壁經)을 '벽 속에서 나온 글(경서)'로 풀이합니다. 경서 경(經) 자로 표기된 책도 있습니다. 약자로 '경서 경(経)'이라고 씁니다.

◎ **칠서벽경(漆書壁經)**이란 '한(漢)나라의 공왕이 공자의 사당을 수리할 때 옻으로 쓴 서적을 벽 속에서 얻은 고로 벽경이라고 한다' 등으로 풀이하며, 궁궐 안에 진귀한 서적들을 많이 모아 비치해 두었다는 것을 말한 것입니다.

(문장 61) 두고종례(杜藁鐘隷)~칠서벽경(漆書壁經):
궁전 안에 글씨로는 두조의 초서와 종요의 예서도 비치해 두었고, 글로는 옻칠한 죽간의 글과 벽 속에서 나온 글, 경서도 비치해 두었다.

62. 부라장상(府羅將相)~노협괴경(路夾槐卿)

> **[62의 1단] 마을 부(府) 벌일 라(羅) 장수 장(將) 서로 상(相)**
>
> 부(府)　라(羅)　장(將)　상(相)
> ①　　④　　②　　③
> 관부(관청)에는 장수와 정승들이 늘어서 있고

● **마을 부(府)** 자는 곳집 부, 고을 부, 서울 부 등으로 읽으며, 뜻은 '마을, 관청, 고을, 행정부(行政府: 행정을 맡아 보는 국가 기관)'입니다. 여기서는 '관부(정치를 하는 곳)'로 풀이합니다.

● **벌일 라(羅)** 자는 새그물 라, 지남철 라 등으로 읽으며, 뜻은 '벌이다, 나열(羅列: 죽 늘어섬)'입니다. 여기서는 '벌이다(늘어서다)'로 풀이하여 부라(府羅)를 '관부(관청)에서는 ~ 늘어서 있고'로 풀이합니다.

● **장수 장(將)** 자는 거느릴 장, 대장 장, 장차 장 등으로 읽으며, 뜻은 '장수(將帥: 전군을 거느리는 우두머리), 장군(將軍: 군을 통솔하고 지휘하는 사람), 장성(將星: 장군의 별칭), 장차, 장래(將來: 장차 닥쳐올 앞날)'입니다. 여기서는 '장수'로 풀이합니다.

● **서로 상(相)** 자는 바탕 상, 도울 상, 정승 상 등으로 읽으며, 뜻은 '서로 상대(相對: 서로 마주 대함), 모습, 모양, 진상(眞相: 사물의 참된 모습), 재상(宰相: 2품 이상의 벼슬)'입니다. 여기서는 '정승 상'으로 풀이하여 장상(將相)을 '장수와 정승(문무백관, 대신)'으로 풀이합니다.

◎ **부라장상(府羅將相)**이란 '관청에는 장수와 재상(문무백관)이 늘어서 있고, 마을(관부) 좌우에는 장수와 정승이 벌려 있느니라' 등으로 풀이하며, 관청에는 장수와 정승이 늘어서 있다는 내용입니다.

※ 벌일 라(羅) 자는 두음법칙에 의하면 앞에 있으면 '나', 뒤에 있으면 '라'로 읽고 씁니다. 나열(羅列), 부라(府羅) 등.

노(路) 협(夾) 괴(槐) 경(卿)
①   ②   ③   ④
큰길을 끼고는 대신(삼공과 구경)들의 집이 늘어서 있다.

● **길 로(路)** 자는 중요할 로 등으로 읽으며, 뜻은 '길, 도로(道路: 사람이나 차가 다니는 길)'입니다. 여기서는 '큰길'로 풀이합니다.

● **낄 협(夾)** 자는 곁 협 등으로 읽으며, 뜻은 '끼다, 협공(夾功: 양쪽에서 끼고 들이침)'입니다. 여기서는 '끼고'로 풀이하여 노협(路夾)을 '큰길을 끼고는' 등으로 풀이합니다.

● **회화나무 괴(槐)** 자는 느티나무 괴, 삼공 괴, 괴화 괴 등으로 읽으며, 뜻은 '회화나무, 느티나무'입니다. 여기서는 '삼공 괴'로 풀이하여 '삼공을 뜻하는 회화나무(느티나무)와 구경을 뜻하는 가시나무' 등으로 풀이합니다. 삼공과 구경은 '벼슬이 높은 세 정승과 아홉 대신'을 말하는 것입니다.

● **벼슬 경(卿)** 자는 귀경 경 등으로 읽으며, 뜻은 '벼슬'입니다. 여기서는 '벼슬이 높은 삼공과 구경, 대신'으로 풀이하여 괴경(槐卿)을 '삼공과 구경이 늘어서 있다, 대신들의 집이 늘어서 있다' 등으로 풀이합니다.

◎ **노협괴경(路夾槐卿)**이란 '길 양옆으로는 삼공과 구경이 늘어서 있다, 길에 고관(高官: 지위가 높은 관리)인 삼공과 구경이 마차를 타고 궁전으로 들어가는 모습' 등으로 풀이하며, 이 구절은 도성(都城: 임금이나 황제가 있던 성, 서울을 말함)의 번성(繁盛: 한창 늘어서 잘됨)함을 말한 것이라고 합니다.

※ 길 로(路) 자는 두음법칙에 의하면 앞에 있으면 '노' 뒤에 있으면 '로'로 읽고 씁니다. 노협(路夾), 도로(道路) 등.

(문장 62) 부라장상(府羅將相)~노협괴경(路夾槐卿):
관부, 관청에는 장수와 정승들이 늘어서 있고 큰길을 끼고는 대신, 삼공과 구경들의 집이 늘어서 있다.

63. 호봉팔현(戶封八縣)~가급천병(家給千兵)

> **[63의 1단] 지게 호(戶) 봉할 봉(封) 여덟 팔(八) 고을 현(縣)**
>
> 호(戶) 봉(封) 팔(八) 현(縣)
> ③　　④　　①　　②
> (귀족이나 공신에게) 여덟 고을의 민호를 봉해 주었고

● **지게 호**(戶) 자는 백성의 집 호, 집의 출입구 호 등으로 읽으며, 뜻은 '지게, 문, 집, 민호(民戶: 국민의 집), 호별(戶別: 집집마다), 호적(戶籍: 한 집안의 가족 관계 및 가족의 성명, 생년월일 등을 기록한 관청의 장부)'입니다. 여기서는 '민호(국민의 집)'로 풀이합니다.

● **봉할 봉**(封) 자는 클 봉, 벼슬 봉할 봉, 부자 봉, 흙모을 봉 등으로 읽으며, 뜻은 '봉하다(열지 못하게 하다)'입니다. 여기서는 '벼슬 봉할 봉'으로 풀이하여 '왕이 공신(제후)들에게 땅을 떼어 주어서 나라를 세우게 하다, 봉하다'로 풀이하여 호봉(戶封)을 '민호(국민의 집)를 봉해 주었고'로 풀이합니다.

● **여덟 팔**(八) 자는 뜻은 '여덟, 팔경(八景: 경치가 좋은 여덟 곳), 팔방(八方: 동, 서, 남, 북, 동북, 동남, 서북, 서남 여덟 방위)'입니다. 여기서는 '여덟 팔(八)'로 풀이합니다.

● **고을 현**(縣) 자는 달 현, 매달릴 현 등으로 읽으며, 뜻은 '고을(행정구역의 하나), 매달다'입니다. 여기서는 '고을'로 풀이하여 팔현(八縣)을 '여덟 고을'로 풀이합니다. 약자로 '고을 현(県)'이라고 씁니다.

◎ **호봉팔현**(戶封八縣)이란 '한(漢)나라가 천하를 통일하고 여덟 고을 민호(民戶)를 주어 공신을 봉하였다' 등으로 풀이하며, 공신(功臣: 나라를 위하여 특별한 공을 세운 신하)들에게 여덟 고을을 식읍(食邑: 나라에서 공신에게 세금을 개인이 받아 쓰도록 내려 준 고을)으로 땅을 떼어 주어서 제후(諸侯: 봉건시대에 일정한 영토를 가지고 영내의 백성을 지배하던 작은 나라의 임금)로 봉하였다는 내용입니다.

가(家) 급(給) 천(千) 병(兵)
①　　④　　②　　③
그 가문(집)에는 천 명의 군사를 주어 지키게 하였다.

● **집 가(家)** 자는 가문 가, 일족 가, 남편 가 등으로 읽으며, 뜻은 '집, 가옥(家屋: 사람이 사는 집), 가문(家門: 집안과 문중), 가족(家族: 한 집안 사람)'입니다. 여기서는 '그 가문, 집'으로 풀이합니다.

● **줄 급(給)** 자는 넉넉할 급 등으로 읽으며, 뜻은 '주다, 급식(給食: 식사를 제공함), 배급(配給: 분배하여 나누어 줌)'입니다. 여기서는 '주다'로 풀이하여 가급(家給)을 '그 가문, 집에는 ~ 주었다' 등으로 풀이합니다.

● **일천 천(千)** 자는 천 번 천, 많을 천, 성(姓) 천 등으로 읽으며, 뜻은 '일천(백의 열 배의 수, 천), 천자문(千字文)'이라고 쓰는 글자입니다. 여기서는 '일천(1,000)'으로 풀이합니다. 하늘 천(天) 자와 구별해서 알아 두기 바랍니다. 참고 사항입니다.

● **군사 병(兵)** 자는 무기 병, 전쟁 병, 도적 병 등으로 읽으며, 뜻은 '군사(軍士: 군인, 병사), 군대(軍隊: 일정한 조직 편제를 가진 군인의 집단)'입니다. 여기서는 '군사'로 풀이하여 천병(千兵)을 '천 명의 군사, 병사'로 풀이합니다.

◎ **가급천병(家給千兵)**이란 '제후 나라에 일천 군사를 주어 그 집을 호위(護衛: 보호하여 지킴)시켰다' 등으로 풀이하며, 공신들에게 대우(待遇: 신분에 맞게 대접함)를 잘해 주었다는 것을 말한 것입니다.

(문장 63) 호봉팔현(戶封八縣)~가급천병(家給千兵):
귀족이나 공신에게 여덟 고을의 민호를 봉해 주었고, 그 가문, 집에는 천 명의 군사를 주어 지키게 하였다.

64. 고관배련(高冠陪輦)~구곡진영(驅轂振纓)

고(高) 관(冠) 배(陪) 련(輦)
① ② ④ ③
높은 갓(관)을 쓴 대신들이 임금의 연(수레)을 모시고

● **높을 고(高)** 자는 멀 고, 성(姓) 고, 비쌀 고 등으로 읽으며, 뜻은 '높다, 비싸다, 고급(高級: 높은 등급이나 계급), 매우, 고속(高速: 매우 빠름), 최고(最高: 가장 높음), 고등학교(高等學校)'라고 쓰는 글자입니다. 여기서는 '높다'라고 풀이합니다. 속자로 '높을 고(髙)'라고 씁니다.

● **갓 관(冠)** 자는 새 볏 관, 갓 쓸 관 등으로 읽으며, 뜻은 '갓(옛날에 말총으로 만들어 머리 위에 모자처럼 쓰던 의관의 하나), 관(冠: 망건 위에 모자처럼 쓰는 것)'입니다. 여기서 고관(高冠)은 '높은 갓'을 뜻하는데, 고관대작(高官: 지위가 높은 관리)들이 머리에 쓰고 다녔으므로 '높은 갓을 쓴 대신'들로 풀이합니다.

● **모실 배(陪)** 자는 따를 배, 더할 배 등으로 읽으며, 뜻은 '따르다(남의 뒤를 좇다), 모시다, 배석(陪席: 어른을 따라 자리를 같이함), 배행(陪行: 윗사람을 모시고 감)'입니다. 여기서는 '모시고'로 풀이합니다.

● **연 련(輦)** 자는 손수레 연 등으로 읽으며, 뜻은 '연(輦: 임금이 타는 수레)'입니다. 여기서는 '임금의 연(수레)'으로 풀이하여 배련(陪輦)을 '임금의 연, 수레를 모시고 따르면서 모시고'로 풀이합니다.

◎ **고관배련(高冠陪輦)**이란 '높은 갓을 쓴 고관대작들이 임금의 연을 모시고' 등으로 풀이하며, 높은 관을 쓴 대신들이 임금이 타는 수레인 연을 따르면서 모시었다는 내용입니다.

※ 연 련(輦) 자는 두음법칙에 의하면 앞에 있으면 '연', 뒤에 있으면 '련'으로 읽고 씁니다. 연(輦: 임금이 타는 수레), 배련(陪輦) 등.

구(驅) 곡(轂) 진(振) 영(纓)
②   ①   ④   ③
수레를 몰아감에 (대신들의) 갓끈이 흔들려 위엄을 더해 주었다.

- **몰 구(驅)** 자는 쫓아 보낼 구, 앞잡이 구 등으로 읽으며, 뜻은 '몰다(차, 자전거 따위를 타고 운전하다, 짐승 따위를 몰다 등), 쫓다, 달리다, 구보(驅步: 달음질로 걸음, 달림)'입니다. 여기서는 '몰다'로 풀이합니다.

- **바퀴 곡(轂)** 자는 속바퀴 곡 등으로 읽으며, 뜻은 '바퀴, 수레'입니다. 여기서는 '수레'로 풀이하여 구곡(驅轂)을 '수레를 몰아감'으로 풀이합니다.

- **떨칠 진(振)** 자는 움직일 진, 진동할 진, 그칠 진 등으로 읽으며, 뜻은 '떨치다(위세나 명성 따위가 널리 퍼지다 등), 진흥(振興: 떨치어 일으킴), 흔들리다, 진동(振動: 흔들리어 움직임)'입니다. 여기서는 '떨치다, 흔들리다' 등으로 풀이합니다.

- **갓끈 영(纓)** 자는 얽힐 영 등으로 읽으며, 뜻은 '갓끈, 관 끈(모자 같은 것을 묶은 끈), 영관(纓冠: 관 끈을 맴, 관을 씀)'입니다. 여기서는 '갓끈(모자 같은 것을 묶은 끈)'으로 풀이하여 진영(振纓)을 '갓끈이 흔들려 위엄을 더해 주었다' 등으로 풀이합니다.

◎ **구곡진영**(驅轂振纓)이란 '수레를 몰 때마다 갓끈이 떨치니 임금 출행에 제후의 위엄이 있다' 등으로 풀이하며, 수레를 몰아감에 높은 갓(관)을 쓴 대신들의 갓끈(관끈)은 화려하게 흔들려 위엄(威嚴: 의젓하고 엄숙함)을 더해 주었다는 내용입니다.

(문장 64) 고관배련(高冠陪輦)~구곡진영(驅轂振纓):
높은 갓, 관을 쓴 대신들이 임금의 연, 수레를 모시고 수레를 몰아감에 대신들의 갓끈이 흔들려 위엄을 더해 주었다.

65. 세록치부(世祿侈富)~거가비경(車駕肥輕)

[65의 1단] 인간 세(世) 녹봉 록(祿) 사치 치(侈) 부자 부(富)

세(世)　록(祿)　치(侈)　부(富)
　①　　　②　　　③　　　④
(공신들은) 대대로 녹봉을 받아 사치와 부귀를 누리고

- **인간 세(世)** 자는 세상 세, 일평생 세, 대대(代代) 세 등으로 읽으며, 뜻은 '인간, 세상(世上: 사람이 살고 있는 온 누리, 사회 등), 세계(世界: 우주, 온 인류사회)'입니다. 여기서는 '인간 세(世)' 자를 '대대세'로 풀이하여 '대대로(代代로: 여러 대를 이어 가는 한 집안의 계통)'로 풀이합니다.

- **녹봉 록(祿)** 자는 녹 록, 착할 록, 복 록 등으로 읽으며, 뜻은 '녹(祿: 봉급), 녹봉(祿俸: 옛날에 벼슬아치에게 주던 봉급)'입니다. 여기서는 '녹(봉급), 녹봉'으로 풀이하여 세록(世祿)을 '대대로 녹(녹봉)을 받아' 등으로 풀이합니다.

- **사치 치(侈)** 자는 넓을 치, 많을 치, 풍부할 치, 사치할 치 등으로 읽으며, 뜻은 '사치하다(奢侈: 지나치게 향락적인 소비를 하다)'입니다. 여기서는 '사치'로 풀이합니다.

- **부자 부(富)** 자는 넉넉할 부 등으로 읽으며, 뜻은 '부자(富者: 재산이 넉넉한 사람), 부귀(富貴: 재산이 많고 지위가 높음), 부강(富强: 나라가 부유하고 강함), 부유(富裕: 재산이 넉넉함)'입니다. 여기서는 '부귀'로 풀이하여 치부(侈富)를 '사치와 부귀'로 풀이합니다. 속자로 '부자 부(冨)'라고 씁니다.

◎ **세록치부(世祿侈富)**란 '공신에게 대대로 내리는 녹봉은 사치스럽고도 풍부했으며' 등으로 풀이하며, 공신들은 대대로 우대(優待: 특별히 잘 대우함)를 받으며, 부(富: 재물)를 축적(蓄積: 많이 모아 쌓아 둠)했다는 내용입니다.

※ 녹봉 록(祿) 자는 두음법칙에 의하면 앞에 있으면 '녹', 뒤에 있으면 '록'으로 읽고 씁니다. 녹봉(祿俸), 세록(世祿) 등.

거(車) 가(駕) 비(肥) 경(輕)
①   ②   ③   ④
(공신들의) 수레의 말은 살찌고 가볍게 움직인다.

- **수레 거(車)** 자는 바퀴 거, 그물 거, 성(姓) 차 등 두 가지 발음(거와 차)으로 읽으며, 뜻은 '수레(바퀴를 달아 굴러가게 만든 제구), 거마(車馬: 수레와 말, 탈 것의 총칭), 정거장(停車場)', '자전거(自轉車)' 또는 '수레'라고 할 때는 '거'로 읽고, '자동차(自動車)', '차주(車主: 차의 주인)'라고 할 때는 '차'로 읽습니다. 여기서는 '수레'를 말하기 때문에 '거'로 읽고 '수레'로 풀이합니다.

- **멍에 가(駕)** 자는 임금수레 가 등으로 읽으며, 뜻은 '임금이 타는 수레' 또는 '가마', '멍에'는 '수레나 쟁기를 끌게 하기 위하여 마소(말과 소)의 목에 얹는 '∧' 모양의 나무'를 말하는데, 여기서는 '말(동물)'로 풀이하여 거가(車駕)를 '수레의 말'로 풀이합니다.

- **살찔 비(肥)** 자는 거름 비 등으로 읽으며, 뜻은 '살찌다, 기름지다, 비만(肥滿: 몸에 기름기가 많아 뚱뚱하다), 비대(肥大: 살찌고 몸집이 큼), 비옥(肥沃: 땅이 걸고 기름짐), 거름, 비료(肥料: 식물의 성장을 위해 땅에 주는 거름)'입니다. 여기서는 '살찌다'로 풀이합니다.

- **가벼울 경(輕)** 자는 빠를 경 등으로 읽으며, 뜻은 '가볍다, 경솔하다(輕率: 행동이 가볍고 진중하지 아니함)'입니다. 여기서는 '가볍다'로 풀이하여 비경(肥輕)을 '살찌고 가볍게 움직인다'로 풀이합니다. 약자로 '가벼울 경(軽)'이라고 씁니다.

◎ **거가비경(車駕肥輕)**이란 '공신들의 수레의 말은 살이 쪘으나 달리는 것은 가볍다' 등으로 풀이하며, 튼튼하게 살이 찐 공신들의 말들이 수레를 잘 끌어 수레는 가볍게 잘 굴러간다는 것을 말한 것입니다.

(문장 65) 세록치부(世祿侈富)~거가비경(車駕肥輕):
공신들은 대대로 녹봉을 받아 사치와 부귀를 누리고, 공신들의 수레의 말은 살찌고 가볍게 움직인다.

66. 책공무실(策功茂實)~늑비각명(勒碑刻銘)

<table>
<tr><td colspan="4">[66의 1단] 꾀 책(策) 공 공(功) 성할 무(茂) 열매 실(實)</td></tr>
<tr><td>책(策)</td><td>공(功)</td><td>무(茂)</td><td>실(實)</td></tr>
<tr><td>②</td><td>①</td><td>③</td><td>④</td></tr>
<tr><td colspan="4">(공신들의) 공적을 기록한 것이 무성하고 충실하니</td></tr>
</table>

● **꾀 책(策)** 자는 책 책, 채찍 책 등으로 읽으며, 뜻은 '꾀(일을 잘 해결하거나 꾸며 내는 묘한 생각), 계책(計策: 어떤 일을 이루기 위하여 꾀나 방법을 생각해 냄), 책정(策定: 일을 계획하여 결정함)'입니다. 여기서는 '꾀함, 책정함, 기록함' 등으로 풀이합니다.

● **공 공(功)** 자는 일할 공, 사업의 공로 공 등으로 읽으며, 뜻은 '공(功: 일에 힘쓴 공적), 공적(功績: 쌓은 공로, 수고한 실적)'입니다. 여기서는 '공, 공적'으로 풀이하여 책공(策功)을 '공을 꾀함, 공적을 책정해 기록함' 등으로 풀이합니다.

● **성할 무(茂)** 자는 무성할 무, 우거질 무 등으로 읽으며, 뜻은 '무성하다(茂盛: 나무가 잘 자람, 초목이 우거짐), 힘쓰다, 무학(茂學: 학문에 힘씀), 뛰어나다'입니다. 여기서는 '무성하다'로 풀이합니다.

● **열매 실(實)** 자는 넉넉할 실, 성실할 실, 충실할 실, 사실 실 등으로 읽으며, 뜻은 '열매, 실과(實果: 먹는 열매의 총칭), 실적(實績: 실제로 이룬 업적이나 공적), 충실(充實: 성실하고 참됨)'입니다. 여기서는 '충실'로 풀이하여 무실(茂實)을 '무성하고 충실하니'로 풀이합니다. 약자로 '열매 실(実)'이라고 씁니다.

◎ **책공무실(策功茂實)**이란 '공이 꾀함이 무성하고 충실하니, 공훈을 책정해 실적을 성대히 대하고' 등으로 풀이하며, 공적이 있는 사람을 가려 등급을 나누고 벼슬을 내리는 데 초목이 무성하듯 성대히(盛大: 크고 훌륭함) 대해 준다는 것을 말한 것입니다.

[66의 2단] 굴레 륵(勒) 비석 비(碑) 새길 각(刻) 새길 명(銘)

늑(勒) 비(碑) 각(刻) 명(銘)
② ① ④ ③

(공신들의 공적을) 비석에 새기고 글을 지어 돌에 새겼다.

● **굴레 륵(勒)** 자는 억지로 할 륵, 새길 륵, 말고삐 륵 등으로 읽으며, 뜻은 '말고삐, 강제로 하다, 늑매(勒買: 강제로 물건을 사게 함), 새기다, 늑명(勒銘: 비석 따위에 새긴 글자), 미륵(彌勒: 돌로 새겨 만든 미륵보살, 돌부처)'입니다. 여기서는 '새길 륵'으로 풀이하여 '새기다'로 풀이합니다.

● **비석 비(碑)** 자는 비 비 등으로 읽으며, 뜻은 '비, 비석(碑石: 글자를 새겨서 세운 돌)'입니다. 여기서는 비석으로 풀이하여 늑비(勒碑)를 '공신들의 공적을 비석에 새기고'로 풀이합니다.

● **새길 각(刻)** 자는 긁을 각 등으로 읽으며, 뜻은 '새기다, 각인(刻印: 도장을 새김), 모질다, 조각(彫刻: 글씨, 그림 등을 돌, 나무 따위에 새김)'입니다. 여기서는 '돌에 새겼다'로 풀이합니다.

● **새길 명(銘)** 자는 기록할 명 등으로 읽으며, 뜻은 '새기다, 새긴 글, 명각(銘刻: 금속, 쇠붙이나 돌에 문자를 새김)'입니다. 여기서는 '명각(돌에 문자를 새김)'으로 풀이하여 각명(刻銘)을 '글을 지어 돌에 새겼다'로 풀이합니다.

◎ **늑비각명**(勒碑刻銘)이란 '비석을 만들어 그 공적을 비명(碑銘: 비의 면, 빗돌의 거죽)에다 새긴다' 등으로 풀이하며, 비석에 그 이름을 새겨 공을 찬미하여 후세에 전하였다는 내용입니다.

※ 굴레 륵(勒) 자는 두음법칙에 의하면 앞에 있으면 '늑', 뒤에 있으면 '륵'으로 읽고 씁니다. 늑비(勒碑), 미륵(彌勒) 등.

(문장 66) 책공무실(策功茂實)~**늑비각명**(勒碑刻銘)**:**
공신들의 공적을 기록한 것이 무성하고 충실하니, 공신들의 공적을 비석에 새기고 글을 지어 돌에 새겼다.

149

67. 반계이윤(磻溪伊尹)~좌시아형(佐時阿衡)

[67의 1단] 돌 반(磻) 시내 계(溪) 저 이(伊) 다스릴 윤(尹)

반(磻) 계(溪) 이(伊) 윤(尹)
①   ②   ③   ④
반계(강태공)와 이윤이

- 돌 반(磻) 자는 반계 반 등으로 읽으며, 뜻은 '반계(磻溪)'입니다. 반계는 중국 성 서성(산시성) 동남쪽으로 흘러 위수강으로 흘러 들어가는 작은 강의 이름입니다.

- 시내 계(溪) 자는 뜻은 시내(조그만 내, 개천), 계곡(溪谷: 물이 흐르는 산골짜기) 등 인데, 이 문장에서 반계(磻溪)는 '중국 주(周)나라 초기의 정치가이자 공신인 강 태공(姜太公), 여상(呂尙)'을 가리킵니다. 그 이유는 강태공이 벼슬을 하기 전에 혼란스러운 세상을 피해 '반계'에서 미끼도 없이 곧은 바늘로 세월을 낚는 일을 벗 삼아 하고 있었는데, 주나라 문왕이 찾아와 처음 만난 곳이 '반계'라 그렇게 표현한 것 같습니다. 그 후 강태공은 문왕과 그 후계자인 무왕을 도와 주(周)나 라를 건국(建國: 나라를 세움)한 일등 공신으로 제(齊)나라의 제후로 봉함을 받 아 그 시조가 된 사람입니다. 여기서는 반계(磻溪)를 '강태공'으로 풀이합니다.

- 저 이(伊) 자는 이 이, 오직 이, 다만 이 등으로 읽으며, 뜻은 '저, 이, 이시(伊 時: 그때), 나라 이름, 이태리(伊太利)' 등에 쓰는 글자입니다.

- 다스릴 윤(尹) 자는 바를 윤, 벼슬이름 윤, 믿을 윤 등으로 읽으며, 뜻은 '벼슬, 다스리다, 맏이' 등인데, 여기서는 이윤(伊尹)을 '중국 상(은)나라의 전설적인 인물로 은나라의 탕 임금을 도와 하(夏)나라의 걸왕을 멸망시키고 탕 임금을 천하의 왕이 되게 한 은나라의 어진 재상의 이름'을 말하는 것으로, '이윤'으로 풀이합니다.

◎ 반계이윤(磻溪伊尹)이란 '주나라 문왕은 반계에서 '강태공'을 은나라 탕왕은 신 야에서 이윤을 맞이했다' 등으로 풀이하며, 강태공과 이윤 두 사람을 말하는 것입니다.

좌(佐) 시(時) 아(阿) 형(衡)
②   ①   ③   ④
시국을 도운 아형이다. 아형은 상(은)나라 재상의 칭호임.

● **도울 좌**(佐) 자는 보좌관 좌 등으로 읽으며, 뜻은 '돕다, 보좌(補佐: 높은 사람을 도움)'입니다. 여기서는 '돕다'로 풀이합니다.

● **때 시**(時) 자는 끼니 시 등으로 읽으며, 뜻은 '때(시간상의 일정한 부분), 시국(時局: 현재 당면한 국내 및 국제적 정세), 철(자연현상에 따라 1년을 구분한 것 등)'입니다. 여기서는 '시국'으로 풀이하여 좌시(佐時)를 '시국을 도운' 등으로 풀이합니다.

● **언덕 아**(阿) 자는 아첨할 아, 벼슬이름 아, 누구 옥 등 두 가지 발음(아와 옥)으로 읽으며, 뜻은 '언덕, 아구(阿丘: 한쪽이 높은 언덕), 아첨하다, 아부(阿附: 아첨하고 좇음)'입니다. 여기서는 '벼슬이름 아'로 풀이하여 '벼슬 이름'으로 풀이합니다.

● **저울대 형**(衡) 자는 벼슬이름 형 등으로 읽으며, 뜻은 '저울, 저울대, 균형(均衡: 한편으로 치우쳐서 기울어지지 않도록 고름' 등인데, 여기서는 '벼슬이름 형'으로 풀이하여 아형(阿衡)을 '상(은)나라 재상의 벼슬 이름인 아형'으로 풀이합니다.

◎ **좌시아형**(佐時阿衡)이란 '반계, 강태공은 주나라 문왕을 도왔고, 이윤은 은나라 탕왕을 보좌하여 아형이 되었다' 등으로 풀이하며, 강태공과 이윤 같은 훌륭한 신하들이 나라가 어려울 때에 임금을 도왔다는 역사 이야기입니다.

※ 상(商)나라는 도읍을 은허로 옮긴 후 은(殷)나라로 불립니다. 같은 나라입니다.

(문장 67) 반계이윤(磻溪伊尹)~좌시아형(佐時阿衡):
반계, 강태공과 이윤이 시국을 도운 아형이다. 아형은 상(은)나라 재상의 칭호이다.

68. 엄택곡부(奄宅曲阜)~미단숙영(微旦孰營)

[68의 1단] 문득 엄(奄) 집 택(宅) 굽을 곡(曲) 언덕 부(阜)
엄(奄)　택(宅)　곡(曲)　부(阜)
①　　④　　②　　③
(주공이 큰 공이 있으므로) 문득 곡부에 큰 저택을 지어 주었으니

● **문득 엄(奄)** 자는 가릴 엄, 그칠 엄, 매우 엄 등으로 읽으며, 뜻은 '문득(생각이나 느낌 같은 것이 갑자기 떠오르는 모양), 엄홀(奄忽: 문득, 갑자기)'입니다. 여기서는 '문득, 갑자기'로 풀이합니다.

● **집 택(宅)** 자는 자리 택 등으로 읽으며, 뜻은 '집, 주택(住宅: 사람이 사는 집), 댁내(宅內: 남의 집의 높임말)', '댁'으로 발음할 때는 우리나라에 한한 것으로 '새댁(새宅: 새로 시집온 색시), 시댁(媤宅: 시가의 존칭, 남편의 집안)' 등 '댁'으로 발음합니다. 여기서는 '저택(邸宅: 구조가 큰 집, 왕후의 집)'으로 풀이하여 엄택(奄宅)을 '문득 큰 저택(궁전)을 지어 주었으니' 등으로 풀이합니다.

● **굽을 곡(曲)** 자는 곡조 곡, 가락 곡 등으로 읽으며, 뜻은 '굽다, 곡선(曲線: 부드럽게 굽은 줄), 가락, 곡조(曲調: 음악의 가락), 재주, 곡예(曲藝: 연예의 한 가지, 줄타기, 곡마 등의 재주)' 등에 쓰는 글자입니다.

● **언덕 부(阜)** 자는 클 부, 많을 부, 땅이름 부 등으로 읽으며, 뜻은 '언덕, 부릉(阜陵: 약간 높은 언덕), 성하다'입니다. 여기서는 '땅이름 부'로 풀이하여 곡부(曲阜)를 '중국 노(魯)나라의 땅 이름인 곡부'로 풀이합니다.

◎ **엄택곡부(奄宅曲阜)**란 '주(周)나라의 주공(周公)에게 큰 공이 있어 노(魯)나라에 봉(封)한 후 곡부에다 큰 궁전을 세웠으니' 등으로 풀이하며, 곡부는 땅 이름으로 주공이 제후로 봉해진(여기서는 '봉해진'은 '왕이 제후에게 땅을 떼어 주어서 나라를 세우게 하다'를 말함) 노나라 지역으로 주공이 도읍(서울)을 곡부에 정하였다는 내용입니다.

미(微) 단(旦) 숙(孰) 영(營)
②   ①   ③   ④
단(주공)이 아니면 누가 경영하리오(다스리겠는가).

● **작을 미(微)** 자는 가늘 미, 없을 미, 아닐 미, 몰래 미 등으로 읽으며, 뜻은 '작다, 미침(微忱: 작은 정성), 자세하다, 미묘(微妙: 자세하고 묘함), 몰래 하다' 등인데, 여기서는 '아닐 미'로 풀이하여 '아니면'으로 풀이합니다.

● **아침 단(旦)** 자는 새벽 단, 일찍 단 등으로 읽으며, 뜻은 '아침, 원단(元旦: 설날 아침)'입니다. 여기서는 '단(旦)'을 '아침이 아니라 주(周)나라를 세운 문왕의 넷째 아들'이며, 무왕의 동생인 주공(周公)의 이름이 '단(旦)'이라고 합니다. 그래서 미단(微旦)을 '단(주공)이 아니면'으로 풀이합니다.

● **누구 숙(孰)** 자는 어느 숙, 익을 숙 등으로 읽으며, 뜻은 '누구, 어느, 무엇' 등인데, 여기서는 '누가'로 풀이합니다.

● **경영할 영(營)** 자는 다스릴 영, 별이름 형 등 두 가지 발음(영과 형)으로 읽으며, 뜻은 '경영하다(經營: 계획을 세워 운영하여 나감), 다스리다'입니다. 여기서는 '경영하다, 다스리다'로 풀이하여 숙영(孰營)을 '누가 경영하리오(다스리겠는가)' 등으로 풀이합니다. 약자로 '경영할 영(営)'이라고 씁니다.

◎ **미단숙영(微旦孰營)**이란 '단 주공이 아니고는 누가 다스리겠는가' 등으로 풀이하며, 이 구절은 나라를 세우는 데 큰 공을 세운 주나라 주공의 큰 업적을 기리는 말이라고 합니다.

(문장 68) 엄택곡부(奄宅曲阜)~미단숙영(微旦孰營):
주공이 큰 공이 있으므로 문득 곡부에 큰 저택을 지어 주었으니 단, 주공이 아니면 누가 경영하리오, 다스리겠는가.

69. 환공광합(桓公匡合)~제약부경(濟弱扶傾)

[69의 1단] 굳셀 환(桓) 귀인 공(公) 바를 광(匡) 합할 합(合)

환(桓) 공(公) 광(匡) 합(合)
① ② ③ ④
(제나라의) 환공은 (천하를) 바로잡고 (제후들을) 규합하고

- **굳셀 환**(桓) 자는 모감주나무 환, 표목 환 등으로 읽으며, 뜻은 '모감주나무, 굳세다, 환환(桓桓: 굳세고 강한 모양)' 등에 쓰는 글자입니다.

- **귀인 공**(公) 자는 공변될 공, 어른 공, 벼슬이름 공 등으로 읽으며, 뜻은 '공변되다(사사롭지 않고 정당하여 치우침이 없다), 귀인, 공자(公子: 귀한 집안의 자제), 관청, 관리(官吏: 벼슬아치)' 등인데, 여기서는 '관리 이름'으로 풀이하여 환공(桓公)을 '중국 제(齊)나라를 다스린 제후인 '환공'을 말하는 것'으로, '제나라의 환공'으로 풀이합니다.

- **바를 광**(匡) 자는 바로잡을 광 등으로 읽으며, 뜻은 '바로잡다, 광정(匡正: 바르게 고침, 바로잡음), 두려워하다, 광구(匡懼: 두려워함)'입니다. 여기서는 '바로잡다'로 풀이합니다.

- **합할 합**(合) 자는 같을 합, 모을 합 등으로 읽으며, 뜻은 '합하다, 합계(合計: 합하여 계산함), 합동(合同: 여럿이 모여 하나를 이룸), 규합(糾合: 어떤 일을 꾸미려고 사람을 모음)'입니다. 여기서는 '규합'으로 풀이하여 광합(匡合)을 '천하를 바로잡아 제후들을 규합하고' 등으로 풀이합니다.

◎ **환공광합**(桓公匡合)이란 '제(齊)나라의 환공은 천하를 바로잡고 규합하였으니' 등으로 풀이하며, 제나라의 환공은 천하를 바로잡아 제후(옛날 봉건시대 때 작은 나라 임금)들을 모아 놓고 맹약(盟約: 맹세하여 맺은 굳은 약속, 동맹국 사이의 조약)을 지키게 하였다는 역사 이야기입니다.

제(濟)   약(弱)   부(扶)   경(傾)
②   ①   ④   ③
약한 나라를 구제하고 기울어 가는 나라를 붙들어 주었다(도와 일으켰다).

- **건널 제(濟)** 자는 구할 제, 물 이름 제, 정할 제 등으로 읽으며, 뜻은 '건너다, 구제하다(救濟: 구하여 건져 줌, 구해 도와줌), 경제(經濟: 돈, 재물을 절약함)'입니다. 여기서는 '구할 제'로 풀이하여 '구제하다'로 풀이합니다. 약자로 '건널 제(済)'라고 씁니다.

- **약할 약(弱)** 자는 못생길 약, 어릴 약, 나약할 약 등으로 읽으며, 뜻은 '약하다(튼튼하지 않다), 약자(弱者: 힘이나 세력이 약한 사람), 약국(弱國: 국력이 약한 나라, 국세가 기울어 가는 나라)'입니다. 여기서는 '약한 나라'로 풀이하여 제약(濟弱)을 '약한 나라를 구제하고'로 풀이합니다.

- **붙들 부(扶)** 자는 도울 부 등으로 읽으며, 뜻은 '돕다, 부축하다, 부양(扶養: 도와 기름)'입니다. 여기서는 '붙들어 도와주었다'로 풀이합니다.

- **기울 경(傾)** 자는 엎드릴 경, 약하게 할 경, 위태할 경 등으로 읽으며, 뜻은 '기울어지다, 경국(傾國: 나라의 형세가 기울어 위태롭다)'입니다. 여기서는 '경국, 기울어지는 나라'로 풀이하여 부경(扶傾)을 '기울어 가는 나라를 붙들어 주었다' 등으로 풀이합니다.

◎ **제약부경(濟弱扶傾)**이란 '약한 이를 구제해 기우는 나라를 도와 일으켰다' 등으로 풀이하며, 제나라의 환공이 약한 나라를 구제(救濟: 구하여 건져줌)하고 기울어 가는 나라를 붙들어 도와주었다는 내용입니다.

(문장 69) 환공광합(桓公匡合)~제약부경(濟弱扶傾):
제나라의 환공은 천하를 바로잡고 제후들을 규합하고, 약한 나라를 구제하고 기울어 가는 나라를 붙들어 주었다, 도와 일으켰다.

70. 기회한혜(綺回漢惠)~열감무정(說感武丁)

[70의 1단] 비단 기(綺) 돌아올 회(回) 한수 한(漢) 은혜 혜(惠)

기(綺) 회(回) 한(漢) 혜(惠)
① ④ ② ③
기리계는 한(漢)나라의 혜제의 태자 자리를 회복시켰고

● **비단 기(綺)** 자는 아름다울 기 등으로 읽으며, 뜻은 '비단, 기라(綺羅: 무늬 있는 비단), 곱다, 기어(綺語: 곱게 꾸며서 하는 말)' 등인데, 여기서는 '중국 진(秦)나라 말기에 난세를 피하여 섬서성 상산(商山)에 숨어 살고 있던 상산사호(商山四皓: 기리계, 녹리선생, 동원공, 하항공의 네 현인(賢人: 어진 사람)의 한 사람인 기리계(綺里季)라는 사람을 말하는 것'으로, '기리계'로 풀이합니다.

● **돌아올 회(回)** 자는 돌이킬 회, 뜻은 '돌이키다, 회복(回復: 이전 상태와 같이 됨)'입니다. 여기서는 '회복'으로 풀이하여 기회(幾回)를 '기리계는 ~를 회복시켰고'로 풀이합니다.

● **한수 한(漢)** 자는 은하수 한, 나라 한 등으로 읽으며, 뜻은 '한수(漢水: 강 이름)'입니다. 여기서는 '나라 한'으로 풀이하여 '중국의 한(漢)나라'로 풀이합니다.

● **은혜 혜(惠)** 자는 어질 혜, 순할 혜 등으로 읽으며, 뜻은 '은혜(恩惠: 베풀어 주는 혜택, 고마움), 인자하다' 등인데, 여기서는 '한(漢)나라의 제2대 임금인 혜제'로 풀이하여 한혜(漢惠)를 '한나라의 혜제의 태자 자리'로 풀이합니다.

◎ **기회한혜(綺回漢惠)**란 '한(漢)나라 네 현인의 한 사람인 기리계가 혜제(惠帝)의 태자(太子: 임금의 자리를 이을 임금의 아들) 자리를 돌려놓았고' 등으로 풀이하며, 한고조(漢高祖) 유방은 여후(呂后)의 몸에서 난 아들 즉 '혜제'를 태자로 삼으려고 하였으나, 뒤에 '척' 부인을 만나 그의 소생인 조왕(趙王) 여의(如意)를 태자로 삼으려고 했는데, '여후'는 기리계 등 상산사호의 조력을 얻어 한고조의 마음을 돌려 '혜제'의 태자(太子) 자리를 회복시켰다는 역사 이야기입니다.

열(說) 감(感) 무(武) 정(丁)
①   ④   ②   ③
부열은 무정임금의 (꿈에 나타나) 그를 감동시켰다.

● **기쁠 열**(說) 자는 말씀 설, 달랠 세. 기쁠 열 등 세 가지 발음(설, 세, 열)으로 읽으며, 뜻은 '말씀, 말하다, 설명(說明), 달래다, 유세(遊說: 선거 때 자기주장을 돌아다니며 선전하는 일 등), 희열(喜悅: 기쁨과 즐거움)'입니다. 보통 말씀 설(說) 자로 쓰는 글자인데, 여기서는 '부열(傅說)'이라는 사람을 말하기 때문에 '열(說)'로 읽고 씁니다.

● **느낄 감**(感) 자는 감동할 감 등으로 읽으며, 뜻은 '감동(感動: 깊이 느끼어 마음이 움직임)'입니다. 여기서는 '감동'으로 풀이하여 열감(說感)을 '부열은 ~을 감동시켰다'로 풀이합니다.

● **호반 무**(武) 자는 건강할 무 등으로 읽으며, 뜻은 '호반(무관의 제도), 군사, 전쟁, 무기(武器: 전쟁에 직접 쓰이는 온갖 기구)' 등에 쓰는 글자입니다.

● **장정 정**(丁) 자는 고무래 정, 넷째 천간 정 등으로 읽으며, 뜻은 '장정(壯丁: 젊고 기운이 좋은 남자)' 등인데, 여기서 '무정(武丁)'은 '중국 은나라의 무정임금'을 말하는 것으로, '무정임금'으로 풀이합니다.

◎ **열감무정**(說感武丁)이란 '부열은 무정을 감동시켰다' 등으로 풀이하며, 은나라의 제20대 임금 무정은 현명한 신하를 찾고 있었는데, 어느 날 꿈속에서 어떤 인물을 보필자(보좌하는 사람)로 추천해 주기에 무정임금이 꿈에서 본 그 얼굴을 그려 전국에 수소문해 마침내 그(부열)를 찾아내어 부열을 정승으로 삼아 나라를 부흥(復興: 쇠퇴하였던 것이 다시 일어남)시켰다는 역사 이야기입니다.

(문장 70) 기회한혜(綺回漢惠)~열감무정(說感武丁):
기리계는 한나라의 혜제의 태자 자리를 회복시켰고, 부열은 무정임금의 꿈에 나타나 그를 감동시켰다.

71. 준예밀물(俊乂密勿)~다사식녕(多士寔寧)

> **[71의 1단] 준걸 준(俊) 어질 예(乂) 빽빽할 밀(密) 말 물(勿)**
>
> 준(俊) 예(乂) 밀(密) 물(勿)
> ① ② ③ ④
> 준걸과 어진 사람이 (조정에) 빽빽하게 모여 힘써 일하니

- **준걸 준(俊)** 자는 높을 준, 재주가 뛰어난 사람 준 등으로 읽으며, 뜻은 '준걸 (俊傑: 재주와 슬기가 뛰어난 사람), 준수(俊秀: 재주, 슬기, 풍채가 뛰어남)'입니다. 여기서는 '준걸, 준수'로 풀이합니다.

- **어질 예(乂)** 자는 정리할 예, 다스릴 예, 풀 벨 예 등으로 읽으며, 뜻은 '풀 베 다, 다스리다, 예녕(乂寧: 잘 다스려 편안함)'입니다. 여기서는 '어질 예'로 풀이하 여 준예(俊乂)를 '준걸과 어진 사람' 등으로 풀이합니다.

- **빽빽할 밀(密)** 자는 깊을 밀, 촘촘할 밀, 조용할 밀 등으로 읽으며, 뜻은 '빽빽 하다, 빈틈이 없다, 비밀(秘密: 숨기어 남에게 알리지 않는 일, 남몰래 함)'입니다. 여기서는 '빽빽하다, 꽉 들어차 있어' 등으로 풀이합니다.

- **말 물(勿)** 자는 없을 물, 깃발 물, 정성스러울 물, 먼지채 몰 등 두 가지(물과 몰) 발음으로 읽으며, 뜻은 '말라, 없다, 아니다, 물론(勿論: 말할 것도 없음), 공 자 왈(公子 曰: 공자님이 말씀하시기를), 비례물시(非禮勿視: 예가 아니면 보지 말 고), 비례물청(勿聽: 예가 아니면 듣지 말고), 비례물언(勿言: 예가 아니면 말하지 말 고), 비례물동(勿動: 예가 아니면 행동하지 말라)'입니다. 참고 사항입니다. 여기서 는 '하지 말라, 아니다'가 아니라 '정성스러운 물'로 풀이하여, 밀물(密勿)을 '빽 빽하게 모여 힘써 일한다' 등으로 풀이합니다.

◎ **준예밀물(俊乂密勿)**이란 '준걸과 재사가 조정에 모여 빽빽함' 등으로 풀이하며, 준걸과 재주 많은 사람들이 조정에 모여 국가를 위해 정성(精誠: 참되어 거짓이 없는 마음)스럽게 힘써 일한다는 것을 말한 것입니다.

다(多) 사(士) 식(寔) 녕(寧)
①   ②   ③   ④
많은 선비들이 진실로 나라를 편안하게 했다.

● **많을 다(多)** 자는 뛰어날 다, 아름다울 다, 과할 다 등으로 읽으며, 뜻은 '많다, 다소(多少: 많음과 적음), 다독(多讀: 많이 읽음), 다복(多福: 복이 많음)'입니다. 여기서는 '많다'로 풀이합니다.

● **선비 사(士)** 자는 벼슬 사 등으로 읽으며, 뜻은 '선비(옛날에 학식이 있으나 벼슬을 하지 않은 사람 또는 학덕을 갖춘 사람), 사대부(士大夫: 양반의 총칭)'입니다. 여기서는 '선비'로 풀이하여 다사(多士)를 '많은 선비, 인재' 등으로 풀이합니다. 참고로, 선비 사(士) 자와 흙 토(土) 자가 비슷하니 어느 획이 다른지 찾아보기 바랍니다.

● **이 식(寔)** 자는 참 식, 뿐 식 등으로 읽으며, 뜻은 '이, 이것, 참으로 ~뿐'입니다. 여기서는 '참 식'으로 풀이하여 '참으로, 진실로'로 풀이합니다.

● **편안할 녕(寧)** 자는 문안할 녕 등으로 읽으며, 뜻은 '편안하다(便安: 무사함, 아무 일도 없음 등), 안녕(安寧: 탈 없이 무사함, 헤어질 때의 인사말)'입니다. 여기서는 '편안하다'로 풀이하여 식녕(寔寧)을 '진실로 나라를 편안하게 했다'로 풀이합니다. 속자로 '편안할 녕(寧)'이라고 씁니다.

◎ **다사식녕(多士寔寧)**이란 '수많은 선비가 있어 나라가 편안하다' 등으로 풀이하며, 조정(朝廷: 나라의 정치를 의논 집행하던 곳)에 많은 인재들이 있어 나라가 태평(太平: 나라가 안정되어 아무 걱정 없고 평안함)하였다는 것을 말한 것입니다.

(문장 71) 준예밀물(俊乂密勿)~다사식녕(多士寔寧):
준걸과 어진 사람이 조정에 빽빽하게 모여 힘써 일하니, 많은 선비들이 진실로 나라를 편안하게 했다.

72. 진초갱패(晉楚更霸)~조위곤횡(趙魏困橫)

진(晉)   초(楚)   갱(更)   패(霸)
①   ②   ③   ④
진(晉)나라와 초(楚)나라는 다시 패자(제후들의 으뜸)가 되었고

● **나라 진(晉)** 자는 억제할 진, 진나라 진 등으로 읽으며, 뜻은 진(晉)나라, 중국 춘추시대에 있던 나라 이름, 나아가다. 여기서는 중국의 진(晉)나라로 풀이합니다. 속자로 나라 진(晋)이라고 씁니다.

● **나라 초(楚)** 자는 초나라 초, 가시나무 초, 휘추리 초 등으로 읽으며, 뜻은 초나라, 괴롭다, 고초(苦楚: 고난, 괴로움과 어려움). 여기서는 중국의 초나라로 풀이하여 진초(晉楚)를 진(晉)나라와 초(楚)나라로 풀이합니다.

● **다시 갱(更)** 자는 고칠 경 등 두 가지 발음(갱과 경)으로 읽으며, 뜻은 고치다, 바꾸다, 경질(更迭: 바꿈, 교체함). 다시 갱생(更生: 죽을 지경에서 다시 살아남). 여기서는 다시 (하던 것을 되풀이로)로 풀이합니다.

● **으뜸 패(霸)** 자는 패왕 패, 달력 백 등 두 가지 발음(패와 백)으로 읽으며, 뜻은 으뜸(첫째, 두목, 근본), 패자(霸者: 제후의 우두머리, 그 방면에 가장 강한 사람). 여기서는 패자로 풀이하여 갱패(更霸)를 다시 번갈아 패자가 되었다로 풀이합니다. 속자로 으뜸 패(覇)라고 쓰고, 으뜸 패(覇)자로 표기된 책도 있음. 참고 바랍니다.

◎ **진초갱패(晉楚更霸)**란 진나라와 초나라가 다시 으뜸이 되니, 진문공과 초장왕이 패왕(패자: 제후들의 으뜸)이 되었다 등으로 풀이하며, 진(晉)나라와 초(楚)나라가 다시 번갈아 제후(諸侯: 봉건시대에 일정한 영토를 가지고 백성을 지배하는 권력을 가진 작은 나라의 임금)들의 우두머리(패자)가 되었다는 역사 이야기입니다.

조(趙) 위(魏) 곤(困) 횡(橫)
①   ②   ④   ③
조(趙)나라와 위(魏)나라는 연횡에 의해 곤란을 겪었다.

- **나라 조(趙)** 자는 조나라 조, 찌를 조 등으로 읽으며, 뜻은 '나라 이름, 찌르다' 입니다. 여기서는 '중국의 조(趙)나라'로 풀이합니다.

- **나라 위(魏)** 자는 위나라 위, 대궐 위, 높을 위 등으로 읽으며, 뜻은 '높다, 우뚝하다, 크다'입니다. 여기서는 '중국의 위(魏)나라'로 풀이하여 조위(趙魏)를 '조나라와 위나라'로 풀이합니다.

- **곤할 곤(困)** 자는 노곤할 곤, 지칠 곤 등으로 읽으며, 뜻은 '곤하다(맥이 풀리어 나른하다), 가난하다, 어렵다, 곤란(困難: 어려운 생활이 궁핍함)'입니다. 여기서는 '곤란하다'로 풀이합니다.

- **가로 횡(橫)** 자는 비낄 횡, 사나울 횡 등으로 읽으며, 뜻은 '가로횡단(橫斷: 가로 끊음), 뜻밖의 일, 횡재(橫財: 뜻밖에 얻은 재물), 사납다, 연횡(連橫: 외교 정책의 하나로 중국 전국(戰國)시대, 한(韓)나라, 위나라, 조나라, 제나라, 초나라, 연나라 6국은 군사동맹을 맺어 진(秦)나라를 섬기자'는 것입니다. 여기서는 '연횡'으로 풀이하여 곤횡(困橫)을 '연횡에 의해 곤란을 겪었다'로 풀이합니다.

◎ **조위곤횡(趙魏困橫)**이란 '조나라와 위나라는 연횡책을 따른 까닭에 곤경에 빠졌다' 등으로 풀이하며, 조나라와 위나라는 연횡에 의해 곤란을 겪었다는 내용입니다. 중국의 진(晉)나라와 진(秦)나라는 같은 나라가 아닙니다. 또, 중국의 한(韓)나라와 한(漢)나라도 같은 나라가 아닙니다. 참고 사항입니다.

(문장 72) 진초갱패(晉楚更霸)~조위곤횡(趙魏困橫):
진나라와 초나라는 다시 패자, 제후들의 으뜸이 되었고, 조나라와 위나라는 연횡에 의해 곤란을 겪었다.

73. 가도멸괵(假道滅虢)~천토회맹(踐土會盟)

[73의 1단] 거짓 가(假) 길 도(途) 멸할 멸(滅) 괵나라 괵(虢)

가(假) 도(途) 멸(滅) 괵(虢)
  ②   ①   ④   ③

[진(晉)나라의 헌공이 우나라의] 길을 빌려 괵나라를 멸망시키고

● **거짓 가(假)** 자는 빌릴 가, 아득할 하, 이르를 격 등 세 가지 발음(가, 하, 격)으로 읽으며, 뜻은 '거짓, 가면(假面: 나무, 종이 따위로 만든 거짓 얼굴, 탈), 임시, 가칭(假稱: 임시로 일컬음), 가령'입니다. 여기서는 '빌릴 가'로 풀이하여 '빌려'로 풀이합니다.

● **길 도(途)** 자는 뜻은 '길, 도상(途上: 길 위), 도중(途中: 길을 걷고 있는 중, 길 가운데)'입니다. 여기서는 '길(도로)'로 풀이하여 가도(假途)를 '길을 빌려'로 풀이합니다. 길 도(道) 자가 또 있습니다. 참고 바랍니다.

● **멸할 멸(滅)** 자는 다할 멸, 끊을 멸 등으로 읽으며, 뜻은 '멸하다, 망하다, 멸망(滅亡: 망하여 없어짐)'입니다. 여기서는 '멸망'으로 풀이합니다.

● **괵나라 괵(虢)** 자는 나라 괵 등으로 읽으며, 뜻은 '괵나라(중국 춘추시대에 있던 나라 이름임)'입니다. 여기서는 '괵나라'로 풀이하여 멸괵(滅虢)을 '괵나라를 멸망시켰다'로 풀이합니다.

◎ **가도멸괵(假道滅虢)**이란 '길을 빌려 괵나라를 멸하고' 등으로 풀이하며, 고사성어(순망치한)에 나오는 이야기로, 중국 춘추전국시대 진(晉)나라의 헌공이 괵나라를 치기 위해서는 이웃 나라인 우(虞)나라를 지나가야 하므로 우나라 왕에게 길을 좀 빌려 달라고 하였는데, 그 당시 우나라에서는 '궁지기'의 말을 따르지 않고 진나라에 길을 빌려주어 진(晉)나라는 우(虞)나라 영토에서 괵(虢)나라를 공격하여 멸망시키고 돌아오는 길에 우나라를 기습하여 우나라까지 멸망시켰다는 역사 이야기입니다. '고사성어' 책에서 '순망치한'을 찾아서 읽어 보기 바랍니다. 참고 사항입니다.

천(踐) 토(土) 회(會) 맹(盟)
①   ②   ③   ④
[진(晉)나라 문공은] 천토에서 (제후들을) 모아 맹세하게 하였다.

● **밟을 천(踐)** 자는 뜻은 '밟다, 천력(踐歷: 여러 곳을 다님, 밟아 온 경력), 오르다, 천극(踐極: 임금의 자리에 오름)' 등에 쓰는 글자입니다. 약자로 '밟을 천(践)'이라고 씁니다.

● **흙 토(土)** 자는 뿌리 토, 땅 토, 고향 토, 악기 토, 뽕나무뿌리 두 등 두 가지 발음(토와 두)으로 읽으며, 뜻은 '흙, 땅, 토지(土地)'입니다. 여기서는 천토(踐土)를 '중국의 지명(地名: 땅 이름)인 천토'로 풀이합니다.

● **모을 회(會)** 자는 맹세할 회, 그릴 괴 등 두 가지 발음(회와 괴)으로 읽으며, 뜻은 '모이다, 모으다, 회담(會談: 모여서 이야기함), 국회(國會), 회장(會長), 회사(會社)' 등 많이 쓰는 글자입니다. 여기서는 '모으다, 모아'로 풀이합니다. 약자로 '모을 회(会)'라고 씁니다.

● **맹세 맹(盟)** 자는 믿을 맹 등으로 읽으며, 뜻은 '맹세(盟誓: 굳은 약속, 신불 앞에 약속함), 동맹(同盟: 같은 목적을 위해 같이 행동하기로 약속함)'입니다. 여기서는 '맹세'로 풀이하여 회맹(會盟)을 '모아 맹세하게 하였다'로 풀이합니다.

◎ **천토회맹(踐土會盟)**이란 '천토에서 제후들을 모아 맹세하였다' 등으로 풀이하며, 진(晉)나라의 문공은 천토에서 제후들을 모아 주(周)나라 천자를 공경하고 조공(朝貢: 작은 나라가 큰 나라에 물건을 바치는 일)할 것을 맹세하게 하였다는 내용입니다.

(문장 73) 가도멸괵(假道滅虢)~천토회맹(踐土會盟):
진나라의 헌공이 우나라의 길을 빌려 괵나라를 멸망시키고, 진나라의 문공은 천토에서 제후들을 모아 맹세하게 하였다.

74. 하준약법(何遵約法)~한폐번형(韓弊煩刑)

> **[74의 1단] 어찌 하(何) 좇을 준(遵) 기약할 약(約) 법 법(法)**
>
> 하(何)　준(遵)　약(約)　법(法)
> ①　　④　　②　　③
> 소하는 [한(漢)나라 고조와 더불어] 간략한 법(약법상장)을 만들어 준행하였고

● **어찌 하**(何) 자는 무엇 하 등으로 읽으며, 뜻은 '어찌, 무슨, 누구 등의 의문사, 하시(何時: 어느 때, 언제)' 등인데, 여기서는 '한(漢)나라 한고조(漢高祖)의 공신인 소하(蕭何)'라는 사람을 말하는 것으로, '소화'로 풀이합니다.

● **좇을 준**(遵) 자는 행할 준, 지킬 준 등으로 읽으며, 뜻은 '좇다, 따르다, 준법(遵法: 법을 따름), 준행(遵行: 명령 따위를 그대로 좇아서 행함)'입니다. 여기서는 '준행'으로 풀이하여 하준(何遵)을 '소하는 ~를 만들어 준행하였다'로 풀이합니다.

● **기약할 약**(約) 자는 간략할 약, 약속할 요 등 두 가지 발음(약과 요)으로 읽으며, 뜻은 '약속(約束: 서로 언약하여 정함), 약혼(約婚: 결혼하기로 약속함), 줄이다'입니다. 여기서는 '간략할 약'으로 풀이하여, '간략한(簡略: 손쉽고 간단한)'으로 풀이합니다.

● **법 법**(法) 자는 본받을 법, 형벌 법 등으로 읽으며, 뜻은 '법(法: 사회의 질서를 유지하기 위한 국가적 규율)'입니다. 여기서는 '법'으로 풀이하여 약법(約法)을 '간략한 법, 약법삼장(約法三章)'으로 풀이합니다.

◎ **하준약법**(何遵約法)이란 '소하는 간소한 법으로 나라를 다스렸다' 등으로 풀이하며, 소하는 한고조(漢高祖)와 더불어 세 가지 간소한 법, 약법삼장을 정하여 준행(遵行: 명령을 좇아서 행함)하였다는 내용입니다. (약법상장 1조: 사람을 살해한 자는 사형에 처하고, 2조: 사람을 상해한 자나 도둑질한 사람은 죗값을 받는다, 3조: 나머지 진(秦)나라의 법은 모두 없애 버린다). 참고 사항입니다.

한(韓)　폐(弊)　번(煩)　형(刑)
　①　　④　　②　　③
한비자는 (진시황을 설득하여) 번거로운 형벌을 시행하여 폐해를 가져왔다.

- **나라 이름 한(韓)** 자는 한나라 한, 우물담 한, 한국 한 등으로 읽으며, 뜻은 '나라 이름, 한국(韓國: 대한민국의 약칭), 우리나라 삼한시대의 이름, 중국 춘추시대 제후나라의 이름, 한복(韓服: 우리나라 고유의 의복)'입니다. 여기서는 '중국 진(秦)나라의 한비(韓非)'라는 사람을 말하기 때문에 '한비자'로 풀이합니다.

- **폐단 폐(弊)** 자는 해칠 폐 등으로 읽으며, 뜻은 '해치다, 폐해(弊害: 폐가 되는 나쁜 일), 폐(弊: 남에게 끼치는 괴로움)'입니다. 여기서는 '폐해'로 풀이하여 한폐(韓弊)를 '한비자는 ~ 폐해를 가져왔다' 등으로 풀이합니다.

- **번거로울 번(煩)** 자는 간섭할 번, 괴로울 번 등으로 읽으며, 뜻은 '번거롭다, 번잡(煩雜: 번거롭고 복잡함), 괴롭다'입니다. 여기서는 '번거롭다'로 풀이합니다.

- **형벌 형(刑)** 자는 본받을 형 등으로 읽으며, 뜻은 '형벌(刑罰: 죄를 저지른 사람에게 주는 벌), 처벌하다'입니다. 여기서는 '형벌'로 풀이하여 번형(煩刑)을 '번거로운 형벌을 시행하여' 등으로 풀이합니다.

◎ **한폐번형(韓弊煩刑)**이란 '한비는 번거로운 형벌로 많은 폐해를 가져왔다' 등으로 풀이하며, 한비자는 진시황(秦始皇)을 달래어 가혹(苛酷: 까다롭고 혹독한 정도가 퍽 심함)한 형벌을 시행하여 많은 폐해(弊害: 폐가 되는 나쁜 일)를 가져왔다는 내용입니다.

(문장 74) 하준약법(何遵約法)~한폐번형(韓弊煩刑):
소하는 한나라 고조와 더불어 간략한 법, 약법삼장을 만들어 준형하였고, 한비자는 진시황을 설득하여 번거로운 형벌을 시행하여 폐해를 가져왔다.

75. 기전파목(起翦頗牧)~용군최정(用軍最精)

[75의 1단] 일어날 기(起) 갈길 전(翦) 자못 파(頗) 칠 목(牧)

기(起)　전(翦)　파(頗)　목(牧)
①　　②　　③　　④
백기와 왕전은 진(秦)나라 장수이고 염파와 이목은 조(趙)나라 장수였는데

- **일어날 기(起)** 자는 기동할 기, 설 기 등으로 읽으며, 뜻은 '일어나다, 기상(起床: 잠을 깨어 자리에서 일어남), 시작하다, 기공(起工: 공사를 시작함), 기고(起稿: 원고를 쓰기 시작함)'입니다. 여기서는 '진(秦)나라 장수 백기(白起)'라는 사람을 말합니다.

- **갈 길 전(翦)** 자는 자를 전, 가위 전 등으로 읽으며, 뜻은 '가위, 베다, 전정(剪定: 나무의 가지를 다듬는 일, 전지)'입니다. 여기서는 '진(秦)나라 장수 왕전(王翦)'을 말합니다. 그래서 기전(起翦)을 '진나라 장수 백기와 왕전'으로 풀이합니다. 가위 전(剪) 자가 또 있으며, 같은 글자로 쓰입니다.

- **자못 파(頗)** 자는 치우칠 파 등으로 읽으며, 뜻은 '자못(생각보다 훨씬), 치우치다, 편파(偏頗: 한쪽으로 치우쳐 공평하지 못함)'입니다. 여기서는 '조(趙)나라 장수 염파(廉頗)'를 말합니다.

- **칠 목(牧)** 자는 기를 목, 목장 목 등으로 읽으며, 뜻은 '치다, 기르다, 목동(牧童: 마소를 치는 아이), 목장(牧場: 말, 소, 양 등을 놓아 기르는 넓은 들, 풀밭), 목사(牧師: 교회에서 예배를 인도하고 교회를 다스리는 교역자)'입니다. 여기서는 '조나라 장수 이목(李牧)'을 말합니다. 그래서 파목(頗牧)을 '조나라 장수 염파와 이목'으로 풀이합니다.

◎ **기전파목(起翦頗牧)**이란 '진(秦)나라 장수 백기와 왕전, 조(趙)나라 장수 영파와 이목은 뛰어난 장수였는데' 등으로 풀이하며, 백기와 왕전, 염파와 이목, 이네 장수(將帥: 군사를 거느리는 우두머리)를 말하는 것입니다.

용(用) 군(軍) 최(最) 정(精)
②   ①   ③   ④
(이 네 장수는) 군사(군대)를 쓰는 데 가장 정교하고 빈틈없게 하였다.

● **쓸 용**(用) 자는 부릴 용, 재물 용, 그릇 용 등으로 읽으며, 뜻은 '쓰다, 사용하다, 용구(用具: 쓰는 기구), 용병(用兵: 군사를 부림)'. 여기서는 '쓰다, 용병' 등으로 풀이합니다.

● **군사 군**(軍) 자는 진 칠 군 등으로 읽으며, 뜻은 '군사(軍士: 군인), 군대(軍隊: 일정한 조직, 편제를 가진 군인의 집단)'입니다. 여기서는 '군사, 군대'로 풀이하여 용군(用軍)을 '군사, 군대 쓰기를 용병술' 등으로 풀이합니다.

● **가장 최**(最) 자는 극심할 최, 넉넉할 최 등으로 읽으며, 뜻은 '가장, 제일, 최대(最大: 가장 큼), 최고(最高: 가장 높음)'입니다. 여기서는 '가장(여럿 가운데 어느 것보다 더)'으로 풀이합니다.

● **정할 정**(精) 자는 가릴 정, 정교할 정 등으로 읽으며, 뜻은 '정(精)하다(거칠지 않다, 아주 곱다), 자세하다, 정교(精巧: 세밀하고 교묘함), 정예(精銳: 썩 날래고 용맹스러움)'입니다. 여기서는 '정교' 등으로 풀이하여 최정(最精)을 '가장 정교하고 빈틈없게' 등으로 풀이합니다.

◎ **용군최정**(用軍最精)이란 '군사 부리기를 빈틈없이 하였다' 등으로 풀이하며, 이 네 장수(백기와 왕전, 염파와 이목)는 군사 지휘를 가장 정교(세밀하고 교묘함)하고 빈틈없게 하였다는 내용입니다.

(문장 75) 기전파목(起翦頗牧)~용군최정(用軍最精):
백기와 왕전은 진나라 장수이고 염파와 이목은 조나라 장수였는데, 이 네 장수는 군사, 군대를 쓰는 데 가장 정교하고 빈틈없게 하였다.

76. 선위사막(宣威沙漠)~치예단청(馳譽丹靑)

[76의 1단] 베풀 선(宣) 위엄 위(威) 모래 사(沙) 아득할 막(漠)

선(宣) 위(威) 사(沙) 막(漠)
④   ①   ②   ③

(장수로서) 그 위엄이 멀리 사막에까지 퍼졌고

- **베풀 선(宣)** 자는 펼 선, 밝힐 선 등으로 읽으며, 뜻은 '베풀다(무슨 일을 차리어 벌이다, 남을 도와서 은혜를 입히다), 널리 펴다, 선포(宣布: 세상에 널리 알림), 선전(宣傳: 사상, 이론, 지식, 사실 등을 대중에게 널리 인식시키는 일)'입니다. 여기서는 '퍼졌으며, 떨치고, 선포하였고' 등으로 풀이합니다.

- **위엄 위(威)** 자는 세력 위 등으로 읽으며, 뜻은 '위엄(威嚴: 의젓하고 엄숙하다), 국위(國威: 나라의 위력, 위신)'입니다. 여기서는 '위엄'으로 풀이하여 선위(宣威)를 '위엄은 널리 퍼졌으며, 떨치고' 등으로 풀이합니다.

- **모래 사(沙)** 자는 바닷가 사, 고을이름 사 등으로 읽으며, 뜻은 '모래, 사공(沙工: 뱃사람)' 등에 쓰는 글자입니다. 모래 사(砂) 자도 있습니다.

- **아득할 막(漠)** 자는 모래벌 막, 사막 막, 고요할 막 등으로 읽으며, 뜻은 '아득하다(끝이 없다)'입니다. 여기서는 '사막 막'으로 풀이하여 사막(沙漠)을 '사막'으로 풀이합니다. 사막(砂漠, 沙漠)은 기후가 매우 건조하여 거의 식물의 생장이 불가능한 모래와 자갈로 된 불모지(不毛地: 땅이 메말라서 곡물이나 농작물이 나지 않는 땅)의 땅을 말합니다.

◎ **선위사막(宣威沙漠)**이란 '장수로서 위엄을 사막에까지 떨치고' 등으로 풀이하며, 백기와 왕전, 염파와 이목 이 네 장수는 승전(勝戰: 싸움에서 이김)하여 그 위세(威勢: 사람을 두렵게 하여 복종시키는 힘)를 북방 사막에까지 선포(宣布: 세상에 널리 펴 알림)하였다는 내용입니다.

치(馳) 예(譽) 단(丹) 청(靑)
④   ③   ①   ②
단청으로 (초상화까지) 그려져 명예가 후대에까지 치달았다.

● **달릴 치(馳)** 자는 전할 치 등으로 읽으며, 뜻은 '달리다, 치돌(馳突: 말을 달려 거침없이 나감, 힘차게 돌진함)'입니다. 여기서는 '드날렸다, 치달았다' 등으로 풀이합니다.

● **기릴 예(譽)** 자는 칭찬할 예, 이름날 예 등으로 읽으며, 뜻은 '기리다(칭찬하다), 명예(名譽: 세상에서 훌륭하다고 일컬어지는 이름)'입니다. 여기서는 '명예'로 풀이하여 치예(馳譽)를 '명예가 후대에까지 치달았다' 등으로 풀이합니다. 약자로 '기릴 예(誉)'라고 씁니다.

● **붉을 단(丹)** 자는 마음 단, 성실할 단 등으로 읽으며, 뜻은 '붉다, 단청(丹靑: ① 붉은빛과 푸른빛, ② 옛날식 집의 벽, 기둥, 천장 같은 데에 여러 가지 색으로 그림이나 무늬를 그린 것'을 단청이라고 합니다). 절의 건물을 보면 알 수 있습니다.

● **푸를 청(靑)** 자는 대껍질 청, 젊을 청 등으로 읽으며, 뜻은 '푸르다, 젊다, 청춘(靑春: 젊은 나이)'입니다. 여기서는 단청(丹靑)을 '여러 가지 색으로 그림이나 무늬를 그리는 것'으로 풀이하여 '공신들의 초상화(얼굴 모습)를 단청으로 그려' 등으로 풀이합니다.

◎ **치예단청(馳譽丹靑)**이란 '단청으로 얼굴을 그려 명예가 드날렸다' 등으로 풀이하며, 공신들의 얼굴을 그리어 기린각에 모셔 두고 후대에 남기도록 하였다는 내용입니다. 기린각은 중국 한(漢)나라의 무제임금이 장안의 궁중에 세운 전각으로 선제 임금 때, 공신 11명의 초상화를 단청으로 그려 걸어 놓았다고 합니다.

(문장 76) 선위사막(宣威沙漠)~치예단청(馳譽丹靑):
장수로서 그 위엄이 멀리 사막에까지 퍼졌고, 단청으로 초상화까지 그려져 명예가 후대에까지 치달았다.

77. 구주우적(九州禹跡)~백군진병(百郡秦幷)

● **아홉 구(九)** 자는 모을 규 등 두 가지 발음(구와 규)으로 읽으며, 뜻은 '아홉, 숫자 구(9), 많다, 여러 번, 구공탄(九孔炭: 구멍이 아홉 뚫린 연탄)'입니다. 여기서는 '아홉(9)'으로 풀이합니다.

● **고을 주(州)** 자는 주 주 등으로 읽으며, 뜻은 '고을(지역을 몇으로 나눈 행정 구역의 하나)'입니다. 여기서는 '고을'로 풀이하여 구주(九州)를 옛날 '중국에서 나누었던 구주(아홉 고을: 기주, 유주, 곤주, 서주, 양주, 영주, 예주, 영주, 옹주)'로 풀이합니다.

● **임금 우(禹)** 자는 하우씨 우, 성(姓) 우, 펼 우 등으로 읽으며, 뜻은 '하우씨(중국 고대의 하나라를 세운 우 임금의 이름임), 느릿느릿하다'입니다. 여기서는 '우 임금(하우씨)'으로 풀이합니다.

● **자취 적(跡)** 자는 발자취 적 등으로 읽으며, 뜻은 '발자취(발로 밟은 흔적, 발을 옮겨 걸어간 흔적), 자취(무엇이 남기고 간 흔적), 고적(古跡: 옛 문화를 보여주는 건물이나 터), 인적(人跡: 사람의 발자취)'입니다. 여기서는 '발자취'로 풀이하여 우적(禹跡)을 '우 임금 하우씨의 발자취' 등으로 풀이합니다. 또, 발자취 적(迹, 蹟) 자가 있습니다.

◎ **구주우적(九州禹跡)**이란 '중국 천하를 구주(9주)로 나눈 것은 하(夏)나라를 세운 우왕(하우씨)의 공적의 자취이고' 등으로 풀이하며, 중국을 아홉 주(구주)로 나누어 치수(治水: 하천, 호수 등의 물을 잘 다스리어 그 피해를 막음)하여 아홉 고을을 만들었는데 그것은 하(夏)나라를 세운 우(禹)임금의 공적(功績: 쌓음, 공로, 수고한 실적)의 자취(남기고 간 흔적)라는 내용입니다.

백(百) 군(郡) 진(秦) 병(幷)
①   ②   ③   ④
일백 군(고을)은 진(秦)나라가 합병한 것이다.

● **일백 백(百)** 자는 힘쓸 백 등으로 읽으며, 뜻은 '일백, 숫자 백(100), 백세(百歲: 백 살, 백 년), 온갖, 모든, 백사(百事: 모든 일, 만사)'입니다. 여기서는 '숫자 백(100)'으로 풀이합니다.

● **고을 군(郡)** 자는 뜻은 '고을(행정 구역의 하나), 군계(郡界: 한 고을과 딴 고을과의 경계), 군수(郡守: 한 고을의 우두머리)'입니다. 여기서는 '고을군'으로 풀이하여 백군(百郡)을 '일백 군(고을)'으로 풀이합니다.

● **나라 진(秦)** 자는 진나라 진 등으로 읽으며, 뜻은 '나라 이름'입니다. 여기서는 '중국의 진(秦)나라'로 풀이합니다.

● **아우를 병(幷)** 자는 합할 병, 겸할 병, 같을 병 등으로 읽으며, 뜻은 '아우르다(여럿이 모여 조화를 이루다), 합하다, 합병(合幷: 둘 이상의 국가기관을 합함)'입니다. 여기서는 '합병'으로 풀이하여 진병(秦幷)을 '진(秦)나라가 합병한 것이다'로 풀이합니다. 속자로 '아우를 병(幷)'이라고 쓰고, '아우를 병(幷)'으로 표기된 책도 있습니다. 참고 바랍니다.

◎ **백군진병(百郡秦幷)**이란 '진시황이 천하를 통일하고 일백 군을 두었다' 등으로 풀이하며, 진(秦)나라는 천하를 통일하여 전국을 백(100)군으로 나누어 다스렸다는 내용입니다.

(문장 77) 구주우적(九州禹跡)~백군진병(百郡秦幷):
중국의 아홉 주, 구 주는 우 임금 하우씨의 발자취이고, 일백 군, 고을은 진나라가 합병한 것이다.

78. 악종항대(嶽宗恒岱)~선주운정(禪主云亭)

[78의 1단] 큰산 악(嶽) 마루 종(宗) 항상 항(恒) 뫼 대(岱)

악(嶽) 종(宗) 항(恒) 대(岱)
① ④ ② ③
오악 중에서는 항산과 대산(태산)을 종주(으뜸)로 하고

● **큰 산 악(嶽)** 자는 엄하고 위엄 있는 모양 악 등으로 읽으며, 뜻은 '큰 산, 메 (뫼)'입니다. '산(山)'을 우리말로 '메' 또는 '뫼'라고 읽고 씁니다. 산악(山嶽)은 크고 작은 모든 산을 말하는데, 여기서는 '중국에 있는 다섯 개(5개)의 영산(靈山: 신불을 모시어 제사 지내는 산)'을 '오악(五嶽)'이라고 말합니다. 여기서는 '오악'으로 풀이합니다. 오악은 '대산(태산), 형산, 화산, 숭산, 항산, 다섯 개의 영산 (제사 지내는 산)'을 말합니다. '큰 산 악(岳)' 자가 또 있습니다. 참고 바랍니다.

● **마루 종(宗)** 자는 높을 종, 근본 종, 일가 종, 겨레 종 등으로 읽으며, 뜻은 '마루, 맏이, 근본, 종주(宗主: 으뜸, 근본), 일가, 종씨(宗氏: 동성동본으로 촌수를 따지지 않는 일가의 칭호)'입니다. 여기서는 '종주'로 풀이하여 악종(嶽宗)을 '오악 중에서는 ~을 종주(으뜸)로 하고' 등으로 풀이합니다.

● **항상 항(恒)** 자는 늘 항, 시위 궁 등 두 가지 발음(항과 궁)으로 읽으며, 뜻은 '늘(언제든지, 항상), 항상(恒常: 늘, 언제나)'입니다. 여기서는 '중국에 있는 산 이름 항산(恒山)'을 말하는 것입니다.

● **뫼 대(岱)** 자는 산 이름 대 등으로 읽으며, 뜻은 '산의 이름 대산(岱山)'입니다. 여기서는 '대산'으로 풀이하여 항대(恒岱)를 '항산과 대산(태산)'으로 풀이합니다. 뫼 대(岱) 자는 터 대(垈) 자와 비슷하니 참고 바랍니다. 대지(垈地: 집터)라고 쓰는 글자입니다.

◎ **악종항대(嶽宗恒岱)**란 '오악은 항산과 대산(태산)을 으뜸으로 삼고' 등으로 풀이하며, 태산(泰山)은 대산(岱山)의 별칭(別稱: 달리 불리는 명칭)으로 대산(岱山)과 태산(泰山)은 같은 산을 말하는 것입니다. 참고 바랍니다.

선(禪)   주(主)   운(云)   정(亭)
①   ②   ③   ④
터 닦음(봉선)은 주로 운운산과 정정산에서 행해졌다.

- **터 닦을 선(禪)** 자는 사양할 선, 고요할 선 등으로 읽으며, 뜻은 '사양하다, 선방(禪房: 절에서 참선하는 일), 봉선(封禪: 옛날 중국에서 임금이 흙으로 단을 만들어 하늘에 제사 지내고 땅을 깨끗이 쓸어 산천에 제사 지냈던 일을 말함)'입니다. 여기서는 '터 닦음, 봉선'으로 풀이합니다.

- **임금 주(主)** 자는 주인 주 등으로 읽으며, 뜻은 '주인(主人: 한 집안의 어른, 물건 임자 등), 임금, 주상(主上: 임금), 주로(主로: 기본적으로 삼거나 특별히 중심이 되게)'입니다. 여기서는 '주로'로 풀이하여 선주(禪主)를 '터 닦음(봉선)은 주로'로 풀이합니다.

- **이를 운(云)** 자는 움직일 운 등으로 읽으며, 뜻은 '이르다, 말하다, 운운(云云: 이러이러함)' 등에 쓰는 글자인데, 여기서는 '대산(태산) 아래에 있는 작은 산인 '운운산'을 말하는 것입니다.

- **정자 정(亭)** 자는 여관 정 등으로 읽으며, 뜻은 '정자(亭子: 산과 물가에 놀기 위해 지은 집)'입니다. 여기서는 '대산(태산) 아래에 있는 정정산을 말한 것으로, 운정(云亭)을 '운운산과 정정산'으로 풀이합니다.

◎ **선주운정(禪主云亭)**이란 '봉선의 제사를 드리는 터 닦음은 주로 운운산과 정정산에서 행해졌다' 등으로 풀이하며, 운운산과 정정산은 천자를 봉선하고 제사 지내는 곳이라는 내용입니다.

(문장 78) 악종항대(嶽宗恒岱)~선주운정(禪主云亭):
오악 중에서는 항산과 대산, 태산을 종주, 으뜸으로 하고 터 닦음, 봉선은 주로 운운산과 정정산에서 행해졌다.

79. 안문자새(鴈門紫塞)~계전적성(鷄田赤城)

> **[79의 1단] 기러기 안(雁) 문 문(門) 붉을 자(紫) 변방 새(塞)**
>
> 안(雁) 문(門) 자(紫) 새(塞)
> ① ② ③ ④
> 기러기 나는 안문(안문산)과 자줏빛 요새(만리장성)가 있고

● **기러기 안(雁)** 자는 뜻은 '기러기, 안부(雁夫: 혼인 때 신부 집으로 기러기를 안고 가는 사람)'입니다. 여기서는 '기러기'로 풀이합니다. '기러기 안(鴈)' 자로 표기된 책도 있습니다.

● **문 문(門)** 자는 집 문, 집안 문 등으로 읽으며, 뜻은 '문, 집안, 가문(家門: 집안과 문중), 문하생(門下生: 동문에서 함께 공부한 사람), 대문(大門: 큰 문, 집의 정문)' 등에 쓰는 글자인데, 여기서는 '안문(雁門)'을 '중국의 땅 이름'을 말하는 것으로, '안문(안문산)'으로 풀이합니다.

● **붉을 자(紫)** 자는 자줏빛 자 등으로 읽으며, 뜻은 '자줏빛, 보랏빛, 자운(紫雲: 자줏빛 구름, 상서로운 구름)'입니다. 여기서는 '자줏빛'으로 풀이합니다.

● **변방 새(塞)** 자는 주사위 새, 막을 색 등 두 가지 발음(새와 색)으로 읽으며, 뜻은 '변방(邊方: 가장자리가 되는 방면), 요새(要塞: 적의 침입을 막기 위해 건설한 방비 시설)'입니다. 여기서는 '요새'로 풀이하여 자새(紫塞)를 '자줏빛 요새(만리장성)'로 풀이합니다.

◎ **안문자새(鴈門紫塞)**란 '기러기 나는 안문산과 자줏빛 요새 만리장성이 있고' 등으로 풀이하며, 안문이나 자새는 중국의 지명(땅 이름)으로 기러기가 오고 가는 문이라 안문이고, 흙이 붉기 때문에 자새라고 하는데 이곳에 중국의 진(秦)나라는 북방 오랑캐들의 침입을 막기 위해 만리장성(萬里長城: 길이가 긴 성벽)을 쌓았다고 합니다. 중국 북쪽의 지형(地形: 땅이 생긴 모양이나 형세)을 설명한 것입니다.

계(鷄) 전(田) 적(赤) 성(城)
①   ②   ③   ④
계전과 (돌이 붉은) 적성이라는 지역이 있다.

● **닭 계(鷄)** 자는 뜻은 '닭, 계관(鷄冠: 닭의 볏, 맨드라미), 계란(鷄卵: 달걀, 닭의 알), 양계장(養鷄場: 닭을 기르기 위하여 설비한 곳), 계룡산(鷄龍山)'이라고도 쓰는 글자입니다. 약자로 '닭 계(鶏)'라고 씁니다. '닭 계(雞)' 자가 또 있습니다.

● **밭 전(田)** 자는 사냥할 전, 논 전 등으로 읽으며, 뜻은 '밭, 사냥하다, 전답(田畓: 밭과 논), 전원생활(田園生活: 도시에서 떠나 전원, 시골, 교외에서 농사지으며 사는 생활)'입니다. 여기서 계전(鷄田)은 '중국 옹주에 있는 고을 이름'을 말하는 것입니다.

● **붉을 적(赤)** 자는 빨갈 적 등으로 읽으며, 뜻은 '붉다, 적색(赤色: 붉은빛깔), 발가벗다, 적나나(赤裸裸: 벌거벗음, 숨김없이 드러냄), 붉은색(빨간 색)'이라고 쓰는 글자입니다.

● **재 성(城)** 자는 서울 성, 보루 성 등으로 읽으며, 뜻은 '재(높은 고개), 성(城: 적군을 막기 위해 쌓아 올린 큰 담)'입니다. 여기서 적성(赤城)은 '중국에 있는 지명(地名: 땅 이름)'을 말하는 것입니다.

◎ **계전적성(鷄田赤城)**이란 '계전은 옹주에 있고, 적성은 기주에 있는 고을이다' 등으로 풀이하며, 안문, 자새, 계전, 적성은 모두 중국의 지명을 말한 것입니다.

(문장 79) 안문자새(鴈門紫塞)~계전적성(鷄田赤城):
기러기 나는 안문, 안문산과 자줏빛 요새, 만리장성이 있고 계전과 돌이 붉은 적성이라는 지역이 있다.

80. 곤지갈석(昆池碣石)~거야동정(鉅野洞庭)

[80의 1단] 맏 곤(昆) 못 지(池) 돌 갈(碣) 돌 석(石)

곤(昆) 지(池) 갈(碣) 석(石)
　①　　②　　③　　④
(연못으로는) 곤지가 있고, (산으로는) 갈석이 있으며,

● **맏 곤(昆)** 자는 언니 곤, 형 곤, 덩어리 흔 등 두 가지 발음(곤과 흔)으로 읽으며, 뜻은 '맏이(여러 형제 중에서 제일 손위 등), 형, 곤계(昆季: 형과 아우), 곤충(昆蟲: 벌레)' 등에 쓰는 글자입니다.

● **못 지(池)** 자는 풍류이름 지, 물 이름 타 등 두 가지 발음(지와 타)으로 읽으며, 뜻은 '못(늘 물이 괴어 있는 연못), 저수지(貯水池)'입니다. 여기서 곤지(昆池)는 '중국에 있는 지명(땅 이름)'을 말하는 것으로, 좋은 연못이 있다고 합니다. '못 지(池)' 자와 '땅 지(地)' 자를 구별해서 알아 두기 바랍니다. 참고 사항입니다.

● **돌 갈(碣)** 자는 비석 갈 등으로 읽으며, 뜻은 '비석(碑石: 돌에 글을 새겨 놓은 돌), 묘갈(墓碣: 뫼 앞의 작은 비)' 등에 쓰는 글자입니다.

● **돌 석(石)** 자는 저울 석 등으로 읽으며, 뜻은 '돌, 석공(石工: 돌을 다루는 사람), 석기(石器: 원시인들이 쓰던 돌도끼, 돌칼 등의 연장), 석불(石佛: 돌부처)'입니다. 여기서 갈석(碣石)은 '중국 하북성에 있는 지명(땅 이름)'을 말하는 것입니다.

◎ **곤지갈석(昆池碣石)**이란 '곤지는 중국 운남성 곤명현에 있고, 갈석은 부평현에 있는 돌이다' 등으로 풀이하며, 곤지에는 좋은 연못이 있고, 갈석은 좋은 돌이 나온다는 내용으로 그 지방의 특색(特色: 보통의 것과 다른 점)을 설명한 것입니다.

176　　　　　　　　　　　　　　　　　　　　　　　천자문 千字文

거(鉅) 야(野) 동(洞) 정(庭)
①   ②   ③   ④
(돌로는) 거야가 있고, (호수로는 중국 제일의) 동정호가 있다.

● 클 거(鉅) 자는 강한 쇠 거 등으로 읽으며, 뜻은 '크다, 강한 쇠, 거경(鉅卿: 신분이 높은 사람), 거위(鉅偉: 크고도 훌륭함)'입니다. '클 거(巨)' 자가 또 있습니다.

● 들 야(野) 자는 촌스러울 야, 들판 야, 백성 야 등으로 읽으며, 뜻은 '들판, 시골, 야인(野人: 순박한 사람, 시골 사람, 민간인), 야구장(野球場: 야구 경기를 하는 운동장)'이라고 쓰는 글자입니다. 여기서 거야(鉅野)는 '중국 태산 동편에 있는 광야(廣野, 曠野: 넓은 들)'를 말하는 것으로, '중국의 지명(地名: 땅 이름)'을 말한 것입니다.

● 골 동(洞) 자는 공손할 동, 통할 통 등 두 가지 발음(동과 통)으로 읽으며, 뜻은 '골(고을의 약자), 굴, 동굴(洞窟: 깊고 넓은 굴), 마을, 동네, 동(洞: 지방 행정 구역의 하나) ○○동(洞)'이라고 쓰는 글자입니다.

● 뜰 정(庭) 자는 곧을 정 등으로 읽으며, 뜻은 '뜰(집안의 마당), 정원(庭園: 뜰, 집안의 동산), 가정(家庭: 한 가족이 살림하고 있는 집안)' 등에 쓰는 글자인데, 여기서 동정(洞庭)은 '중국 호남성에 있는 호수(湖水: 큰 연못)'를 말하는 것입니다.

◎ 거야동정(鉅野洞庭)이란 '거야와 동정이 있다' 등으로 풀이하며, 곤지, 갈석, 거야, 동정은 모두 중국의 지명을 말한 것입니다.

(문장 80) 곤지갈석(昆池碣石)~거야동정(鉅野洞庭):
연못으로는 곤지가 있고, 산으로는 갈석이 있으며, 들로는 거야가 있고, 호수로는 중국 제일의 동정호가 있다.

81. 광원면막(曠遠綿邈)~암수묘명(巖岫杳冥)

[81의 1단] 빌 광(曠) 멀 원(遠) 솜 면(綿) 멀 막(邈)

광(曠) 원(遠) 면(綿) 막(邈)
① ② ④ ③
(산과 호수, 벌판들이) 텅 비어 멀리 아득하게 이어지고

● **빌 광(曠)** 자는 휑활 광, 밝을 광, 멀 광 등으로 읽으며, 뜻은 '휑하다(막힐 것이 없이 두루 잘 통해 있다), 넓다, 광야(曠野: 넓은 들, 허허벌판), 멀다, 오래다, 광겁(曠劫: 끝없이 먼 세상, 지극히 오랜 세월)'입니다. 여기서는 '텅 비어, 끝없이' 등으로 풀이합니다.

● **멀 원(遠)** 자는 멀리할 원 등으로 읽으며, 뜻은 '멀다, 영원(永遠: 오래도록 변함 없이 계속됨), 깊다'입니다. 여기서는 '멀리'로 풀이하여 광원(曠遠)을 '산과 호수, 벌판들이 텅 비어 끝없이 멀리' 등으로 풀이합니다.

● **솜 면(綿)** 자는 얽을 면 등으로 읽으며, 뜻은 '솜, 면포(綿布: 무명실로 짠 피륙), 연잇다, 이어지고, 자세하다, 면밀(綿密: 자세하고 빈틈이 없다)'입니다. 여기서는 '이어지고' 등으로 풀이합니다.

● **멀 막(邈)** 자는 아득할 막 등으로 읽으며, 뜻은 '멀다, 아득하다(끝이 없다), 막연(邈然: 아득한 모양, 어렴풋한 모양)'입니다. 여기서는 '아득하다'로 풀이하여 면막(綿邈)을 '아득하고 멀리, 이어지고' 등으로 풀이합니다.

◎ **광원면막(曠遠綿邈)**이란 '텅 비어 멀리 이어지고, 광막하고, 멀며, 땅이 드넓어 아스라이(아슬아슬하게) 멀고' 등으로 풀이하며, 중국 땅이 드넓어 산, 벌판, 호수 등이 아득하고 끝없이 멀리 줄지어 있다는 내용으로, 중국 땅의 광활(廣闊: 훤하게 트이고 넓음)하고 아득함(끝없이 멀다)을 말한 것입니다.

암(巖) 수(岫) 묘(杳) 명(冥)
①   ②   ③   ④
바위와 산봉우리(멧부리)는 높이 솟고 물은 아득하고 깊다.

● **바위 암(巖)** 자는 험할 암, 높을 엄 등 두 가지 발음(암과 엄)으로 읽으며, 뜻은 '바위, 암석(巖石: 바위), 기암(奇巖: 기이한 바위)'입니다. 여기서는 '바위'로 풀이합니다. 속자로 '바위 암(岩)'이라고 씁니다.

● **산굴 수(岫)** 자는 산 구멍 수, 멧부리 수 등으로 읽으며, 뜻은 '산굴(산 속에 있는 굴), 멧부리(산봉우리, 제일 높은 꼭대기)'입니다. 여기서는 '산봉우리'로 풀이하여 암수(巖岫)를 '바위와 산봉우리(멧부리)는 바위 구멍(산굴)은' 등으로 풀이합니다. '멧부리 수(峀)' 자로 표기된 책도 있습니다.

● **아득할 묘(杳)** 자는 깊을 묘 등으로 읽으며, 뜻은 아득하다(끝없이 멀다), 묘연(杳然: 아득하고 먼 모양). 여기서는 '아득하다'로 풀이합니다. '향기 향(香)' 자와 비슷하니 참고 바랍니다.

● **어두울 명(冥)** 자는 밤 명 등으로 읽으며, 뜻은 '어둡다, 고요하다, 명상(冥想: 고요한 가운데 눈을 감고 깊이 생각함)'입니다. 여기서는 '어둡다'로 풀이하여 묘명(杳冥)을 '아득하고 어둡다, 깊다' 등으로 풀이합니다.

◎ **암수묘명(巖岫杳冥)**이란 '바위 구멍은 아득하고 어둡다' 등으로 풀이하며, 중국의 땅과 산천은 끝없이 넓고 아득한데, 산속에 있는 바위 구멍(산굴, 동굴)은 어둡고 산봉우리(멧부리)는 매우 높고 물은 아주 깊다는 것을 말한 것입니다.

(문장 81) 광원면막(曠遠綿邈)~암수묘명(巖岫杳冥):
산과 호수, 벌판들이 텅 비어 멀리 아득하게 이어지고, 바위와 산봉우리, 멧부리는 높이 솟고 물은 아득하고 깊다.

82. 치본어농(治本於農)~무자가색(務茲稼穡)

[82의 1단] 다스릴 치(治) 근본 본(本) 어조사 어(於) 농사 농(農)

치(治) 본(本) 어(於) 농(農)
①   ④   ③   ②

다스리는 것은(정치는) 농사에 근본을 두니(농사를 나라 다스리는 근본으로 삼고),

● **다스릴 치(治)** 자는 치료할 치 등으로 읽으며, 뜻은 '다스리다, 치국(治國: 나라를 다스림), 정치(政治: 국가의 주권자가 그 영토와 국민을 다스림), 치료(治療: 병을 고침)'입니다. 여기서는 '다스리는 것, 정치는' 등으로 풀이합니다.

● **근본 본(本)** 자는 밑 본, 아래 본, 밑천 본 등으로 읽으며, 뜻은 '근본(根本: 초목의 뿌리, 사물이 발생하는 근원, 기초, 본바탕), 바탕'입니다. 여기서는 '근본'으로 풀이하여 치본(治本)을 '다스리는 것은 (정치는) ~ 근본으로, 나라 다스리는 근본' 등으로 풀이합니다.

● **어조사 어(於)** 자는 에 어, 거할 어, 살 어, 갈 어, 탄식할 오, 땅이름 오 등 두 가지 발음(어와 오)으로 읽으며, 뜻은 '어조사(한문의 토, 실질적인 뜻은 없고 다른 글자의 보조로 쓰임), ~에, ~에서, ~으로' 등의 뜻을 나타냅니다. '탄식하다, 오호(於乎: 아아 감탄하는 소리)'. 여기서는 '~에, ~를' 등으로 풀이합니다.

● **농사 농(農)** 자는 힘쓸 농 등으로 읽으며, 뜻은 '농사(農事: 논밭을 갈아 농작물을 심어 가꾸는 일)'입니다. 여기서는 '농사'로 풀이하여 어농(於農)을 '농사에 ~를 두고, 농사를 ~삼고' 등으로 풀이합니다.

◎ **치본어농(治本於農)**이란 '농사를 나라 다스리는 근본으로 삼고' 등으로 풀이하며, 정치의 대요(大要: 대체의 요지, 간략한 줄거리)는 농사를 근본(여기서 근본은 본바탕)으로 한다는 내용으로 중농정책(重農政策: 농사를 중히 여기는 정책)을 말한 것입니다.

● **힘쓸 무(務)** 자는 일 무, 직분 무, 마음먹을 무 등으로 읽으며, 뜻은 '힘쓰다, 직무(職務: 관직, 직업상의 사무), 근무(勤務: 봉급을 받고 일터에 나아가 일을 함), 사무(事務: 주로 문서를 맡아 다루는 업무, 일)'입니다. 여기서는 '~일에 힘써야 한다'로 풀이합니다.

● **이 자(玆)** 자는 흐릴 자, 거듭 자, 검을 현 등 두 가지 발음(자와 현)으로 읽으며, 뜻은 '이, 이에, 검다, 검을 현(玄) 자가 2개(玆) 있는 글자라고 생각하면 됩니다. 여기서는 '이, 이에(때맞춰)'로 풀이하여 무자(務玆)를 '이에(때맞춰) ~일에 힘써야 한다'로 풀이합니다.

● **심을 가(稼)** 자는 뜻은 '심다, 일하다, 가동(稼動: 움직여 일을 함), 농사, 가기(稼器: 농사에 쓰이는 기구)'입니다. 여기서는 '농사 심고 일한다'로 풀이합니다.

● **거둘 색(穡)** 자는 아낄 색, 농사 색 등으로 읽으며, 뜻은 '거두다, 농사, 색부(穡夫: 농사짓는 사람, 농부)'입니다. 여기서는 '거두다'로 풀이하여 가색(稼穡)을 '곡식, 농사, 심고 거두는 일'로 풀이합니다.

◎ **무자가색(務玆稼穡)**이란 '때를 맞춰 심고 거두는 데 힘써야 한다' 등으로 풀이하며, 농사는 봄에 심고 가을에 거두어 그때를 놓치지 않아야 한다는 것을 말한 것입니다.

(문장 82) 치본어농(治本於農)~무자가색(務玆稼穡):
다스리는 것은 정치는 농사에 근본을 두니, 농사를 나라 다스리는 근본으로 삼고, 이에 때맞춰 심고 거두는 일에 힘써야 한다.

83. 숙재남묘(俶載南畝)~아예서직(我藝黍稷)

● **비로소 숙(俶)** 자는 비롯할 숙, 처음 숙, 고상할 척 등 두 가지 발음(숙과 척)으로 읽으며, 뜻은 '비로소(마침내, 처음으로), 고상하다, 척당(俶黨: 고상함, 높이 뛰어남)'입니다. 여기서는 '비로소(마침내, 처음으로)'로 풀이합니다.

● **실을 재(載)** 자는 일 재, 가득할 재, 이길 재, 비롯할 재, 해 재 등으로 읽으며, 뜻은 '싣다(물건을 운반하려고 수레에 얹다 등), 적재(積載: 물건, 짐을 쌓아 실음), 해, 천재(千載: 긴 세월)'입니다. 여기서는 '일재'로 풀이하여 숙재(俶載)를 '비로소 처음으로 ~에서 일을 시작하니' 등으로 풀이합니다.

● **남녘 남(南)** 자는 금 남, 앞 남, 성(姓) 남 등으로 읽으며, 뜻은 '남녘, 남쪽, 남향(南向: 남쪽으로 향함), 남풍(南風: 남쪽에서 불어오는 바람)'입니다. 여기서는 '남쪽'으로 풀이합니다.

● **이랑 묘(畝)** 자는 밭이랑 묘 등으로 읽으며, 본음은 밭이랑 무(畝)라고 읽습니다. 뜻은 '밭이랑(밭두둑과 고랑)'입니다. 여기서는 '밭두둑'으로 풀이하여 남묘(南畝)를 '남쪽의 밭두둑, 이랑'으로 풀이합니다.

◎ **숙재남묘(俶載南畝)**란 '봄이 되면 남쪽 밭이랑에서 일을 시작하니, 비로소 남쪽 밭에 나가 농작물을 기르기 시작하니' 등으로 풀이하며, 추운 겨울이 지나가고 따뜻한 봄이 되면 양지(陽地: 햇볕이 잘 드는 땅) 바른 남쪽 밭에서 일을 시작한다는 것을 말한 것입니다.

● **나 아(我)** 자는 우리 아, 이쪽 아 등으로 읽으며, 뜻은' 나, 우리, 아국(我國: 우리나라)'입니다. 여기서는 나(자신), 우리로 풀이합니다.

● **재주 예(藝)** 자는 글 예, 극진할 예 등으로 읽으며, 뜻은 '재주, 예술(藝術: 기예와 학술을 아울러 이르는 말)'입니다. 여기서는 '심어서 가꾸는 재주'로 풀이하여, 아예(我藝)를 '나는 ~를 심는다'로 풀이합니다. 향풀 운(芸) 자를 재주 예(藝) 자의 약자로 쓰기도 합니다.

● **기장 서(黍)** 자는 메기 기장 서 등으로 읽으며, 뜻은 '기장(곡류의 하나로 조보다 굵음), 찰기 장, 서속(黍粟: 기장과 조)'입니다. 여기서는 '기장'으로 풀이합니다.

● **피 직(稷)** 자는 메기 기장 직, 기장 직 등으로 읽으며, 뜻은 '기장, 메기장, 곡식'입니다. 여기서 피 직(稷) 자의 피는 포아풀과의 일년생 풀로 식용 또는 사료용으로 쓰이는 곡식 이름인데, 요즈음 피는 다른 곡식을 해롭게 하기 때문에 뽑아 버리고 있지만, 여기서는 '옛날에 먹는 피, 메기장'을 말하는 것으로 서직(黍稷)을 '기장', '찰기장'과 '메기장', '먹는 피'로 풀이합니다.

◎ **아예서직(我藝黍稷)**이란 '나는 기장과 피를 심는 일에 열중하겠다, 우리는 기장과 피를 심었다' 등으로 풀이하며, 나는 기장과 피를 심고 부지런히 농사일에 힘쓰겠다는 것을 말한 것입니다.

(문장 83) 숙재남묘(俶載南畝)~아예서직(我藝黍稷):
봄이 되면 비로소 남쪽의 밭두둑, 이랑에서 일을 시작하니, 나는 기장과 피를 심었다. 기장과 피는 곡식 이름임.

84. 세숙공신(稅熟貢新)~권상출척(勸賞黜陟)

[84의 1단] 구실 세(稅) 익을 숙(熟) 바칠 공(貢) 새 신(新)

세(稅) 숙(熟) 공(貢) 신(新)
② ① ④ ③
곡식이 익으면 세금을 내게 하고 새로운 것을 공물로 바치며

● **구실 세(稅)** 자는 부세 세, 거둘 세, 추복입을 태, 풀 탈, 벗을 탈 등 세 가지 발음(세, 태, 탈)으로 읽으며, 뜻은 '구실(직책, 세금), 세금(稅金: 조세로 바치는 돈), 과세(課稅: 세금을 매김), 벗다, 풀다'입니다. 여기서는 '과세(세금을 내게 하고)'로 풀이합니다.

● **익을 숙(熟)** 자는 숙달할 숙, 풍년 들 숙 등으로 읽으며, 뜻은 '익다(열매나 씨가 여물다), 숙달(熟達: 익숙하여 통달함)'입니다. 여기서는 '익다'로 풀이하여 세숙(稅熟)을 '곡식이 익으면 세금을 내고, 내게 하고(과세하고)' 등으로 풀이합니다.

● **바칠 공(貢)** 자는 천거할 공, 세 바칠 공 등으로 읽으며, 뜻은 '바치다, 공물(貢物: 백성이 나라에 바치는 물건)'입니다. 여기서는 '공물을 바치다'로 풀이합니다.

● **새 신(新)** 자는 처음 신, 새로울 신 등으로 읽으며, 뜻은 '새(낡지 않은 새로운 것), 새롭다, 신곡(新穀: 햇곡식, 새로 나온 곡식), 신년(新年: 새해, 설), 신문(新聞: 새로운 소식)'입니다. 여기서는 '새로운 것'으로 풀이하여 공신(貢新)을 '새로운 것(곡식, 과일 등)을 공물로 바치며' 등으로 풀이합니다.

◎ **세숙공신(稅熟貢新)**이란 '익은 곡식으로 세금을 내고 새로운 농산물을 공물로 바치며' 등으로 풀이하며, 곡식이 익으면 부세(負稅: 세금을 매기고)하여 국용(國用: 나라에서 쓸 돈)을 준비하고 햇곡식으로 종묘(宗廟: 위패를 모시는 사당, 집)에 제사를 올린다는 내용입니다.

권(勸)　상(賞)　출(黜)　척(陟)
　①　　②　　③　　④
(일을 잘하도록) 권장하고 상 주며, 내쫓기도 하고 올려 주기도 한다.

● **권할 권(勸)** 자는 도울 권, 가르칠 권, 힘껏 할 권 등으로 읽으며, 뜻은 '권하다 (하도록 하다, 힘쓰도록 이르다), 권장(勸獎: 권하여 힘쓰게 함)'입니다. 여기서는 '권하다, 권장하다'로 풀이합니다.

● **상 줄 상(賞)** 자는 아름다울 상, 구경할 상 등으로 읽으며, 뜻은 '상 주다, 상 (賞: 잘한 일을 칭찬하여 주는 표적), 상금(賞金: 상으로 주는 돈), 상장(賞狀: 상으로 주는 증서)'입니다. 여기서는 '상을 주다'로 풀이하여 권상(勸賞)을 '권장하고 상 주며' 등으로 풀이합니다.

● **내칠 출(黜)** 자는 물리칠 출 등으로 읽으며, 뜻은 '내치다, 물리치다, 출방(黜 放: 내어 쫓음)'입니다. 여기서는 '내쫓는다'로 풀이합니다.

● **오를 척(陟)** 자는 올릴 척 등으로 읽으며, 뜻은 '오르다, 진척(進陟: 일이 잘되 어 감)'입니다. 여기서는 '올려 준다'로 풀이하여 출척(黜陟)을 '못된 사람은 내 쫓고 착한 사람을 씀, 내쫓기도 하고 올려 주기도 한다, 내치고 올려 준다' 등 으로 풀이합니다.

◎ **권상출척(勸賞黜陟)**이란 '농사를 관장하는 관리가 열심히 일한 자는 상을 주 고 게을리한 자는 내쫓았다' 등으로 풀이하며, 농정(農政: 농사에 관한 정책)에 관하여 설명한 것입니다.

(문장 84) 세숙공신(稅熟貢新)~권상출척(勸賞黜陟):
곡식이 익으면 세금을 내게 하고 새로운 것을 공물로 바치며, 일을 잘하도록 권장하고 상 주며, 내쫓기도 하고 올려 주기도 한다.

85. 맹가돈소(孟軻敦素)~사어병직(史魚秉直)

[85의 1단] 맏 맹(孟) 수레 가(軻) 도타울 돈(敦) 흴 소(素)

맹(孟) 가(軻) 돈(敦) 소(素)
①   ②   ④   ③
맹자는 본바탕을 돈독히(인정, 정의, 사랑 등을 많이) 하였고

- **맏 맹(孟)** 자는 힘쓸 맹, 첫 맹, 클 맹, 맹랑할 망 등 두 가지 발음(맹과 망)으로 읽으며, 뜻은 '맏(첫째), 성(姓: 맹자의 성), 맹모(孟母: 맹자의 어머니), 맹랑하다, 공맹(孔孟: 공자와 맹자)'입니다. 여기서는 '맹자의 성'으로 풀이합니다.

- **수레 가(軻)** 자는 굴레 가, 맹자 이름 가, 때 못 만날 가, 높을 가 등으로 읽으며, 뜻은 '때 못 만나다, 높다' 등인데, 여기서는 '맹자 이름 가'로 풀이하여 맹가(孟軻)를 '중국 춘추시대 유가(儒家)의 대표적인 사상가인 맹자(孟子)로' 풀이합니다. 맹자는 이름이 '가(軻)'입니다.

- **도타울 돈(敦)** 자는 힘쓸 돈, 쪼을 퇴, 옥정반 대, 모을 단, 아로새길 조 등 다섯 가지(돈, 퇴, 대, 단, 조) 발음으로 읽는 일자 다음 한자로, 뜻은 '도탑다(인정, 정의, 사랑 등이 많고 깊다), 돈독히(敦篤: 도탑고 성실하게)'입니다. 여기서는 '도탑다, 돈독히'로 풀이합니다.

- **흴 소(素)** 자는 바탕 소, 본디 소 등으로 읽으며, 뜻은 '희다(눈빛과 같다), 평소(平素: 평상시), 질박하다, 소박(素朴: 꾸밈이 없이 질박함, 그대로임)'입니다. 여기서는 '평소 본바탕'으로 풀이하여 돈소(敦素)를 '평소 본바탕을 도탑게, 돈독히 하였고' 등으로 풀이합니다.

◎ **맹가돈소(孟軻敦素)**란 '맹자는 그 모친의 교훈을 받아 성품이 두텁고 유순하였으며, 맹자는 근본을 두터이 닦았으며, 맹자는 도타운 사람이었고' 등으로 풀이하며, 맹자는 평상시에 본바탕(성품: 사람의 성질이나 됨됨이)을 돈독히 닦아 소박(素朴: 꾸밈없이 그대로임)하였다는 내용입니다.

사(史) 어(魚) 병(秉) 직(直)
①   ②   ④   ③
사어는 그 성격이 곧고 직간(바른말)을 잘하였다.

- **역사 사**(史) 자는 사기 사, 사관 사, 빛날 사, 성(姓) 사 등으로 읽으며, 뜻은 '역사(歷史: 인류사회에 있어 과거의 흥망 기록), 사관(史官: 중국에서 기록을 맡아 보던 관리), 여사(女史: 시집간 여자의 높임말, 사회적으로 저명한 여성 이름 아래에 쓰는 말)' 등에 쓰는 글자입니다.

- **물고기 어**(魚) 자는 고기 어 등으로 읽으며, 뜻은 '고기, 물고기' 등인데, 여기서 사어(史魚)는 중국 위나라 때 사관(史官)을 지내고 대부(大夫: 높은 벼슬)로 있던 '사어'라는 사람을 말하기 때문에 '사어'로 풀이합니다.

- **잡을 병**(秉) 자는 벼 묶을 병 등으로 읽으며, 뜻은 '잡다, 쥐다, 장악하다, 병권(秉權: 정권을 잡음, 권력을 잡음)'입니다. 여기서는 '잡다, ~하였다, 지켰다' 등으로 풀이합니다.

- **곧을 직**(直) 자는 바를 직, 값 치 등 두 가지 발음(직과 치)으로 읽으며 뜻은 '곧다, 바르다, 값, 직간(直諫: 아랫사람이 윗사람에게 특히 신하가 임금에게 곧은 말로 간한다는 뜻)'입니다. 여기서는 '직간'으로 풀이하여 병직(秉直)을 '성격이 곧고 직간(바른말)을 잘했다'로 풀이합니다.

◎ **사어병직**(史魚秉直)이란 '사어는 위나라 대부로 그 성격이 곧고 강직하였다' 등으로 풀이하며, 사어는 올곧음을 끝까지 지키고 직간(直諫: 윗사람이나 왕에게 잘못된 일을 고치도록 말함, 바른말)을 잘했다는 내용입니다.

(문장 85) 맹가돈소(孟軻敦素)~사어병직(史魚秉直):
맹자는 본바탕을 돈독히 인정, 정의, 사랑 등을 많이 하였고, 사어는 그 성격이 곧고 직간, 바른말을 잘하였다.

86. 서기중용(庶幾中庸)~노겸근칙(勞謙謹勅)

[86의 1단] 여러 서(庶) 몇 기(幾) 가운데 중(中) 떳떳 용(庸)

서(庶)　기(幾)　중(中)　용(庸)
　③　　④　　①　　②
(무슨 일이나) 중용의 도에 가깝도록 하는 것은
(어떠한 일이나 한쪽으로 기울어지게 일하면 안 되고)

● **여러 서(庶)** 자는 거의 서, 백성 서, 많을 서 등으로 읽으며, 뜻은 '여러, 뭇(많은 수효를 나타내는 말), 서무(庶務: 여러 가지 사무), 백성, 서민(庶民: 평민, 백성), 거의(어느 한도에 매우 가까운 정도), 서기(庶幾: 거의)' 등입니다. '거의 서(庶)' 자로 표기된 책도 있습니다. 여기서는 '거의(가깝도록)'로 풀이합니다.

● **몇 기(幾)** 자는 거의 기, 살필 기, 기미 기 등으로 읽으며 뜻은 '몇, 얼마, 기하(幾何: 얼마), 거의, 낌새, 기미(幾微: 일의 야릇한 눈치)'입니다. 여기서는 '거의(매우 가까운 정도로)'로 풀이하여 서기(庶幾)를 '거의 가깝도록 하는 것은' 등으로 풀이합니다.

● **가운데 중(中)** 자는 안쪽 중, 바른 덕 중 등으로 읽으며, 뜻은 '가운데 중심(中心: 한가운데), 바르다, 중용(中庸: 어느 쪽으로나 치우침이 없이 곧고 바름), 절반, 중간(中間: 두 사물의 사이), 중앙(中央: 사방의 중심이 되는 한가운데, 중심이 되는 중요한 곳), 중학교(中學校)'라고 쓰는 글자입니다. 여기서는 '바르다, 중용'으로 풀이합니다.

● **떳떳 용(庸)** 자는 떳떳할 용 등으로 읽으며, 뜻은 '떳떳하다(굽힐 것이 없고 어그러짐이 없다, 당연하다), 쓰다, 등용(登庸: 사람을 골라서 뽑음)'입니다. 여기서는 '떳떳하다'로 풀이하여 중용(中庸)을 '중용의 도(곧고 바름, 바른길)'로 풀이합니다.

◎ **서기중용(庶幾中庸)**이란 '무슨 일이나 중용에 가까워지려면' 등으로 풀이하며, 어떠한 일이나 한쪽으로 기울어지게 일하면 안 된다는 것을 말한 것으로, 잘못이 없도록 자신의 몸가짐이나 언행을 조심하라는 내용입니다. 참고하기 바랍니다.

[86의 2단] 수고로울 로(勞) 겸손할 겸(謙) 삼갈 근(謹) 칙서 칙(勅)
노(勞) 겸(謙) 근(謹) 칙(勅) ①   ②   ③   ④ 부지런히 일하고(노력하고) 겸손하고 삼가고 경계해야 한다.

● **수고로울 로(勞)** 자는 일할 로, 위로할 로, 부지런할 로 등으로 읽으며, 뜻은 '수고롭다, 노력(勞力: 힘들여 일함 등), 노동(勞動: 마음과 몸을 써서 일을 함)'입니다. 여기서는 '부지런히 일하고(노력하고)' 등으로 풀이합니다. 약자로 '수고할 로(労)'라고 씁니다. 참고로, 부지런히 일할 때는 '노력(勞力)'이라고 쓰고, 공부를 열심히 할 때는 '노력(努力)'이라고 씁니다. '힘쓸 노(努)' 자입니다. 뜻은 '힘쓰다'. 참고 사항입니다.

● **겸손할 겸(謙)** 자는 사양할 겸 등으로 읽으며, 뜻은 '겸손하다, 겸손(謙遜: 남의 앞에서 제 몸을 낮춤), 사양하다'입니다. 여기서는 '겸손하다'로 풀이하여 노겸(勞謙)을 '부지런히 일하고 노력(勞力)하고 겸손하고' 등으로 풀이합니다.

● **삼갈 근(謹)** 자는 공경할 근 등으로 읽으며, 뜻은 '삼가다(조심하다), 근신(謹愼: 언행을 삼가고 조심함)'입니다. 여기서는 '삼가다'로 풀이합니다.

● **칙서 칙(勅)** 자는 신칙할 칙, 뜻은 '칙서, 칙명(勅命: 임금의 명령), 타이르다, 신칙하다(단단히 타일러서 경계하다)'입니다. 여기서는 근칙(勤勅)을 '삼가고 경계한다' 등으로 풀이합니다.

◎ **노겸근칙(勞謙謹勅)**이란 '수고하고 겸손하고 삼가고 가다듬어야 한다' 등으로 풀이하며, 중용의 도에 가까워지려면 어떠한 일이나 한쪽으로 기울어지게 일하면 안 된다는 것을 말한 것입니다.

※ 수고로울 로(勞) 자는 두음법칙에 의하면 앞에 있으면 '노', 뒤에 있으면 '로'로 읽고 씁니다. 노력(勞力), 노동(勞動), 근로(勤勞) 등.

(문장 86) 서기중용(庶幾中庸)~노겸근칙(勞謙謹勅):
무슨 일이나 중용의 도에 가깝도록 하는 것은 어떠한 일이나 한쪽으로 기울어지게 일하면 안 되고, 부지런히 일하고 노력하고 겸손하고 삼가고 경계해야 한다.

87. 영음찰리(聆音察理)~감모변색(鑑貌辨色)

[87의 1단] 들을 령(聆) 소리 음(音) 살필 찰(察) 이치 리(理)

영(聆)　음(音)　찰(察)　리(理)
②　　①　　④　　③

(그 사람의) 음성(목소리)을 듣고서 이치(마음속의 생각)를 살펴보고

● 들을 령(聆) 자는 깨달을 령 등으로 읽으며, 뜻은 '듣는다, 깨닫는다, 이령(耳聆: 귀로 들음)'입니다. 여기서는 '듣는다'로 풀이합니다.

● 소리 음(音) 자는 말소리 음, 음악 음 등으로 읽으며, 뜻은 '소리, 음성(音聲: 목소리, 말소리), 소식, 음악(音樂)'입니다. 여기서는 '음성'으로 풀이하여 영음(聆音)을 '그 사람의 음성을 듣고서'로 풀이합니다.

● 살필 찰(察) 자는 알 찰, 밝힐 찰 등으로 읽으며, 뜻은 '살피다(자세히 알아보다), 관찰(觀察: 사물을 자세히 살펴봄), 시찰(視察: 실지 사정을 돌아다니며 살펴봄), 경찰관(警察官: 경찰공무원의 통칭)'입니다. 여기서는 '~를 살피다'로 풀이합니다.

● 이치 리(理) 자는 다스릴 리, 바를 리, 도리 리 등으로 읽으며, 뜻은 '이치(理致: 사물의 정당한 도리), 다스리다, 깨닫다, 이해(理解: 사리를 분별하여 깨달음), 진리(眞理: 참다운 이치)'입니다. 여기서는 '이치'로 풀이하여 찰리(察理)를 '이치를 살피고' 등으로 풀이합니다.

◎ 영음찰리(聆音察理)란 '소리를 듣고서 이치를 살피고' 등으로 풀이하며, 그 사람의 목소리를 듣고 그 마음속의 생각을 살핀다는 내용으로, 맹자(孟子)는 말하는 소리를 듣고 그 사람의 모든 것을 알았다고 합니다. 그러므로 비록 적은 일이라도 주의해야 하며, 말을 함부로(생각 없이 되는대로 마구) 하지 말라는 것을 말한 것입니다. 참고 사항입니다.

※ 들을 령(聆) 자와 이치 리(理) 자는 두음법칙에 의하면 앞에 있으면 '영', '이', 뒤에 있으면 '령', '리'로 읽고 씁니다. 영음(聆音), 이령(耳聆: 귀로 들음), 이치(理致), 이해(理解), 찰리(察理), 진리(眞理) 등.

[87의 2단] **거울 감(鑑) 모양 모(貌) 분별할 변(辨) 빛 색(色)**

감(鑑) 모(貌) 변(辨) 색(色)
③ ① ④ ②

(그 사람의) 용모와 얼굴색을 보고 그 마음속을 분별한다.

● **거울 감(鑑)** 자는 밝을 감, 비칠 감 등으로 읽으며, 뜻은 '거울, 본보기, 밝다, 감정(鑑定: 사물의 좋고 나쁨을 분별함 등), 감상(鑑賞: 예술작품의 가치를 비추어보고 음미함)'입니다. 여기서는 '거울, 비추어 보는 것'으로 풀이합니다.

● **모양 모(貌)** 자는 꼴 모, 얼굴 모, 멀 막 등 두 가지 발음(모와 막)으로 읽으며, 뜻은 '모양(됨됨이, 꼴, 모습), 용모(容貌: 얼굴 모양)'입니다. 여기서는 '용모'로 풀이하여 감모(鑑貌)를 '용모, 얼굴 모양을 보고'로 풀이합니다.

● **분별할 변(辨)** 자는 판단할 별, 구별할 변 등으로 읽으며, 뜻은 '분별한다(分別: 사물의 이치를 가려서 앎), 가리다, 변호사(辯護士)'라고 쓰는 글자입니다. 여기서는 '분별한다'로 풀이합니다.

● **빛 색(色)** 자는 낯 색, 모양 색 등으로 읽으며, 뜻은 '빛, 낯빛(얼굴의 빛깔이나 기색), 기색(氣色: 마음의 작용으로 얼굴에 드러나는 빛, 눈치, 낌새)'입니다. 여기서는 변색(辨色)을 '얼굴색(낯빛, 기색)을 보고 (그 마음속을) 분별한다'로 풀이합니다.

◎ **감모변색(鑑貌辨色)**이란 '그 사람의 모양과 거동으로 그 마음속을 분별할 수 있다' 등으로 풀이하며, 상대방의 용모와 얼굴색을 거울 삼아 그 사람의 마음속을 분별할 수 있다는 내용입니다. 참고하기 바랍니다.

(문장 87) 영음찰리(聆音察理)~감모변색(鑑貌辨色):
그 사람의 음성, 목소리를 듣고서 이치, 마음속의 생각을 살펴보고, 그 사람의 용모와 얼굴색을 보고 그 마음속을 분별한다.

88. 이궐가유(貽厥嘉猷)~면기지식(勉其祗植)

[88의 1단] 줄 이(貽) 그 궐(厥) 아름다울 가(嘉) 꾀 유(猷)

이(貽)　궐(厥)　가(嘉)　유(猷)
④　　①　　②　　③
(자손들에게) 그 아름다운 계책(착하게 사는 방법)을 물려주고

● **줄 이**(貽) 자는 끼칠 이 등으로 읽으며, 뜻은 '끼치다(남에게 폐나 괴로움을 주다, 무엇을 후세에 남게 하다), 남기다, 이훈(貽訓: 부조(父祖: 아버지와 할아버지가 자손을 위해 남긴 교훈))'입니다. 여기서는 '남기다, 물려주다'로 풀이합니다.

● **그 궐**(厥) 자는 그것 궐, 짧을 궐, 나라이름 굴 등 두 가지 발음(궐과 굴)으로 읽으며, 뜻은 '그, 그것, 짧다, 궐녀(厥女: 그 여자)'입니다. 여기서는 '그'로 풀이하여 이궐(貽厥)을 '그 ~를 물려주고' 등으로 풀이합니다.

● **아름다울 가**(嘉) 자는 착할 가, 기릴 가, 즐거울 가 등으로 읽으며, 뜻은 '아름답다, 좋다, 칭찬하다, 즐거워하다, 착하게, 가례(嘉禮: 경사스러운 예식인 혼례를 이룸)'입니다. 여기서는 '아름다운, 좋은, 착하게' 등으로 풀이합니다.

● **꾀 유**(猷) 자는 그릴 유, 옳을 유, 같을 유 등으로 읽으며, 뜻은 '꾀(일을 잘 해결하거나 꾸며 내는 묘한 생각), 계책(計策: 꾀와 방책), 유념(猷念: 계획을 생각함)'입니다. 여기서는 '계책'으로 풀이하여 가유(嘉猷)를 '아름답고 좋은 계책, 착하게 사는 방법' 등으로 풀이합니다.

◎ **이궐가유**(貽厥嘉猷)란 '군자는 착한 일을 하여 자손들에게 좋은 것을 남겨야 한다' 등으로 풀이하며, 군자는 착한 일을 하여 아름답고 착하게 사는 방법을 가법(家法: 한 집안의 법도, 규율)으로 자손들에게 물려주어야 한다는 것을 말한 것입니다.

　　　　　　　　　　　　　　　　천자문 千字文

[88의 2단] 힘쓸 면(勉) 그 기(其) 공경할 지(祗) 심을 식(植)

면(勉) 기(其) 지(祗) 식(植)
④   ①   ②   ③
(자손은) 그 계책을 공경히 심는 데(실천하는 데) 힘써야 한다.

● **힘쓸 면(勉)** 자는 부지런할 면, 장려할 면 등으로 읽으며, 뜻은 '힘쓰다, 면학(勉學: 공부를 힘써 함), 근면(勤勉: 부지런히 일하며 힘씀)'입니다. 여기서는 '힘써야 한다'로 풀이합니다.

● **그 기(其)** 자는 그것 기, 어조사 기 등으로 읽으며, 뜻은 '그(이미 말한 것, 서로 이미 아는 것), 어조사(말뜻을 강조할 때 쓰이는 글자임), 기인(其人: 그 사람), 기타(其他: 그 밖에 다른 것)'입니다. 여기서는 '그'로 풀이하여 면기(勉其)를 '그 ~힘써야 한다'로 풀이합니다.

● **공경할 지(祗)** 자는 삼갈지 등으로 읽으며, 뜻은 '공경하다(恭敬: 삼가서 예를 차려 높임), 삼가다, 지경(祗敬: 공경하여 삼감)'입니다. 여기서는 '공경하다'로 풀이합니다.

● **심을 식(植)** 자는 세울 식, 초목 식, 방망이 치, 세울 치 등 두 가지 발음(식과 치)으로 읽으며, 뜻은 '심다, 식목(植木: 나무를 심음)'입니다. 여기서는 '심다'로 풀이하여 지식(祗植)을 '공경히 심는 데(실천하는 데)'로 풀이합니다.

◎ **면기지식(勉其祗植)**이란 '자손은 물려받은 그 계책을 공경히 심어 두기를 힘써라' 등으로 풀이하며, 군자는 아름답고 착하게 사는 방법을 자손들에게 가법으로 물려주고 자손은 그 물려받은 가법을 공경히 간직하고 실천하는 데 힘써야 좋은 가정을 이룰 수 있다는 것을 말한 것입니다.

(문장 88) 이궐가유(貽厥嘉猷)~면기지식(勉其祗植):
자손들에게 그 아름다운 계책, 착하게 사는 방법을 물려주고 자손은 그 계책을 공경히 심는 데, 실천하는 데 힘써야 한다.

89. 성궁기계(省躬譏誡)~총증항극(寵增抗極)

[89의 1단] 살필 성(省) 몸 궁(躬) 나무랄 기(譏) 경계할 계(誡)

성(省) 궁(躬) 기(譏) 계(誡)
② ① ③ ④

(자신의) 몸을 살펴서 남이 나를 나무라고 경계하는 말을 새겨듣고

● **살필 성(省)** 자는 볼 성, 덜 생, 생각할 생 등 두 가지 발음(성과 생)으로 읽으며, 뜻은 '살피다(자세히 알아보다), 성묘(省墓: 조상의 산소를 살피어 돌봄), 삼성(三省: 하루에 세 번 반성하여 잘못이 없나 살핌), 반성(反省: 자기가 한 일을 스스로 돌이켜 살핌), 덜다, 생략(省略: 줄이다)'입니다. 여기서는 '살피다'로 풀이합니다.

● **몸 궁(躬)** 자는 몸소 행할 궁 등으로 읽으며, 뜻은 '몸, 몸소(스스로), 궁행(躬行: 몸소 행함, 실천함)'입니다. 여기서는 '자신의 몸'으로 풀이하여 성궁(省躬)을 '자신의 몸을 살펴서'로 풀이합니다.

● **나무랄 기(譏)** 자는 꾸짖을 기 등으로 읽으며, 뜻은 '나무라다, 헐뜯다(남의 흉을 잡아내어 말하다), 기방(譏謗: 헐뜯음), 엿보다, 기찰(譏察: 넌지시 엿봄)'입니다. 여기서는 '나무라다, 헐뜯다'로 풀이합니다.

● **경계할 계(誡)** 자는 고할 계 등으로 읽으며, 뜻은 '경계(警戒, 警誡: 잘못이 없도록 미리 조심함, 타일러 주의시킴)'입니다. 여기서는 '경계'로 풀이하여 기계(譏械)를 '남이 나를 나무라고 경계하는 말을 새겨듣고' 등으로 풀이합니다. 경계할 계(戒) 자가 또 있습니다. 참고 바랍니다.

◎ **성궁기계(省躬譏誡)**란 '몸을 살펴서 남이 나를 나무라고 비방(誹謗: 남을 비웃고 헐뜯어서 말함)하는가 조심하고' 등으로 풀이하며, 남이 나를 희롱(실없는 말로 농락함)하고 헐뜯는가 자신(自身: 자기)의 몸을 살피고 반성해야 한다는 내용으로, 누구나 해당되는 내용이라고 생각됩니다. 참고하기 바랍니다.

총(寵) 증(增) 항(抗) 극(極)
①   ②   ④   ③
(임금의) 총애가 더하면 극도에 이름을(더할 수 없도록) 막아라.

● **사랑할 총(寵)** 자는 은혜 총, 영화로울 총, 임금께 총애 받을 총 등으로 읽으며, 뜻은 '사랑하다, 총애(寵愛: 특별히 사랑함), 은총(恩寵: 은혜와 총애)'입니다. 여기서는 '총애'로 풀이합니다.

● **더할 증(增)** 자는 많을 증, 거듭 증 등으로 읽으며, 뜻은 '더하다, 늘다, 증강(增強: 더 늘려 굳세게 함), 증대(增大: 더하여 늘림)'입니다. 여기서는 '더하다'로 풀이하여 총증(寵增)을 '총애가 더하면, 은총이 더할수록' 등으로 풀이합니다.

● **겨룰 항(抗)** 자는 항거할 항 등으로 읽으며, 뜻은 '겨루다, 맞서다, 항거(抗拒: 맞서서 버팀), 대항(對抗: 서로 맞서 대적함)'입니다. 여기서는 '~과 맞서서 막아라' 등으로 풀이합니다.

● **극진할 극(極)** 자는 다할 극, 지극할 극 등으로 읽으며, 뜻은 '다하다, 극진(極盡: 마음과 힘을 다함), 극도(極度: 더할 수 없이), 극대(極大: 아주 큼), 태극기(太極旗)' 등에 쓰는 글자입니다. 여기서는 '극도'로 풀이하여 항극(抗極)을 '극도에 이름을 막아라'로 풀이합니다.

◎ **총증항극(寵增抗極)**이란 '총애가 더할수록 교만(건방지고 방자함)하지 말고 더욱 조심해야 한다' 등으로 풀이하며, 임금님의 총애가 더할수록 그 마지막을 걱정하라는 내용으로, 더욱 조심해야 한다는 것을 말한 것입니다.

(문장 89) 성궁기계(省躬譏誡)~총증항극(寵增抗極):
자신의 몸을 살펴서 남이 나를 나무라고 경계하는 말을 새겨듣고 임금님의 총애가 더하면 극도에 이름을 더할 수 없도록 막아라.

90. 태욕근치(殆辱近恥)~임고행즉(林皐幸卽)

[90의 1단] 위태할 태(殆) 욕할 욕(辱) 가까울 근(近) 부끄러울 치(恥)

태(殆) 욕(辱) 근(近) 치(恥)
①   ②   ④   ③
위태롭고 욕된 일이 있으면 부끄러움(치욕)이 가까우니(당할 것이니)

● **위태할 태(殆)** 자는 가까이할 태, 비롯할 태 등으로 읽으며, 뜻은 '위태롭다(危 殆: 마음을 놓을 수 없음), 거의, 태반(殆半: 거의 절반)'입니다. 여기서는 '위태롭 다'로 풀이합니다.

● **욕할 욕(辱)** 자는 욕될 욕, 더럽힐 욕 등으로 읽으며, 뜻은 '욕(辱: 명예스럽지 못 한 일, 헐뜯는 일), 욕설(辱說: 남을 저주하여 욕하는 말), 모욕(侮辱: 깔보아 욕되게 함)'입니다. 여기서는 '욕된 일'로 풀이하여 태욕(殆辱)을 '위태롭고 욕된 일'로 풀이합니다.

● **가까울 근(近)** 자는 천할 근, 친척 근, 거의 근 등으로 읽으며, 뜻은 '가깝다, 요즈음, 근래(近來: 요즈음), 근교(近郊: 도시의 가까운 변두리)'입니다. 여기서는 '~에 가깝다'로 풀이합니다.

● **부끄러울 치(恥)** 자는 욕될 치 등으로 읽으며, 뜻은 '부끄러워하다(양심에 거리 껴 남을 대할 면목이 없다), 치사(恥事: 남부끄러운 일), 치욕(恥辱: 부끄러움과 욕 됨)'입니다. 여기서는 '부끄러움, 치욕'으로 풀이하여 근치(近恥)를 '부끄럼에 가 깝다, 치욕이 오니, 당할 것이니' 등으로 풀이합니다.

◎ **태욕근치(殆辱近恥)**란 '임금님의 총애를 받는다고 욕된 일(옳지 못한 일)이 있으 면, 멀지 않아 위태롭고 부끄러움을 당할 것이니' 등으로 풀이하며, 군자는 위 태롭고 욕된 일이 있으면 부끄러움을 당하기 전에 겸손하게 사양하여 물러설 줄 알아야 한다는 것을 말한 것입니다.

천자문 千字文

임(林)　고(皐)　행(幸)　즉(卽)
①　　②　　④　　③
숲이 우거진 언덕에 나가서 사는 것도 다행한 일이다.

● **수풀 림(林)** 자는 산 이름 림 등으로 읽으며, 뜻은 '수풀(나무가 무성한 곳), 임야(林野: 수풀이 우거진 넓은 땅)'입니다. 여기서는 '숲이 우거진' 등으로 풀이합니다. 숲은 수풀의 준말입니다.

● **언덕 고(皐)** 자는 높을 고, 부를 호 등 두 가지 발음(고와 호)으로 읽으며, 뜻은 '언덕, 높다, 크다' 등입니다. 여기서는 '언덕'으로 풀이하여 임고(林皐)를 '숲이 우거진 언덕'으로 풀이합니다. 언덕 고(皋) 자가 또 있습니다.

● **다행 행(幸)** 자는 바랄 행, 요행 행 등으로 읽으며, 뜻은 '다행(多幸: 운수가 좋음, 뜻밖에 잘됨), 행복(幸福: 좋은 운수, 뜻을 이루어 조금도 부족함이 없는 마음의 상태) 행운(幸運: 좋은 운수)'입니다. 여기서는 '다행'으로 풀이합니다.

● **곧 즉(卽)** 자는 나아갈 즉 등으로 읽으며, 뜻은 '곧, 바로, 즉시(卽時), 나아가다'입니다. 여기서는 '나아갈 즉'으로 풀이하여 행즉(幸卽)을 '곧바로 즉시 나가면 다행스럽다'로 풀이합니다. 속자로 '곧 즉(即)'이라고 씁니다.

◎ **임고행즉(林皐幸卽)**이란 '산간 수풀에서 사는 것도 다행한 일이다' 등으로 풀이하며, 부귀할지라도 겸손하게 사양하여 물러나 산간 수풀에 나가서 자신을 수양하면서 편히 지내는 것도 다행한 일이라는 내용입니다.

※ 수풀 림(林)자는 두음법칙에 의하면 앞에 있으면 '임', 뒤에 있으면 '림'으로 읽고 씁니다. 임야(林野), 산림(山林) 등.

(문장 90) 태욕근치(殆辱近恥)~임고행즉(林皐幸卽):
위태롭고 욕된 일이 있으면 부끄러움, 치욕이 가까우니, 당할 것이니, 숲이 우거진 언덕에 나가서 사는 것도 다행한 일이다.

91. 양소견기(兩疏見機)~해조수핍(解組誰逼)

> **[91의 1단] 두 량(兩) 성길 소(疏) 볼 견(見) 기미 기(機)**
>
> 양(兩)   소(疏)   견(見)   기(機)
> ①   ②   ④   ③
> [한(漢)나라의] 두 소씨(소광과 소수)는 기미(일의 야릇한 눈치)를 보고

● **두 량(兩)** 자는 둘 량, 쌍 량, 수레 량 등으로 읽으며, 뜻은 '둘, 두, 짝, 냥(무게의 단위)'입니다. 1냥(兩)은 38g입니다. 근량(斤兩: 무게 단위의 근과 양, 물건의 무게)입니다. 여기서는 '두 둘(2)'로 풀이합니다. 속자로 '두 량(両)'이라고 씁니다.

● **섬길 소(疏)** 자는 뚫릴 소, 나눌 소 등으로 읽으며, 뜻은 '섬기다(사이가 엉성하다), 뚫리다, 상소(上疏: 임금에게 글을 올림)'입니다. 여기서는 중국 한(漢)나라 때 태자의 스승 태부(太傅: 높은 벼슬)로 있던 '소광(疏廣)'과 그의 조카 태자의 소부(少傅: 벼슬 이름)였던 '소수(疏受)' 두 사람을 말하는 것으로, 양소(兩疏)를 '두 소씨(소광과 소수)'로 풀이합니다.

● **볼 견(見)** 자는 만나볼 견, 보일 현 등 두 가지 발음(견과 현)으로 읽으며, 뜻은 '보다, 뵙다, 알현(謁見: 지위 높은 이에게 뵘), 견학(見學: 실지로 보고 배움)'입니다. 여기서는 '보다'로 풀이합니다.

● **기미 기(機)** 자는 기계 기, 기틀 기 등으로 읽으며, 뜻은 '기틀(일의 가장 중요한 점), 기미(機微, 幾微: 낌새, 일의 야릇한 눈치), 기계(機械)'라고 쓰는 글자입니다. 여기서는 '기미'로 풀이하여 견기(見機)를 '기미를 보고'로 풀이합니다.

◎ **양소견기(兩疏見機)**란 '소광과 소수 두 사람은 낌새를 알아차리고' 등으로 풀이하며, 한(漢)나라의 소광과 소수는 기미(일의 야릇한 눈치)를 보고 상소(임금에게 글을 올림)한 후 고향으로 갔다는 내용으로, 미련 없이 높은 벼슬자리에서 스스로 물러났다는 것을 말한 것입니다.

※ 두 량(兩) 자는 두음법칙에 의하면 앞에 있으면 '양', 뒤에 있으면 '량'으로 읽고 씁니다. 양소(兩疏), 근량(斤兩) 등.

천자문 千字文

해(解) 조(組) 수(誰) 핍(逼)
②   ①   ③   ④
인끈을 풀고(관직을 사직하고) 돌아가니 누가 핍박하리오.

- **풀 해(解)** 자는 쪼갤 해, 풀릴 해, 풀 개 등 두 가지 발음(해와 개)으로 읽으며, 뜻은 '풀다(묶은 것이나 엉킨 것을 풀어지게 하다), 해석(解釋: 뜻을 알기 쉽게 풀어 설명함)'입니다. 여기서는 '풀다'로 풀이합니다.

- **인끈 조(組)** 자는 짤 조, 만들 조 등으로 읽으며, 뜻은 '짜다(짜다는 맛이 짜다가 아니라 만들다임), 조직하다(組織: 얽어서 만듦), 끈, 인끈'입니다. 여기서는 '인끈'으로 풀이합니다. '인끈'은 옛날 벼슬아치들이 허리에 주머니를 달아 차는 끈을 말합니다. 그래서 해조(解組)를 '인끈을 풀고, 주머니 끈을 푸는 것을 관직을 그만둔다'고 해석합니다.

- **누구 수(誰)** 자는 무엇 수 등으로 읽으며, 뜻은 '누구, 수하(誰何: 누구냐 하고 물어보는 말)'입니다. 여기서는 '누가'로 풀이합니다.

- **핍박할 핍(逼)** 자는 가까울 핍 등으로 읽으며, 뜻은 '핍박하다(逼迫: 바싹 가까이 와서 괴롭게 하는 것)'입니다. 여기서는 '핍박'으로 풀이하여 수핍(誰逼)을 '누가 핍박하리오'로 풀이합니다.

◎ **해조수핍(解組誰逼)**이란 '인끈을 풀고(관직을 사직하고) 물러나니 누가 핍박하겠는가' 등으로 풀이하며, 두 소씨가 기미(일의 야릇한 눈치)를 보고 높은 벼슬자리에서 스스로 물러나니 잘못한다고 핍박하는 사람은 없었다는 내용입니다.

(문장 91) 양소견기(兩疏見機)~해조수핍(解組誰逼):
한나라의 두 소씨, 소광과 소수는 기미, 일의 야릇한 눈치를 보고, 인끈을 풀고, 관직을 사직하고 돌아가니 누가 핍박하리오.

92. 색거한처(索居閑處)~침묵적료(沈默寂寥)

> **[92의 1단] 찾을 색(索) 살 거(居) 한가로울 한(閑) 곳 처(處)**
>
> 색(索) 거(居) 한(閑) 처(處)
> ③   ④   ①   ②
> (퇴직하여) 한가로운 곳을 찾아 거처하고(살고)

● **찾을 색(索)** 자는 더듬을 색, 새끼 삭, 쓸쓸할 삭 등 두 가지 발음(색과 삭)으로 읽으며, 뜻은 '찾다, 색출(索出: 뒤져서 찾아냄), 쓸쓸하다. 삭막(索漠: 쓸쓸한 모양)'입니다. 여기서는 '찾다'로 풀이합니다.

● **살 거(居)** 자는 곳 거, 쌓을 거, 어조사 기 등 두 가지 발음(거와기)으로 읽으며, 뜻은 살다, 있다, 어조사(의문을 나타낼 때 쓰인다), 거처(居處: 살고 있는 곳), 거주(居住: 머물러 삶). 여기서는 거처로 풀이하여 색거(索居)를 '찾아 거처하고, 살고' 등으로 풀이합니다.

● **한가로울 한(閑)** 자는 막을 한, 고요할 한 등으로 읽으며, 뜻은 '한가하다(閑暇: 별로 할 일이 없어 틈이 있다), 막다' 등입니다. 여기서는 '한가하다'로 풀이합니다. '한가로울 한(閒)' 자로 표기된 책도 있습니다. 한가로울 한(閑, 閒) 두 글자는 동자(同字: 같은 글자)입니다.

● **곳 처(處)** 자는 살 처, 정할 처, 처녀 처 등으로 읽으며, 뜻은 '곳, 살다, 머무르다, 처소(處所: 사람이 살거나 머물러 있는 곳), 처녀(處女: 아직 시집가지 아니한 나이 든 여자)'입니다. 여기서는 '곳(일정한 자리나 지역)'으로 풀이하여 한처(閑處)를 '한가로운 곳'으로 풀이합니다.

◎ **색거한처(索居閑處)**란 '퇴직하여 한가한 곳을 찾아 거처하고, 한가로운 곳에서 조용히 지내니' 등으로 풀이하며, 학덕(學德: 학문과 덕행)을 갖춘 어느 선비가 벼슬자리에서 물러나 한가로운 곳을 찾아 조용히 세상을 보낸다는 것을 말한 것입니다.

> ## [92의 2단] 잠길 침(沈) 잠잠할 묵(默) 고요할 적(寂) 고요할 료(寥)
>
> 침(沈) 묵(默) 적(寂) 료(寥)
> ① ② ③ ④
> 침묵을 지키며 고요히 지내니 아무 일도 없고 고요하구나.

● **잠길 침(沈)** 자는 고요할 침, 즙낼 심, 성(姓) 심 등 두 가지 발음(침과 심)으로 읽으며, 뜻은 '잠기다, 침몰(沈沒: 물속에 가라앉음), 막히다, 성(姓) 심씨(沈氏)'입니다. 여기서는 '침'으로 읽고 씁니다.

● **잠잠할 묵(默)** 자는 조요할 묵 등으로 읽으며, 뜻은 '잠잠하다(아무 말도 없이 가만히 있다, 아무 소리도 없이 조용하다), 묵독(默讀: 소리를 내지 않고 읽음)'입니다. 여기서는 '잠잠하다'로 풀이하여 침묵(沈默)을 '침묵(아무 말이 없이 잠잠함)'으로 풀이합니다.

● **고요할 적(寂)** 자는 편안할 적 등으로 읽으며, 뜻은 '고요하다(조용함), 적막(寂寞: 적적함, 고요함)'입니다. 여기서는 '고요하다'로 풀이합니다.

● **고요할 료(寥)** 자는 쓸쓸할 료 등으로 읽으며, 뜻은 '쓸쓸하다(날씨가 차고 흐릿하다, 외롭고 적적하다), 요적(寥寂: 쓸쓸하고 고요함)'입니다. 여기서는 '쓸쓸하다'로 풀이하여 적료(寂寥)를 '매우 고요하고 쓸쓸하구나, 아무 일도 없고 고요하구나' 등으로 풀이합니다.

◎ **침묵적료(沈默寂寥)**란 '잠긴 듯 말이 없고 고요하구나' 등으로 풀이하며, '학덕을 갖춘 어느 선비가 퇴직하여 한가한 곳을 찾아 은거(隱居: 세상을 피하여 숨어서 삶)하니 아무 일도 없고 조용하고 잠잠하다, 아무런 말이 없고 고요하다'라는 내용입니다.

> **(문장 92) 색거한처(索居閑處)~침묵적료(沈默寂寥):**
> 퇴직하여 한가한 곳을 찾아 거처하고 살고, 침묵을 지키며 고요히 지내니 아무 일도 없고 고요하구나.

93. 구고심론(求古尋論)~산려소요(散慮逍遙)

● **구할 구**(求) 자는 찾을 구, 탐낼 구, 바랄 구 등으로 읽으며, 뜻은 '구(求)하다 (찾다, 찾아 얻다), 바라다(뜻대로 되기를 원하다), 요구(要求: 필요하여 달라고 강력히 청함), 구직(求職: 직업을 구함)'입니다. 여기서는 '구하다'로 풀이합니다.

● **예 고**(古) 자는 옛 고, 선조 고, 하늘 고 등으로 읽으며, 뜻은 '예(여기서 '예'는 오래전 옛적), 옛(지나간 때, 옛날), 낡다, 고물(古物: 옛날 물건, 낡고 헌 물건)'입니다. 여기서는 '옛것(옛 성현들의 글)'으로 풀이하여 구고(求古)를 '옛것을 구하여'로 풀이합니다.

● **찾을 심**(尋) 자는 이을 심, 항상 심 등으로 읽으며, 뜻은 찾다, 심방(尋訪: 남을 찾아감, 방문함). 여기서는 찾아보고로 풀이합니다.

● **의논할 론**(論) 자는 말할 론, 생각 론, 차례 륜 등 두 가지 발음(론과 륜)으로 읽으며, 뜻은 '말하다, 의논(어떤 일에 대하여 서로 의견을 주고받음)'입니다. 여기서는 '의논'으로 풀이하여 심론(尋論)을 '의논한 것을 찾아보고'로 풀이합니다.

◎ **구고심론**(求古尋論)이란 '옛것을 찾고 의논하며' 등으로 풀이하며, 옛 성현들의 글을 찾아 읽고 토론한다는 내용입니다.

※ 의논할 론(論)자의 의논은 본음은 '론'이고 속음은 '논'으로, 한글 맞춤법 제52항에 의하여 한자 음독 선택을 '논' 쪽으로 했다고 합니다. 의논할 론(論) 자는 두음법칙에 의하면 앞에 있으면 '논', 뒤에 있으면 '론'으로 읽고 씁니다. 논산(論山), 논문(論文), 결론(結論), 심론(尋論) 등.

산(散)   려(慮)   소(逍)   요(遙)
②   ①   ③   ④
(쓸데없는) 생각(근심)은 흩어 버리고 (대자연과) 노닐며 거닌다.

- **흩어질 산(散)** 자는 허탈할 산, 한가할 산 등으로 읽으며, 뜻은 '흩어지다(오래된 것이 따로따로 떼어지다), 한가롭다, 한가(閑暇: 할 일이 없어 몸과 틈이 있음), 산책(散策: 한가로이 거닒)'입니다. 여기서는 '흩어 버리고'로 풀이합니다.

- **생각할 려(慮)** 자는 염려할 려, 걱정할 려 등으로 읽으며, 뜻은 '생각하다, 근심하다, 염려(念慮: 걱정하는 마음)'입니다. 여기서는 생각, 근심으로 풀이하여 '산려(散慮)'를 쓸데없는 생각(근심)은 흩어 버리고'로 풀이합니다.

- **거닐 소(逍)** 자는 노닐 소 등으로 읽으며, 뜻은 '거닐다(이리저리 한가로이 걷다), 소풍(逍風: 갑갑함을 풀기 위해 바람을 쐼, 학교에서 자연 관찰이나 역사 유적 등 견학을 겸하여 야외에 갔다 오는 일 등)'입니다. 여기서는 '거닐다(한가로이 걷다)'로 풀이합니다.

- **거닐 요(遙)** 자는 노닐 요, 멀 요 등으로 읽으며, 뜻은 '멀다, 거닐다, 노닐다(한가하게 이리저리 거닐면서 놀다)'입니다. 여기서는 '노닐다'로 풀이하여 소요(逍遙)를 '산책 삼아 대자연 속에서 노닐며 거닌다' 등으로 풀이합니다.

◎ **산려소요(散慮逍遙)**란 '세상일을 잊어버리고 자연 속에서 한가로이 노닐며 거닌다' 등으로 풀이하며, 벼슬에서 물러난 어느 선비가 모든 잡념(雜念: 쓸데없는 생각)을 흩어 버리고, 즉 세상일을 잊어버리고 자연 속에서 한가롭게 놀면서 즐김을 말한 것입니다.

(문장 93) 구고심론(求古尋論)~산려소요(散慮逍遙):
옛것을 구하여 옛적에 의논한 것을 찾아보고, 쓸데없는 생각, 근심은 흩어 버리고, 대자연과 노닐며 거닌다.

94. 흔주루견(欣奏累遣)~척사환초(感謝歡招)

[94의 1단] 기쁠 흔(欣) 아뢸 주(奏) 여러 루(累) 보낼 견(遣)

흔(欣) 주(奏) 루(累) 견(遣)
① ② ③ ④
기쁜 일은 불러들이고(아뢰고) 더러움(나쁜 일)은 멀리 보내니

● **기쁠 흔(欣)** 자는 좋아할 흔, 기뻐할 흔 등으로 읽으며, 뜻은 '기뻐하다(마음이 즐거움), 흔모(欣慕: 기쁨으로 사모함), 흔연(欣然: 기뻐하는 모양)'입니다. 여기서는 '기쁜 일'로 풀이합니다.

● **아뢸 주(奏)** 자는 천거할 주, 상소할 주 등으로 읽으며, 뜻은 '아뢰다(윗사람에게 말씀드리어 알리다), 여쭙다, 주달(奏達: 임금에게 알림), 연주하다(演奏: 여러 사람 앞에서 기악을 들려줌)'입니다. 여기서는 '불러들이고(아뢰고)'로 풀이하여 흔주(欣奏)를 '기쁜 일은 불러들이고(아뢰고)' 등으로 풀이합니다.

● **여러 루(累)** 자는 더럽힐 루 등으로 읽으며, 뜻은 '더럽다(때 묻다, 보기 싫다, 추잡하다 등), 누명(累名: 나쁜 평판, 더럽힌 이름), 여러, 포개다, 누가(累加: 여러 번 거듭 보탬), 계루(係累, 繫累: 연계시켜 얽어맴, 관련됨)'입니다. 여기서는 '더러움, 나쁜 일' 등으로 풀이합니다.

● **보낼 견(遣)** 자는 쫓을 견 등으로 읽으며, 뜻은 '보내다, 파견(派遣: 용무를 띄워 사람을 보냄)'입니다. 여기서는 '보내다'로 풀이하여 누견(累遣)을 '더러움, 나쁜 일은 멀리 보내니' 등으로 풀이합니다.

◎ **흔주루견(欣奏累遣)**이란 '기쁜 일은 알리고, 나쁜 일은 보내며' 등으로 풀이하며, 기쁜 것은 세상에 내놓아 알리고 누추한 것, 마음속의 나쁜 일은 멀리 보내 버린다는 내용입니다. 우리 모두 기쁜 일은 모두 함께 나누고 마음속의 나쁜 일은 멀리 보내면서 즐거운 마음으로 살아가도록 합시다.

※ 여러 루(累) 자는 두음법칙에 의하면 앞에 있으면 '누', 뒤에 있으면 '루'로 읽고 씁니다. 누명(累名), 누가(累加), 계루(係累) 등.

척(慽) 사(謝) 환(歡) 초(招)
①   ②   ③   ④
(마음속의) 슬픔은 사라지고 기쁨은 부른 듯이 오게 된다.

● **슬플 척(慽)** 자는 근심할 척 등으로 읽으며, 뜻은 '슬픔, 근심(괴롭게 애를 쓰는 마음), 슬프다'입니다. 여기서는 '슬픔, 근심'으로 풀이합니다. '근심 척(慽)' 같은 글자로 쓰입니다. 참고 바랍니다.

● **사례할 사(謝)** 자는 말씀 사, 물러갈 사 등으로 읽으며, 뜻은 '사례하다(謝禮: 고마움을 나타내는 말 등), 사양하다, 사절(謝絶: 사양하여 받지 아니함), 용서받다, 사과(謝過: 잘못에 대하여 용서를 빎)'입니다. 여기서는 '사절'로 풀이하여 척사(慽謝)를 '슬픔은 사절하고, 사라지고, 없어지고' 등으로 풀이합니다.

● **기쁠 환(歡)** 자는 좋아할 환 등으로 읽으며, 뜻은 '기뻐하다, 환영(歡迎: 기쁜 마음으로 맞음)'입니다. 여기서는 '기쁨'으로 풀이합니다.

● **부를 초(招)** 자는 손짓할 초, 높이들 교 등 두 가지 발음(초와 교)으로 읽으며, 뜻은 '부르다, 청하다, 초대(招待: 청하여 대접함)'입니다. 여기서는 '부른 듯이 오게 된다'로 풀이하여 환초(歡招)를 '기쁜 일(즐거움)은 부른 듯이 오게 된다' 등으로 풀이합니다.

◎ **척사환초(慽謝歡招)**란 '슬픔은 사절하고 기쁨은 손짓하여 부른다' 등으로 풀이하며, 기쁜 일이 있으면 윗사람에게 아뢰고(말씀드려 알리고) 기쁜 일은 모두 함께 나누고 너절한 것, 나쁜 일은 멀리 보내면 마음속의 슬픔은 사라지고 즐거움만 부른 듯이 오게 된다는 것을 말한 것입니다.

(문장 94) 흔주루견(欣奏累遣)~척사환초(慽謝歡招):
기쁜 일은 불러들이고, 아뢰고, 더러움, 나쁜 일은 멀리 보내니 마음속의 슬픔은 사라지고 기쁨은 부른 듯이 오게 된다.

95. 거하적력(渠荷的歷)~원망추조(園莽抽條)

> **[95의 1단] 개천 거(渠) 연꽃 하(荷) 밝을 적(的) 지낼 력(歷)**
>
> 거(渠) 하(荷) 적(的) 력(歷)
>   ①   ②   ④   ③
> 개천의 연꽃은 역력히 환하게 활짝 피어 있고

● **개천 거(渠)** 자는 도랑 거, 클 거, 껄껄 웃을 거, 무엇 거 등으로 읽으며, 뜻은 '도랑, 개천(開川: 물이 흘러 나가는 내, 도랑), 거수(渠帥: 악당의 우두머리)'입니다. 여기서는 '개천'으로 풀이합니다.

● **연꽃 하(荷)** 자는 원망할 하, 박하 하, 짐질 하 등으로 읽으며, 뜻은 '연(蓮: 연 꽃과의 다년생 풀), 연꽃(식물, 연의 꽃), 박하(薄荷: 줄풀과의 다년생 풀, 약채, 향료, 음료 등에 쓰임), 짐, 하역(荷役: 짐을 싣고 내리는 일), 하주(荷主: 짐, 임자)'입니다. 여기서는 '연꽃'으로 풀이하여 거하(渠荷)를 '개천의 연꽃'으로 풀이합니다.

● **밝을 적(的)** 자는 과녁 적, 표할 적 등으로 읽으며, 뜻은 '과녁(활, 총 따위를 쏠 때의 표적), 적중(的中: 과녁에 들어맞음), 적연(的然: 꼭 그러함, 분명한 모양), 분명 하고 환한 것'입니다. 여기서는 '환하게'로 풀이하여 '밝게, 환하게' 등으로 풀이 합니다.

● **지낼 력(歷)** 자는 겪을 력 등으로 읽으며, 뜻은 '지내다, 겪다, 역사(歷史: 인류 사회가 겪어 온 변천, 흥망의 기록), 역력(歷歷: 뚜렷하고 분명한 모양)'입니다. 여기 서는 '역력히'로 풀이하여 적력(的歷)을 '역력히 환하게 활짝 피어 있고' 등으로 풀이합니다.

◎ **거하적력(渠荷的歷)**이란 '개천에 핀 연꽃은 또렷이 빛나 아름답다' 등으로 풀 이하며, 자연의 아름다움을 말한 것입니다.

※ 지낼 력(歷) 자는 두음법칙에 의하면 앞에 있으면 '역', 뒤에 있으면 '력'으로 읽고 씁니다. 역사 (歷史), 역력(歷歷), 적력(的歷) 등.

천자문 千字文

원(園)　망(莽)　추(抽)　조(條)
①　　②　　④　　③
동산의 우거진 풀들은 가지를 쭉 빼내어 자랑한다
(자연의 아름다움을 말한 것이다).

- **동산 원(園)** 자는 능 원, 울타리 원 등으로 읽으며, 뜻은 '동산(집 뒤에 있는 언덕이나 숲, 뜰), 공원(公園: 공중의 보건, 휴양, 유락을 위하여 시설된 동산 등), 정원(庭園: 집에 딸린 뜰)'입니다. 여기서는 '동산'으로 풀이합니다.

- **풀 망(莽)** 자는 우거질 망 등으로 읽으며, 뜻은 '우거지다, 망망(莽莽: 초목이 우거진 모양)'입니다. 여기서는 '망망, 우거진 풀들'로 풀이하여 원망(園莽)을 '동산의 우거진 풀들은' 등으로 풀이합니다.

- **뺄 추(抽)** 자는 뽑을 추 등으로 읽으며, 뜻은 '뽑다, 추첨(抽籤: 제비를 뽑음), 추출(抽出: 뽑아냄, 빼냄)'입니다. 여기서는 '빼내다'로 풀이합니다.

- **가지 조(條)** 자는 가닥 조 등으로 읽으며, 뜻은 '가지, 지조(枝條: 나뭇가지), 조목(條目: 여러 가닥으로 나눈 항목)'입니다. 여기서는 '나뭇가지'로 풀이하여 추조(抽條)를 '가지를 쭉 빼내어 자랑한다' 등으로 풀이합니다.

◎ **원망추조(園莽抽條)**란 '동산의 풀은 땅속 양분으로 가지가 뻗고 크게 자란다, 동산의 잡초는 쭉쭉 뻗어 우거졌다, 동산의 수풀은 가지를 쑥 뽑았다' 등으로 풀이하며, 동산의 수풀(나무들이 무성하게 우거지거나 꽉 들어찬 곳)은 우거졌다는 내용으로, 자연의 아름다움을 말한 것입니다.

(문장 95) 거하적력(渠荷的歷)~원망추조(園莽抽條):
개천의 연꽃은 역력히 환하게 활짝 피어 있고, 동산의 우거진 풀들은 가지를 쭉 빼내어 자랑한다, 자연의 아름다움을 말한 것이다.

96. 비파만취(枇杷晚翠)~오동조조(梧桐早凋)

● **비파나무 비(枇)** 자는 주걱 비, 참빗 비 등으로 읽으며, 뜻은 '비파나무(장미과의 상록의 과실나무), 상록수(常綠樹)는 사철 내내 잎이 푸른 소나무, 대나무, 비파나무' 등을 말하는 것입니다.

● **비파나무 파(杷)** 자는 칼자루 파, 악기이름 파 등으로 읽으며, 뜻은 '비파나무, 비파엽(枇杷葉: 비파나무 잎)'입니다. 여기서는 '비파나무의 잎'으로 풀이하여 비파(枇杷)를 '비파나무의 잎'으로 풀이합니다.

● **늦을 만(晚)** 자는 저물 만, 저녁 만 등으로 읽으며, 뜻은 '늦다, 저물다, 만년(晚年: 늙바탕, 노후, 늙어진 뒤), 만종(晚鐘: 저녁에 치는 종소리), 대기만성(大器晚成: 크게 될 인물은 늦게 이루어짐)'입니다. 여기서는 '늦게'로 풀이합니다.

● **푸를 취(翠)** 자는 비취 취, 산 기운 취 등으로 읽으며, 뜻은 '푸르다, 취색(翠色: 남빛과 푸른색의 중간색, 비취색), 비취(翡翠: 치밀하고 짙은 초록색의 비취옥, 장신구, 장식품으로 쓰임)'입니다. 여기서는 '푸르다'로 풀이하여 만취(晚翠)를 '늦게까지 ~푸르고, 늦은 겨울에도 푸르고' 등으로 풀이합니다.

◎ **비파만취(枇杷晚翠)**란 '비파나무의 잎사귀는 늦게까지 푸르고, 비파나무는 늦은 겨울에도 그 빛은 푸르고' 등으로 풀이하며, '비파나무의 잎사귀는 겨울날의 눈과 서리에도 항상 그 빛이 푸르다'라는 것을 말한 것입니다.

[96의 2단] 오동 오(梧) 오동 동(桐) 이를 조(早) 시들 조(凋)

오(梧) 동(桐) 조(早) 조(凋)
① ② ③ ④
오동나무는 (가을이 오면) 그 잎이 일찍 시들어 버린다(떨어진다).
가을의 풍경을 말한 것이다.

- **오동 오(梧)** 자는 머귀나무 오, 벽오동 오 등으로 읽으며, 뜻은 '벽오동(벽오동과의 낙엽, 활엽)'입니다. 여기서는 '오동나무'로 풀이합니다.

- **오동 동(桐)** 자는 오동나무 동, 뜻은 '오동나무(벽오동과 같은 뜻으로 목재는 가볍고 고와서 장롱, 악기, 가구 등을 만드는 데 쓰임)'입니다. 여기서는 '오동나무 잎'으로 풀이하여 오동(梧桐)을 '오동나무의 잎'으로 풀이합니다.

- **이를 조(早)** 자는 새벽 조, 일찍 조 등으로 읽으며, 뜻은 '일찍, 이르다, 조조(早朝: 이른 아침, 새벽), 조퇴(早退: 정한 시간 이전에 물러감)'입니다. 여기서는 '일찍'으로 풀이합니다.

- **시들 조(凋)** 자는 느른할 조 등으로 읽으며, 뜻은 '시들다(거의 마르게 되다 등), 조락(凋落: 시들어 떨어짐)'입니다. 여기서는 '시들다'로 풀이하여 조조(早凋)를 '일찍 시들어 버린다' 등으로 풀이합니다.

◎ **오동조조(梧桐早凋)** 란 '오동나무는 가을이 오면 다른 나무보다 그 잎이 가장 먼저 떨어진다' 등으로 풀이하며, 비파나무는 겨울철에 눈과 서리에도 그 잎사귀는 푸른가 하면, 오동나무는 잎이 일찍 떨어진다는 내용으로, 가을의 풍경(風景: 산이나 들, 강, 바다 따위의 자연이나 지역의 모습)을 말한 것입니다.

(문장 96) 비파만취(枇杷晚翠)~오동조조(梧桐早凋):
비파나무는 늦게까지 그 잎이 푸르고, 오동나무는 가을이 오면 그 잎이 일찍 시들어 버린다, 떨어진다. 가을의 풍경을 말한 것이다.

97. 진근위예(陳根委翳)~낙엽표요(落葉飄颻)

● **묵을 진(陳)** 자는 벌릴 진 등으로 읽으며, 뜻은 '묵다(여기서 '묵다'는 '오래되다'로 풀이합니다), 진부(陳腐: 오래 묵어서 썩음 등), 베풀다, 늘어놓다, 진열(陣烈: 물건 따위를 쭉 벌여 놓음), 말하다, 진술(陳述: 자세히 말하다)'입니다. 여기서는 '묵다(오래되다)'로 풀이합니다. '진칠 진(陣)' 자와 비슷하니 참고 바랍니다.

● **뿌리 근(根)** 자는 밑 근, 구루 근, 시작할 근 등으로 읽으며, 뜻은 '뿌리, 근본(根本: 사물이 생기는 본바탕), 근간(根幹: 뿌리와 줄기), 근원(根源: 사물이 생겨나는 본바탕, 물줄기의 근본)'입니다. 여기서는 '나무의 뿌리'로 풀이하여 진근(陳根)을 '묵은 나무의 뿌리'로 풀이합니다.

● **버릴 위(委)** 자는 맡길 위, 시들어 버릴 위 등으로 읽으며, 뜻은 '맡기다, 위원(委員: 어떤 일의 처리를 위임 맡은 사람), 버리다, 위거(委去: 버리고 감, 내버림), 시들다' 등입니다. 여기서는 '시들어 버리다'로 풀이합니다.

● **가릴 예(翳)** 자는 숨을 예, 새 이름 예, 어조사 예 등으로 읽으며, 뜻은 '가리다, 숨다, 말라죽다, 예후(翳朽: 나무가 자연히 말라서 죽음)'입니다. 여기서는 '예후(나무가 마르다)'로 풀이하여 위예(委翳)를 '말라 시들어 버리고'로 풀이합니다.

◎ **진근위예(陳根委翳)**란 '가을이 오면 오동나무뿐만 아니라 고목(古木: 오래 묵은 나무)의 뿌리는 시들어 마른다, 묵은 뿌리들은 쌓이고 덮였으니' 등으로 풀이하며, 가을의 쓸쓸한 정경(情景: 마음에 감흥을 불러일으킬 만한 경치나 장면)을 말한 것입니다.

낙(落)   엽(葉)   표(飄)   요(颻)
①   ②   ③   ④
낙엽(떨어진 잎들)은 바람에 나부끼며 흩날린다
(가을의 쓸쓸한 정경을 말한 것이다).

● **떨어질 락(落)** 자는 마을 락, 하늘 락 등으로 읽으며, 뜻은 '떨어지다, 낙엽(落葉: 떨어진 나뭇잎), 마치다, 마을, 부락(部落)'입니다. 여기서는 '떨어지다'로 풀이합니다.

● **잎 엽(葉)** 자는 세대 엽, 고을이름 섭 등 두 가지 발음(엽과 섭)으로 읽으며, 뜻은 '나뭇잎, 시대, 말엽(末葉: 맨 끝의 시대), 엽전(葉錢: 놋쇠로 만든 둥글고 납작한 옛날 돈)'입니다. 여기서는 '나뭇잎'으로 풀이하여 낙엽(落葉)을 '낙엽(떨어진 잎)'으로 풀이합니다.

● **나부낄 표(飄)** 자는 회오리바람 표, 떨어질 표 등으로 읽으며, 뜻은 '나부끼다(바람에 흔들려 날리다), 회오리바람(나선상으로 일어나는 바람)'입니다. 여기서는 '바람에 나부끼며' 등으로 풀이합니다.

● **날릴 요(颻)** 자는 나부낄 요 등으로 읽으며, 뜻은 '날리다'입니다. 여기서는 '날린다'로 풀이하여 표요(飄颻)를 '바람에 나부끼며 날린다, 흩날린다'로 풀이합니다.

◎ **낙엽표요(落葉飄颻)**란 '떨어진 잎들은 바람에 나부끼며 날린다' 등으로 풀이하며, 가을의 쓸쓸한 정경을 말한 것입니다.

※ 떨어질 락(落) 자는 두음법칙에 의하면 앞에 있으면 '낙', 뒤에 있으면 '락'으로 읽고 씁니다. 낙엽(落葉), 부락(部落) 등.

(문장 97) 진근위예(陳根委翳)~낙엽표요(落葉飄颻):
가을이 오면 묵은 뿌리는 말라 시들어 버리고, 낙엽, 떨어진 잎들은 바람에 나부끼며 흩날린다. 가을의 쓸쓸한 정경을 말한 것이다.

98. 유곤독운(遊鯤獨運)~능마강소(凌摩絳霄)

[98의 1단] 놀 유(遊) 고기 곤(鯤) 홀로 독(獨) 움직일 운(運)
유(遊) 곤(鯤) 독(獨) 운(運)
① ② ③ ④
뛰노는 곤어가 홀로 바다를 휘젓더니(움직이다가)

● **놀 유(遊)** 자는 벗 사귈 유, 여행할 유, 유세할 유 등으로 읽으며, 뜻은 '놀다(흥이 나서 재미있게 즐기다), 노닐다, 즐기다, 여행하다, 유람(遊覽: 여러 곳을 돌아다니며 구경함), 떠돌다'입니다. 여기서는 '뛰놀다' 등으로 풀이합니다.

● **고기 곤(鯤)** 자는 물고기알 곤, 곤이 곤 등으로 읽으며, 뜻은 '곤이, 곤어(북해에 산다는 가상의 큰 물고기)'입니다. 여기서는 '곤어'로 풀이하여 유곤(遊鯤)을 '뛰노는 곤어가' 등으로 풀이합니다. '곤새 곤(鵾)' 자로 표기된 책도 있습니다. 고니, 곤새는 닭처럼 생긴 크기가 엄청나게 큰 상상의 새를 말합니다. 참고 바랍니다.

● **홀로 독(獨)** 자는 외로울 독, 나라이름 독 등으로 읽으며, 뜻은 '홀로, 혼자, 독재(獨裁: 주권자가 자기 마음대로), 독립(獨立: 혼자 섬, 나라가 완전히 주권을 행사함), 특별하다'입니다. 여기서는 '홀로'로 풀이합니다. 약자로 '홀로 독(独)'이라고 씁니다.

● **움직일 운(運)** 자는 운전할 운, 옮길 운, 운수 운, 돌 운 등으로 읽으며, 뜻은 '돌다, 운행(運行: 돌아감, 운전하여 다님), 움직이다, 운동(運動: 몸을 놀려 움직임), 운수(運數: 사람의 힘을 초월한 천운과 기수)'입니다. 여기서는 '움직인다'로 풀이하여 독운(獨運)을 '홀로 움직인다'로 풀이합니다.

◎ **유곤독운(遊鯤獨運)**이란 '노는 곤어가 홀로 바다에서 살고 있다가 곤어가 홀로 바다를 휘젓더니' 등으로 풀이하며, 곤어는 큰 물고기이니 홀로 창해(滄海: 큰 바다)를 헤엄쳐 놀고 있다는 것을 말한 것입니다.

능(凌)　마(摩)　강(絳)　소(霄)
③　　④　　①　　②
(곤어가 붕새가 되어) 붉게 물든 하늘을 능멸하며 마음대로 날아다닌다.

● **능멸 릉(凌)** 자는 능가할 릉, 얼음 릉, 업신여길 릉 등으로 읽으며, 뜻은 '업신여기다, 능멸(凌蔑: 남을 업신여겨 깔봄), 능가하다, 능릉(凌凌: 차가운 모습)'입니다. 여기서는 '능멸'로 풀이합니다.

● **만질 마(摩)** 자는 문지를 마, 갈 마 등으로 읽으며, 뜻은 '문지르다, 어루만지다, 안마(按摩: 몸을 주무르고 두드려 피가 잘 돌게 하는 일)'입니다. 여기서는 '문지르다'로 풀이하여 능마(凌摩)를 '능멸하며 문지르듯, 마음대로 날아다닌다' 등으로 풀이합니다.

● **붉을 강(絳)** 자는 짙게 붉을 강 등으로 읽으며, 뜻은 '짙게 붉다'입니다. 여기서는 '붉은색'으로 풀이합니다.

● **하늘 소(霄)** 자는 진눈깨비 소 등으로 읽으며, 뜻은 '하늘, 진눈깨비'입니다. 여기서는 '하늘'로 풀이하여 강소(絳霄)를 '붉게 물든 하늘' 등으로 풀이합니다.

◎ **능마강소(凌摩絳霄)**란 '곤어가 붕새(상상의 새)로 변하여 붉게 물든 하늘을 업신여기듯 날아다닌다' 등으로 풀이하며, 곤어가 붕새가 되면 한번 날면 구천(九天: 하늘의 가장 높은 곳)에 이르니 사람이 큰 뜻을 품고 발전(출세)하는 것, 사람의 운수를 비유(比喩: 어떤 사물이나 관념을 비슷한 것을 끌어대어 설명하는 일)해서 말한 것이라고 합니다.

※ 능멸 릉(凌) 자는 두음법칙에 의하면 앞에 있으면 '능', 뒤에 있으면 '릉'으로 읽고 씁니다. 능멸(凌蔑) 능가(凌駕), 능릉(凌凌) 등.

(문장 98) 유곤독운(遊鯤獨運)~능마강소(凌摩絳霄):
뛰노는 곤어가 홀로 바다를 휘젓더니, 움직이다가, 곤어가 붕새가 되어 붉게 물든 하늘을 능멸하며 마음대로 날아다닌다.

99. 탐독완시(耽讀翫市)~우목낭상(寓目囊箱)

- **즐길 탐(耽)** 자는 웅크리고 볼 탐, 즐거울 탐 등으로 읽으며, 뜻은 '즐기다(무엇을 좋아하여 자주 하다), 탐습(耽習: 즐겨 배움)'입니다. 여기서는 '즐기다, 즐겨 배움' 등으로 풀이합니다.

- **읽을 독(讀)** 자는 글 읽을 독, 구절 두 등 두 가지 발음(독과 두)으로 읽으며, 뜻은 '읽다, 독서(讀書: 책을 읽음), 독자(讀者: 신문이나 책을 읽는 사람)'입니다. 여기서는 '독서, 책 읽기'로 풀이하여 탐독(耽讀)을 '독서, 책 읽기, 글 읽기를 즐기니' 등으로 풀이합니다. 약자로 '읽을 독(読)'이라고 씁니다.

- **구경 완(翫)** 자는 가지고 놀 완 등으로 읽으며, 뜻은 '가지고 놀다, 장난감, 구경하다, 익히다, 연습하다, 완구(玩具, 翫具: 장난감)'입니다. 여기서는 '구경하다, 익히다' 등으로 풀이합니다.

- **저자 시(市)** 자는 장 시, 흥정할 시 등으로 읽으며, 뜻은 '저자(저자는 시장을 말함), 시장(市場: 장수들이 모여 물건을 사고파는 곳)'입니다. 여기서는 '시장'으로 풀이하여 완시(翫市)를 '시장에 있는 가게(책방)에서 독서를 즐기니' 등으로 풀이합니다.

◎ **탐독완시(耽讀翫市)**란 '한(漢)나라의 왕충(王充)은 책 읽기를 즐겨 시장의 책방, 서점에서도 책을 읽었으며' 등으로 풀이하며, 왕충은 시간 있을 때마다 시장 길거리에 있는 책방에 가서 책을 보니 한번 본 책은 잊지 않았다는 내용으로, 사람은 독서를 즐기고 글 읽기를 좋아해야 한다는 점을 말한 것이라고 합니다. 우리 모두 시간 있을 때 도서관에 가서 책을 읽고, 공부도 하고, 매일 신문도 읽고, 걷기 운동을 하는 습관을 가지도록 합시다. 참고 사항입니다.

> **[99의 2단]** 붙일 우(寓) 눈 목(目) 주머니 낭(囊) 상자 상(箱)
>
> 우(寓)　목(目)　낭(囊)　상(箱)
> ②　　①　　③　　④
> 눈을 붙여 (책을 보면) 주머니(책보)와 책 상자에 책을 담아 둔 것과 같았다.

- **붙일 우(寓)** 자는 붙어살 우, 부탁할 우 등으로 읽으며, 뜻은 '붙이다(맞닿아 떨어지지 아니하다), 우화(寓話: 교훈에 붙인 비유의 이야기), 붙어살다'입니다. 여기서는 '붙이다'로 풀이합니다.

- **눈 목(目)** 자는 눈동자 목, 눈여겨볼 목, 조목 목 등으로 읽으며, 뜻은 '눈, 목격(目擊: 눈으로 직접 봄), 제목, 목차(目次: 책 제목의 차례), 목적(目的: 일을 이루려 하는 목표)'입니다. 여기서는 '사람의 눈'으로 풀이하여 우목(寓目)을 '눈을 붙여 책을 보면 잊지 않아' 등으로 풀이합니다.

- **주머니 낭(囊)** 자는 자루 낭, 지갑 낭, 쌀 낭 등으로 읽으며, 뜻은 '주머니, 자루, 배낭(背囊: 물건을 담아서 등에 질 수 있도록 만든 주머니)'입니다. 여기서는 '주머니(책보: 책을 싸는 보자기)'로 풀이합니다.

- **상자 상(箱)** 자는 수레곳간 상, 곳집 상 등으로 읽으며, 뜻은 '상자(箱子: 대, 나무, 종이로 만든 그릇)'입니다. 여기서는 '책 상자'로 풀이하여 낭상(囊箱)을 '주머니(책보)와 책 상자로 풀이합니다.

◎ **우목낭상(寓目囊箱)**이란 '왕충은 글을 한번 보면 잊지 않아 글을 주머니와 상자에 담아 두는 것과 같다' 등으로 풀이하며, 왕충은 한번 읽은 글은 잊지 않았다는 것을 말한 것입니다.

> **(문장 99) 탐독완시(耽讀翫市)~우목낭상(寓目囊箱):**
> 한나라의 왕충은 저자, 시장의 책방에서 글 읽기를 즐기니 눈을 붙여 책을 보면 주머니, 책보와 책 상자에 책을 담아 둔 것과 같았다.

100. 이유유외(易輶攸畏)~속이원장(屬耳垣牆)

> **[100의 1단] 쉬울 이(易) 가벼울 유(輶) 바 유(攸) 두려울 외(畏)**
>
> 이(易) 유(輶) 유(攸) 외(畏)
> ① ② ④ ③
> (군자는) 말을 쉽고 가볍게 하는 것을 두려워해야 하며

- **쉬울 이(易)** 자는 다스릴 이, 바꿀 역, 역서 역 등 두 가지 발음(이와 역)으로 읽으며, 뜻은 '쉽다, 용이(容易: 쉬움, 어렵지 않음), 바꾸다, 점치다, 역서(易書: 점에 관한 책)'입니다. 여기서는 '쉬울 이'로 읽고, '쉽다'로 풀이합니다.

- **가벼울 유(輶)** 자는 가벼운 수레 유 등으로 읽으며, 뜻은 '가볍다, 유거(輶車: 가벼운 수레)'입니다. 여기서는 '가볍다'로 풀이하여 이유(易輶)를 '말을 쉽고 가볍게, 쉽고 가벼운 일이라도' 등으로 풀이합니다.

- **바 유(攸)** 자는 곳 유, 아득할 유, 어조사 유 등으로 읽으며, 뜻은 '바(방법이나 일이란 뜻으로 항상 다른 말 아래 붙여 쓰임), 아득하다, 유연(攸然: 아득히 먼 모양)'입니다. 여기서는 '바이니' 등으로 풀이합니다.

- **두려울 외(畏)** 자는 겁낼 외 등으로 읽으며, 뜻은 '두려워하다(마음에 꺼려 무섭다, 염려하다, 조심성스럽다), 외포(畏怖: 매우 두려워함)'입니다. 여기서는 '두려워하다'로 풀이하여 '유외(攸畏)'를 두려워하는 바이니' 등으로 풀이합니다.

◎ **이유유외(易輶攸畏)**란 '군자는 쉽고 가벼운 일이라도 조심하여 두려워해야 하며' 등으로 풀이하며, 군자는 가볍게 움직이고 쉽게 말하는 것을 두려워해야 한다는 내용으로, 아무리 가볍고 쉽게 하는 말이라도 그 속에 깊은 뜻이 있으니 군자는 말을 새겨듣고(뜻을 풀어 알아 가면서 듣는다) 말조심하라는 것을 말한 것입니다. 누구나 해당되는 내용이라고 생각됩니다. 참고하기 바랍니다.

속(屬) 이(耳) 원(垣) 장(牆)
④ ① ② ③
귀가 담장에 붙어 있음이라(벽에도 귀가 있다는 말과 같이 말조심하라).

● **붙을 속(屬)** 자는 거느릴 속, 엮을 속, 이을 촉, 부탁할 촉 등 두 가지 발음(속과 촉)으로 읽으며, 뜻은 '붙다, 딸리다, 소속(所屬: 어떤 기관에 딸려 있는 사람이나 물건), 부탁하다, 촉탁(囑託: 일을 부탁하여 맡김)'입니다. 여기서는 '붙다'로 풀이합니다. 약자로 '붙을 속(属)'이라고 씁니다.

● **귀 이(耳)** 자는 조자리 이, 말 그칠 이, 뿐 이 등으로 읽으며, 뜻은 '귀(얼굴 좌우에 있는 청각 기관)'입니다. 또한 문장 끝에 붙어서 ~ 따름이다, 벌이다'의 뜻을 나타내는 종결사입니다. 여기서는 '사람의 귀'로 풀이하여 속이(屬耳)를 '귀가 ~ 붙어 있다'로 풀이합니다.

● **담 원(垣)** 자는 보호하는 사람 원 등으로 읽으며, 뜻은 '담, 낮은 담'입니다. 여기서는 '담(집의 둘레를 막은 벽, 낮은 담)'으로 풀이합니다.

● **담 장(牆)** 자는 옷 장, 사모할 장 등으로 읽으며, 뜻은 '담, 담장'입니다. 여기서는 '담장'으로 풀이하여 원장(垣牆)을 '담(벽), 담장'으로 풀이합니다. '담 장(墙)' 자로 표기된 책도 있습니다.

◎ **속이원장(屬耳垣牆)**이란 '귀를 담에 대고 듣는다, 담에도 귀가 있다는 말과 같이 함부로 말해서는 안 된다' 등으로 풀이하며, 군자(사람)는 말을 삼가서(몸가짐이나 언행을 조심함)하라는 것을 말한 것이라고 합니다. 담에도 귀가 있다는 말과 같이 우리 모두 비밀이 없으므로 말을 함부로(조심하거나 깊이 생각하지 아니하고 마음 내키는 대로 마구) 하지 말고 바르고 고운 말을 하도록 합시다. 참고 바랍니다.

(문장 100) 이유유외(易輶攸畏)~속이원장(屬耳垣牆):
군자는 말을 쉽고 가볍게 하는 것을 두려워해야 하며, 귀가 담장에 붙어 있음이라. 벽에도 귀가 있다는 말과 같이 말조심하라.

101. 구선손반(具膳飡飯)~적구충장(適口充腸)

[101의 1단] 갖출 구(具) 반찬 선(膳) 밥 손(飡) 밥 반(飯)

구(具) 선(膳) 손(飡) 반(飯)
②   ①   ③   ④
반찬을 갖추어 밥을 먹으니

● **갖출 구(具)** 자는 함께 구, 그릇 구 등으로 읽으며, 뜻은 '갖추다(있어야 할 것을 가지거나 차리다), 구비(具備: 빠짐없이 모두 갖춤), 그릇, 연장, 기구(器具: 세간, 연장, 그릇), 가구(家具: 집안 살림에 쓰이는 세간)'입니다. 여기서는 '갖추다'로 풀이합니다.

● **반찬 선(膳)** 자는 먹을 선 등으로 읽으며, 뜻은 '반찬(밥에 곁들여 먹는 온갖 음식), 선물(膳物: 남에게 선사로 주는 물건)'이라고도 쓰는 글자입니다. 여기서는 '반찬'으로 풀이하여 구선(具膳)을 '반찬을 갖추어'로 풀이합니다.

● **밥 손(飡)** 자는 물만 밥 손, 저녁밥 손 등으로 읽으며, 뜻은 '저녁밥, 물만 밥, 먹다'입니다. 속자로 '밥 손(飡)'이라고 쓰고, '밥 손(飱)', 또 '저녁밥 손(湌)'이라고 표기된 책도 있습니다. 여기서는 '먹는 밥'으로 풀이합니다. 밥 손(飡, 飱, 湌, 飧) 네 글자 저녁밥 손과 같은 글자로 쓰입니다.

● **밥 반(飯)** 자는 먹을 반, 칠 반 등으로 읽으며, 뜻은 '밥, 음식, 백반(白飯: 흰 쌀밥), 조반(朝飯: 아침밥), 석반(夕飯: 저녁밥), 먹다, 반소사(飯疏食: 거칠고 반찬 없는 밥을 먹음), 반기(飯器: 밥그릇, 밥을 담는 그릇), 반주(飯酒: 밥을 먹을 때 곁들여 마시는 술)'입니다. 여기서는 '먹는다'로 풀이하여 손반(飡飯)을 '밥을 먹으니, 먹고' 등으로 풀이합니다.

◎ **구선손반(具膳飡飯)**이란 '반찬을 갖추고 밥을 먹으니, 반찬을 갖추어 밥을 먹고' 등으로 풀이하며, 밥을 먹을 때 반찬을 잘 갖추어서 밥을 먹는다는 내용입니다.

적(適) 구(口) 충(充) 장(腸)
② ① ④ ③
입에 맞아서 배(창자)를 채운다(배가 부르다).

● **맞을 적(適)** 자는 갈 적, 마침 적, 깨달을 적 등으로 읽으며, 뜻은 '맞다(틀리거나 어긋남이 없다), 적격(適格: 격에 맞음), 즐기다, 적합(適合: 꼭 알맞음), 적인(適人: 여자가 시집을 감)'입니다. 여기서는 '맞다(입맛에 맞다), 맞아서'로 풀이합니다.

● **입 구(口)** 자는 인구 구, 어귀 구, 구멍 구, 말할 구 등으로 읽으며, 뜻은 '입, 구강(口腔: 입 속, 입 안), 말, 구변(口辯: 말솜씨), 어구, 입구(入口: 들어가는 어귀)'입니다. 여기서 입 구(口) 자를 '사람의 입'으로 풀이하여, 적구(適口)를 '입에 맞아서'로 풀이합니다. 입 구(口) 자는 네모(口)를 좀 작게 쓰면 됩니다.

● **채울 충(充)** 자는 가득할 충 등으로 읽으며, 뜻은 '차다, 가득하다, 충만(充滿: 가득하게 참), 채우다, 충분(充分: 모자람이 없음, 넉넉함)'입니다. 여기서는 '~를 채운다'로 풀이합니다.

● **창자 장(腸)** 자는 마음 장 등으로 읽으며, 뜻은 '창자(동물의 내장 기관의 하나. 소장, 대장 등)'입니다. 여기서는 사람의 배로 풀이하여 충장(充腸)을 '배(창자)를 채운다'로 풀이합니다. 속자로 '창자 장(腸)'이라고 씁니다.

◎ **적구충장(適口充腸)**이란 '입에 맞으면 창자를 채운다' 등으로 풀이하며, 훌륭한 음식이 아니더라도 입에 맞으면 배를 채운다는 내용입니다.

(문장 101) 구선손반(具膳飧飯)~적구충장(適口充腸):
반찬을 갖추어 밥을 먹으니 입에 맞아서 배, 창자를 채운다, 배가 부르다.

102. 포어팽재(飽飫烹宰)~기염조강(飢厭糟糠)

> **[102의 1단]** 배부를 포(飽) 먹기 싫을 어(飫) 삶을 팽(烹) 재상 재(宰)
>
> 포(飽)　어(飫)　팽(烹)　재(宰)
> ①　　④　　②　　③
> 배가 부르면 삶은 고기 요리(좋은 음식)도 먹기 싫고

● **배부를 포(飽)** 자는 먹기 싫을 포, 물릴 포 등으로 읽으며, 뜻은 '배부르다, 포식(飽食: 배부르게 먹음), 물리다, 싫증 나다'입니다. 여기서는 '배가 부르다'로 풀이합니다.

● **먹기 싫을 어(飫)** 자는 배부를 어, 실컷 먹을 어 등으로 읽으며, 뜻은 '실컷 먹다, 배부르다'입니다. 여기서는 '먹기 싫을 어'로 풀이하여 포어(飽飫)를 '배가 부르면 먹기 싫다'로 풀이합니다.

● **삶을 팽(烹)** 자는 요리 팽 등으로 읽으며, 뜻은 '삶다, 팽란(烹卵: 삶은 달걀), 달이다, 팽다(烹茶: 차를 달임)'입니다. 여기서는 '요리 팽'으로 풀이하여 '삶은 요리(料理: 입에 맞도록 식품의 맛을 돋구어 조리함)'로 풀이합니다.

● **재상 재(宰)** 자는 다스릴 재, 주관할 재, 으뜸 재, 삶을 재 등으로 읽으며, 뜻은 '재상(宰相: 임금을 도와 정무를 총리하는 대신), 다스리다' 등의 뜻이 있는 글자인데, 여기서는 '임금을 돕는 으뜸 벼슬'이 아니라 '삶을 재'로 풀이하여 팽재(烹宰)를 '삶은 고기 요리, 좋은 음식'으로 풀이합니다.

◎ **포어팽재(飽飫烹宰)**란 '배가 부를 때에는 아무리 좋은 음식도 그 맛을 모르고, 배가 부르면 고기 요리도 먹기 싫고' 등으로 풀이하며, 배가 부르면 아무리 맛있는 고기 요리도 싫어져서 더 먹을 수 없다는 것을 말한 것입니다.

[102의 2단] **주릴 기**(飢) **싫을 염**(厭) **지게미 조**(糟) **겨 강**(糠)

기(飢) 염(厭) 조(糟) 강(糠)
① ④ ② ③
배가 고플 때에는 술재강이나 쌀겨 같은 거친 음식도 만족한다.

● **주릴 기**(飢) 자는 굶을 기, 흉년들 기 등으로 읽으며, 뜻은 '주리다(먹을 것을 먹지 못하여 배곯다), 배고프다, 굶다, 기아(飢餓: 굶주림)'입니다. 여기서는 '배가 고플 때, 굶주리면' 등으로 풀이합니다.

● **싫을 염**(厭) 자는 편할 염, 만족할 염, 넉넉할 염, 빠질 암, 도울 엽 등 세 가지 발음(염, 암, 엽)으로 읽으며, 뜻은 '싫다, 염세(厭世: 세상을 싫어함)'입니다. 여기서는 '만족할 염'으로 풀이하여 기염(飢厭)을 '배가 고플 때에는 ~만족한다'로 풀이합니다. '족할 염(厭)'으로 표기된 책도 있습니다.

● **지게미 조**(糟) 자는 재강 조 등으로 읽으며, 뜻은 '지게미(술을 고르고 난 찌꺼기), 재강(술을 걸러내고 남은 찌끼)'입니다. 여기서는 '지게미, 술재강' 등으로 풀이합니다.

● **겨 강**(糠) 자는 번쇄할 강 등으로 읽으며, 뜻은 '겨(곡식의 껍질, 쌀 겨)'입니다. 여기서는 '쌀겨'로 풀이하여 조강(糟糠)을 '술재강'이나 '쌀겨'로 풀이합니다.

◎ **기염조강**(飢厭糟糠)이란 '굶주리면 술지게미나 쌀겨도 만족한다' 등으로 풀이하며, 배가 고프면 쌀겨 같은 거친 음식도 맛있게 먹게 된다는 것을 말한 것입니다. 참고로, '조강지처(糟糠之妻: 지게미와 쌀겨로 끼니를 이어 가며 고생을 같이해 온 아내)'라는 고사성어가 있습니다. 참고 사항입니다.

(문장 102) 포어팽재(飽飫烹宰)~**기염조강**(飢厭糟糠):
배가 부르면 삶은 고기 요리, 좋은 음식도 먹기 싫고, 배가 고플 때에는 술재강이나 쌀겨 같은 거친 음식도 만족한다.

103. 친척고구(親戚故舊)~노소이량(老少異糧)

[103의 1단] 친할 친(親) 겨레 척(戚) 연고 고(故) 옛 구(舊)

친(親) 척(戚) 고(故) 구(舊)
①   ②   ③   ④
친척이나 오래 사귄 옛 친구를 (대접할 때는)

● **친할 친(親)** 자는 사랑할 친, 겨레 친, 일가 친, 친정 친 등으로 읽으며, 뜻은 '친하다(남을 가까이 사귀다), 어버이, 양친(兩親: 부모), 친정(親庭: 시집간 여자의 생가), 친구(親舊: 가깝게 오래 사귄 사람)' 등에 쓰는 글자입니다.

● **겨레 척(戚)** 자는 도끼 척, 슬플 척, 근심할 척 등으로 읽으며, 뜻은 '겨레(한 조상에서 태어난 자손들), 슬프다, 근심하다' 등인데, 여기서는 '겨레'로 풀이하여 친척(親戚)을 '친척(모든 일가)'으로 풀이합니다. 친(親)은 성이 같은 일가를 말하고, 척(戚)은 성이 다른 일가붙이, 고종(고종사촌: 고모의 자녀, 내종사촌이라고도 함), 외종(외종사촌: 외숙, 외삼촌의 자녀), 이종(이종사촌: 이모의 자녀) 등 성이 다른 일가붙이를 말하는 것입니다.

● **연고 고(故)** 자는 예 고, 까닭 고 등으로 읽으며, 뜻은 '연고(緣故: 사유, 혈통, 정분, 법률상 맺어진 관계), 오래되다, 고향(故鄕: 낳아서 자란 옛 고장)'입니다. 여기서는 '오래되다'로 풀이합니다.

● **옛 구(舊)** 자는 오랠 구, 늙은이 구, 친구 구 등으로 읽으며, 뜻은 '예, 옛'입니다. 여기서는 '친구 구'로 풀이하여 고구(故舊)를 '오래 사귄 옛 친구(親舊)'로 풀이합니다. 약자로 '옛 구(旧)'라고 쓰고, '친구(親旧)'라고 씁니다. 참고 바랍니다.

◎ **친척고구(親戚故舊)**란 '친척과 옛 친구를 대접할 때는' 등으로 풀이하며, 친(親)은 동성(同姓: 같은 성)의 친척이고, 척(戚)을 이성(異姓: 성이 다른)의 친척이고, 고구(故舊)는 옛 친구를 말하는 것입니다.

노(老) 소(少) 이(異) 량(糧)
①   ②   ④   ③
늙고 젊음에 따라 양식(음식)을 다르게 드려야 한다.

● **늙을 로(老)** 자는 늙은이 로, 어른 로 등으로 읽으며, 뜻은 '늙다(나이가 많아지다), 노인(老人: 늙은이), 익숙하다, 원로(元老: 한 가지 일에 오래 종사하여 경험과 공로가 많은 사람 등)'입니다. 여기서는 '늙은이'로 풀이합니다.

● **젊을 소(少)** 자는 적을 소, 조금 소 등으로 읽으며, 뜻은 '적다, 젊다, 소년, 소녀(少年, 少女: 나이가 어린 사내아이와 여자아이)'입니다. 여기서는 '젊다'로 풀이하여 노소(老少)를 '늙은이와 젊은이'로 풀이합니다. '소아(小兒: 어린아이, 어린애)'라고 쓸 때는 '작을 소(小)' 자를 씁니다. 참고 사항입니다.

● **다를 이(異)** 자는 괴이할 이, 나눌 이 등으로 읽으며, 뜻은 '다르다(같지 않다), 이색(異色: 다른 빛깔, 색다른 것), 이국(異國: 다른 나라, 외국)'입니다. 여기서는 '다르다'로 풀이합니다.

● **양식 량(糧)** 자는 먹이 량 등으로 읽으며, 뜻은 '양식(糧食: 먹고 살 거리)'입니다. 여기서는 '양식, 음식'으로 풀이하여 이량(異糧)을 '양식, 음식이 다르다'로 풀이합니다.

◎ **노소이량(老少異糧)**이란 '늙고 젊음에 따라 음식을 다르게 드려야 한다' 등으로 풀이하며, 노인에게는 영양이 많은 음식을 드려야 한다는 것을 말한 것입니다.

※ 늙을 로(老) 자와 양식 량(糧) 자는 두음법칙에 의하면 앞에 있으면 '노, 양' 뒤에 있으면 '로, 량'이라고 씁니다. 노인(老人), 원로(元老), 양식(糧食), 이량(異糧) 등.

(문장 103) 친척고구(親戚故舊)~노소이량(老少異糧):
친척이나 오래 사귄 옛 친구를 대접할 때는 늙고 젊음에 따라 양식, 음식을 다르게 드려야 한다.

104. 첩어적방(妾御績紡)~시건유방(侍巾帷房)

[104의 1단] 첩 첩(妾) 모실 어(御) 길쌈 적(績) 길쌈 방(紡)

첩(妾)　어(御)　적(績)　방(紡)
①　　②　　④　　③
(남자는 밖에서 일하고) 여자는 (집안에서) 길쌈을 하고

● **첩 첩(妾)** 자는 작은집 첩, 나 첩, 계집애 첩 등으로 읽으며, 뜻은 '첩(본처 외에 데리고 사는 여자, 예전에 여자가 자기 몸을 낮추어 일컫던 말), 소첩(小妾: 여자가 자기를 낮추어 이르는 말)'입니다. 여기서 첩(妾)은 '첩실'만 가리키는 것이 아니라 '집안에서 살림하는 부녀자, 아내, 처첩, 여자' 등으로 풀이합니다.

● **모실 어(御)** 자는 거느릴 어, 임금에 대한 경칭 어, 맞을 아 등 두 가지 발음(어와 아)으로 읽으며, 뜻은 '거느리다, 어명(御命: 임금의 명령)'입니다. 여기서는 '어른을 모시는 부녀자'로 풀이하여 첩어(妾御)를 '어른을 모시는 부녀자(婦女子: 부인과 여자), 아내, 여자' 등으로 풀이합니다.

● **길쌈 적(績)** 자는 공 적, 이룰 적 등으로 읽으며, 뜻은 '길쌈하다(피륙을 짜는 일), 공적(功績: 쌓은 공로), 실 잣다, 적녀(績女: 실을 잣는 여자)'입니다. 여기서는 '길쌈하다'로 풀이합니다.

● **길쌈 방(紡)** 자는 나이할 방, 실 지을 방 등으로 읽으며, 뜻은 '실 잣다(실을 뽑다), 방적(紡績: 실을 뽑는 일)'입니다. 여기서는 적방(績紡)을 '방적(紡績)'으로 풀이하여 '실을 뽑는 일, 길쌈을 하고' 등으로 풀이합니다.

◎ **첩어적방(妾御績紡)**이란 '아내는 집안에서는 길쌈에 힘쓰고' 등으로 풀이하며, 옛날에 부녀자들이 집안에서 길쌈(방적)을 한다는 내용으로, 길쌈은 가정에서 삼, 누에, 모시, 목화 등의 섬유 원료로 실을 뽑아 베, 모시, 무명, 비단, 옷감을 짜내는 모든 과정을 말합니다. 이 구절은 옛날에 여자들이 집안 살림을 돕기 위해 집안에서 하던 일을 말한 것입니다.

시(侍)　건(巾)　유(帷)　방(房)
④　　③　　①　　②
유방(안방)에서 수건 등을 들고 모신다(시중든다).

● **모실 시(侍)** 자는 모시는 사람 시 등으로 읽으며, 뜻은 '모시다(존경하는 이를 받들고 함께 있다 등), 받들다, 시봉(侍奉: 부모를 모시어 받듦)'입니다. 여기서는 '~를 모신다' 등으로 풀이합니다.

● **수건 건(巾)** 자는 머리건 건, 덮을 건 등으로 읽으며, 뜻은 '수건(手巾: 얼굴이나 몸을 닦기 위한 헝겊 조각)'입니다. 여기서는 '수건'으로 풀이하여 시건(侍巾)을 '수건과 머리빗을 들고 모신다' 등으로 풀이합니다.

● **장막 유(帷)** 자는 휘장 유 등으로 읽으며, 뜻은 '휘장, 장막(帳幕: 천막, 둘러치는 막'입니다. 여기서는 '둘러치는 막'으로 풀이합니다.

● **방 방(房)** 자는 집 방 등으로 읽으며, 뜻은 '방(房: 사람이 집안에 거처하려고 만들어진 칸)'입니다. 여기서는 유방(帷房)을 '안방, 부녀자'가 거처하는 방으로 풀이합니다.

◎ **시건유방(侍巾帷房)**이란 '유방에서 모시고 수건을 받드니 처첩이 하는 일이다' 등으로 풀이하며, 요즈음은 남녀 간에 하는 일이 비슷하지만, 옛날에는 남자는 밖에서 일하고 여자는 모든 집안 살림을 도맡아 한다는 내용으로, 어린아이도 키우고 웃어른도 모시고 손님도 대접하는 등 옛날의 가정생활의 도리와 부녀자들의 부덕(婦德: 부녀자들의 아름다운 덕행)을 말한 것이라고 합니다.

(문장 104) 첩어적방(妾御績紡)~시건유방(侍巾帷房):
남자는 밖에서 일하고 여자는 집안에서 길쌈을 하고 유방, 안방에서 수건 등을 들고 모신다, 시중든다.

105. 환선원결(紈扇圓潔)~은촉위황(銀燭煒煌)

> **[105의 1단]** 흰 비단 환(紈) 부채 선(扇) 둥글 원(圓) 깨끗할 결(潔)
>
> 환(紈)   선(扇)   원(圓)   결(潔)
> ①   ②   ③   ④
> 흰 비단으로 만든 부채는 둥글고 깨끗하고

- **흰 비단 환(紈)** 자는 흰 깁 환 등으로 읽으며, 뜻은 '흰 비단(흰 명주실로 짠 피륙)'인데, '피륙'은 '필로 된 무명, 베, 비단 등의 포목'의 총칭입니다. '환소(紈素: 흰 비단)'. 여기서는 '흰 비단'으로 풀이합니다.

- **부채 선(扇)** 자는 부채질할 선, 사리짝 선, 부칠 선 등으로 읽으며, 뜻은 '부채(손으로 흔들어 바람을 일으키는 제구), 선풍기(扇風機: 전력으로 바람을 일으키는 기구)'입니다. 여기서는 '부채'로 풀이하여 환선(紈扇)을 '흰 비단으로 만든 부채'로 풀이합니다.

- **둥글 원(圓)** 자는 원만할 원, 둥근꼴 원, 화폐의 단위 원, 둘레 원 등으로 읽으며, 뜻은 '둥글다, 원형(圓形: 둥근 모양), 둘레, 익숙하다'입니다. 여기서는 '둥글다'로 풀이합니다. 속자로 '둥글 원(圓)'이라고 쓰고, 약자로 '둥글 원(円)'이라고 씁니다. 참고 바랍니다.

- **깨끗할 결(潔)** 자는 맑을 결, 청결할 결 등으로 읽으며, 뜻은 '깨끗하다, 청결(淸潔: 밝고 깨끗함), 결백(潔白: 마음이 깨끗하고 사욕이 없음), 순결(純潔: 몸과 마음이 깨끗함)'입니다. 여기서는 '깨끗하다'로 풀이하여 원결(圓潔)을 '둥글고 깨끗하다'로 풀이합니다.

◎ **환선원결(紈扇圓潔)**이란 '흰 비단부채는 둥글고 깨끗하고 흰 깁으로 만든 부채는 둥글고 조촐하다' 등으로 풀이하며, 어느 선비의 방 안에 장식품(裝飾品: 모양을 아름답게 꾸미는 데 쓰이는 물건)으로 있는 흰 비단으로 만든 둥글고 깨끗한 부채를 말한 것입니다.

> **[105의 2단]** 은 은(銀) 촛불 촉(燭) 빛날 위(煒) 빛날 황(煌)
>
> 은(銀) 촉(燭) 위(煒) 황(煌)
> ①   ②   ③   ④
> 은촛대의 촛불은 빛나고 환하다(휘황찬란하다).

● **은 은(銀)** 자는 돈 은, 은빛 은 등으로 읽으며, 뜻은 '은(銀)'입니다. 은(銀)은 금(金)보다 조금 가볍고 빛이 흰 쇠붙이를 말합니다. '은빛(은과 같은 색깔, 은색), 돈, 은행(銀行)'이라고 쓰는 글자입니다. 여기서는 '은빛'으로 풀이합니다.

● **촛불 촉(燭)** 자는 비칠 촉, 밝을 촉 등으로 읽으며, 뜻은 '촛불, 촉화(燭火: 촛불, 등불), 밝다, 촉광(燭光: 촛불의 빛)'입니다. 여기서는 '촛불'로 풀이하여 은촉(銀燭)을 '은촛대의 촛불, 은빛 촛불' 등으로 풀이합니다.

● **빛날 위(煒)** 자는 환할 위 등으로 읽으며, 뜻은 '빛나다, 환하다, 위엽(煒曄: 빛나는 모양)'입니다. 여기서는 '빛나다, 환하다' 등으로 풀이합니다.

● **빛날 황(煌)** 자는 밝을 황, 성할 황 등으로 읽으며, 뜻은 '빛나다, 환하다, 황황(煌煌: 휘황하게 빛나는 모양)'입니다. 여기서는 '빛나고 환하다' 등으로 풀이하여 위황(煒煌)을 '환하게 빛난다, 그 불꽃이 휘황찬란하다' 등으로 풀이합니다.

◎ **은촉위황(銀燭煒煌)**이란 '은촛대의 촛불은 빛나서 그 불꽃이 휘황찬란하다, 은빛같이 빛나는 등불이 있어서 그 불꽃이 휘황찬란하다' 등으로 풀이하며, 어느 선비의 방 안에 장식품으로 둥글고 깨끗한 흰 비단으로 만든 부채가 있는데, 거기에 은촛대의 촛불을 켜 놓으니까 부채가 더욱 환하게 빛나고 있다는 것을 말한 것입니다.

(문장 105) 환선원결(紈扇圓潔)~은촉위황(銀燭煒煌):
흰 비단으로 만든 부채는 둥글고 깨끗하고 은촛대의 촛불은 빛나고 환하다, 휘황찬란하다.

106. 주면석매(晝眠夕寐)~남순상상(藍筍象牀)

● **낮 주(晝)** 자는 대낮 주, 한낮 주 등으로 읽으며, 뜻은 '낮, 주간(晝間: 낮 동안)' 이고, 반대는 '야간(夜間)'입니다. 여기서는 '낮'으로 풀이합니다.

● **졸 면(眠)** 자는 잘 면, 우거질 면, 잠잘 면 등으로 읽으며, 뜻은 '잠자다, 수면 (睡眠: 잠을 잠), 졸다(피곤하여서 자꾸 잠을 자는 상태로 들어가다)'입니다. 여기서 는 '졸다'로 풀이하여 주면(晝眠)을 '낮에는 졸며, 낮잠 자고'로 풀이합니다.

● **저녁 석(夕)** 자는 저물 석, 밤 석, 서녘 석, 한 웅큼 사 등 두 가지 발음(석과 사)으로 읽으며, 뜻은 '저녁(해가 지고 밤이 오는 때), 조석(朝夕: 아침과 저녁), 석 양(夕陽: 저녁나절의 해)'입니다. 여기서는 '저녁'으로 풀이합니다.

● **잘 매(寐)** 자는 잠잘 매, 쉴 매 등으로 읽으며, 뜻은 '자다, 매어(寐語: 잠꼬대)' 입니다. 여기서는 '잠자고'로 풀이하여 석매(夕寐)를 '저녁에 자니, 밤에 일찍 잠자고' 등으로 풀이합니다.

◎ **주면석매(晝眠夕寐)**란 '낮에 낮잠 자고 밤에 일찍 자니 한가한 사람의 일이다' 등으로 풀이하며, 그 당시 여유(餘裕: 넉넉하고 남음이 있음) 있고 한가롭게 살 고 있는 어느 선비의 생활을 풍자(諷刺: 무엇에 빗대어 재치 있게 경계하거나 비판 함)한 것으로 볼 수 있는 내용으로, 공자님께서는 제자 '재여'가 낮잠을 잘 자 서 썩은 나무로는 조각할 수 없고, 썩은 흙으로 만든 담장은 손질할 수 없다 고 꾸짖었다고 합니다. 참고 사항입니다.

남(藍) 순(筍) 상(象) 상(牀)
① ② ③ ④
푸른 댓순과 코끼리 상아로 꾸민 침상이로다.

- **쪽 람(藍)** 자는 옷 해질 람, 걸레 람 등으로 읽으며, 뜻은 '쪽, 쪽빛, 남색(藍色: 남빛, 푸른색), 청출어람(靑出於藍: 푸른색이 쪽에서 나왔으니 쪽보다 더 푸르다는 뜻으로 제자가 스승보다 나은 것을 비유해서 하는 말)'입니다. 여기서는 '남색, 푸른 색'으로 풀이합니다.

- **죽순 순(筍)** 자는 대싹 순 등으로 읽으며, 뜻은 '죽순(대나무의 순)'입니다. 여기서는 '댓순'으로 풀이하여 남순(藍筍)을 '푸른 댓순' 등으로 풀이합니다.

- **코끼리 상(象)** 자는 범 받을 상, 빛날 상 등으로 읽으며, 뜻은 '코끼리 상아(象牙: 코끼리 앞니, 매우 단단하고 도장, 악기 등 공예품을 만드는 데 씀)'입니다. 여기서는 '코끼리 상아'로 풀이합니다.

- **평상 상(牀)** 자는 마루 상, 걸상 상 등으로 읽으며, 뜻은 '평상(平床, 平牀: 나무로 만든 침상), 잠자리'입니다. 여기서는 '침상'으로 풀이하여 상상(象牀)을 '코끼리 상아로 꾸민 침상'으로 풀이합니다. 속자로 '평상 상(床)'이라고 씁니다.

◎ **남순상상(藍筍象牀)**이란 '남색 대나무와 상아로 꾸민 침상이로다, 푸른 댓순과 코끼리 상아니, 즉 한가한 사람의 침상이다' 등으로 풀이하며, 그 당시 여유 있고 아무런 걱정 없이 즐겁고 안락하게 살고 있는 어느 귀족이나 선비의 삶을 풍자한 것으로 볼 수 있는 내용입니다.

※ 쪽 람(藍) 자는 두음법칙에 의하면 앞에 있으면 '남', 뒤에 있으면 '람'으로 읽고 씁니다. 남순(藍筍), 남색(藍色), 청출어람(靑出於藍) 등.

(문장 106) 주면석매(晝眠夕寐)~남순상상(藍筍象牀):
낮에는 졸며 낮잠 자고 저녁, 밤에는 일찍 잠자고, 푸른 댓순과 코끼리 상아로 꾸민 침상이로다.

107. 현가주연(絃歌酒讌)~접배거상(接杯擧觴)

- **줄 현(絃)** 자는 줄풍류 현, 악기줄 현 등으로 읽으며, 뜻은 '악기 줄, 현악기(絃樂器: 줄을 타는 악기, 거문고, 가야금, 기타, 바이올린 등), 현금(絃琴: 거문고)'입니다. 여기서는 '거문고'로 풀이합니다.

- **노래 가(歌)** 자는 읊조릴 가, 장단맞출 가 등으로 읽으며, 뜻은 '노래, 노래하다, 가곡(歌曲: 노래와 가락), 가수(歌手: 노래 부르기를 업으로 하는 사람)'입니다. 여기서는 '노래하다'로 풀이하여 현가(絃歌)를 '거문고를 타며 노래하고, 줄을 튕겨 노래하고' 등으로 풀이합니다.

- **술 주(酒)** 자는 냉수 주, 벼슬이름 주 등으로 읽으며, 뜻은 '술, 약주(藥酒: 약술, 맑은 술, 약주술), 주객(酒客: 술을 좋아하는 사람)'입니다. 여기서는 '술, 술 마시며'로 풀이합니다. 술 주(酒) 자와 씻을 세(洒) 자가 비슷하니 참고 바랍니다.

- **잔치 연(讌)** 자는 모여 말할 연 등으로 읽으며, 뜻은 '잔치, 연회(讌會: 여러 사람을 모아서 베푸는 잔치), 이야기하다'입니다. 여기서는 '잔치'로 풀이하여 주연(酒讌)을 '술 마시며 잔치하고' 등으로 풀이합니다. '잔치 연(宴)' 자가 또 있습니다. '연회(宴會: 축하, 위로, 환영, 석별 따위를 위하여 여러 사람이 모여 베푸는 잔치)'라고 많이 씁니다. 참고 사항입니다.

◎ **현가주연(絃歌酒讌)**이란 '거문고를 타며 술과 노래로 잔치하니, 줄을 튕겨 노래하며 술로 잔치하고' 등으로 풀이하며, 거문고와 비파의 줄을 튕기면서 노래하고 술 마시며 연회(잔치)하는 모습을 묘사(描寫: 사물을 있는 그대로 그리어 냄)한 내용입니다.

[107의 2단] **접할 접(接) 잔 배(杯) 들 거(擧) 잔 상(觴)**
접(接)　배(杯)　거(擧)　상(觴) ②　　①　　④　　③ 잔을 부딪쳐(접하여) 술을 든다(술잔을 주고받는다).

● **접할 접(接)** 자는 이을 접, 댈 접 등으로 읽으며, 뜻은 '대다(서로 맞닿게 하다), 접대(接待: 손님을 맞아 대접함), 접근(接近: 가까이 닿음)'입니다. 여기서는 '부딪쳐(접하여)'로 풀이합니다.

● **잔 배(杯)** 자는 국바리 배, 밥그릇 배 등으로 읽으며, 뜻은 '잔, 술잔, 축배(祝杯: 축하하여 드는 술잔)'입니다. 여기서는 '잔, 술잔'으로 풀이하여 접배(接杯)를 '잔, 술잔을 부딪쳐(접하여)' 등으로 풀이합니다. 속자로 '잔 배(盃)'라고 씁니다.

● **들 거(擧)** 자는 받들 거, 움직일 거 등으로 읽으며, 뜻은 '들다, 거수(擧手: 손을 듦), 거행(擧行: 일을 일으켜 행함)'입니다. 여기서는 '~를 든다'로 풀이합니다. 약자로 '들 거(挙)'라고 씁니다.

● **잔 상(觴)** 자는 술잔 상 등으로 읽으며, 뜻은 '술잔, 상영(觴詠: 술잔을 들어 마시면서 시가를 읊조림)'입니다. 여기서는 '술잔'으로 풀이하여 거상(擧觴)을 '술을 든다, 술잔을 주고받는다' 등으로 풀이합니다.

◎ **접배거상(接杯擧觴)**이란 '술잔을 공손히 쥐고 두 손으로 들어 권한다' 등으로 풀이하며, 잔치를 하면서 술잔을 주고받으며 건배(乾杯: 술좌석에서 서로 잔을 높이 들어 경사나 상대방의 건강, 행운을 빌고 마시는 일)하는 모습을 묘사한 내용입니다.

(문장 107) 현가주연(絃歌酒讌)~접배거상(接杯擧觴):
거문고를 타며 노래하고 술 마시며 잔치하고 잔을 부딪쳐, 접하여 술을 든다, 술잔을 주고받는다.

108. 교수돈족(矯手頓足)~열예차강(悅豫且康)

> **[108의 1단] 들 교(矯) 손 수(手) 조아릴 돈(頓) 발 족(足)**
>
> 교(矯) 수(手) 돈(頓) 족(足)
> ②   ①   ④   ③
> 손을 들고 발을 구르며 춤을 추니

- **들 교(矯)** 자는 살 바로잡을 교, 거짓 교, 핑계할 교, 날랠 교 등으로 읽으며, 뜻은 '바로잡다, 교정(矯正: 바로잡음), 거짓, 속이다, 날래다, 굳세다, 교수(矯首: 머리를 들음)'입니다. 여기서는 '들 교(矯)' 자로 풀이하여 '~를 들고'로 풀이합니다.

- **손 수(手)** 자는 잡을 수, 칠 수 등으로 읽으며, 뜻은 '손, 솜씨, 수단(手段: 일을 꾸미거나 처리해 나가는 꾀와 솜씨), 수족(手足: 손과 발), 거수(擧手: 손을 들어 올림)'입니다. 여기서는 '사람의 손'으로 풀이하여 교수(矯手)를 '손을 들고'로 풀이합니다.

- **조아릴 돈(頓)** 자는 꾸벅거릴 돈, 그칠 돈, 무딜 둔, 오랑캐이름 들 등 세 가지 발음(돈, 둔, 들)으로 읽으며, 뜻은 '조아리다(머리를 숙이다, 가지런히 하다), 정돈(整頓: 가지런히 바로잡음)'입니다. 여기서는 '가지런히 하다' 등으로 풀이합니다.

- **발 족(足)** 자는 흡족할 족, 넉넉할 족, 더할 주 등 두 가지 발음(족과 주)으로 읽으며, 뜻은 '발, 넉넉하다, 만족(滿足: 마음이 흡족함)'입니다. 여기서는 '사람의 발'로 풀이하여 돈족(頓足)을 '발을 구르며, 두드리며, 발을 가지런히 올렸다 내렸다 춤을 추니' 등으로 풀이합니다.

◎ **교수돈족(矯手頓足)**이란 '손을 들고 발을 올렸다 내렸다 춤을 춘다, 손을 들고 발을 두드리며 춤을 춘다' 등으로 풀이하며, 사람들이 잔치 마당에서 흥(興: 재미나 즐거움)이 나서 손을 흔들고 발을 들어 구르며 덩실덩실 춤추는 모습을 묘사한 내용입니다.

열(悅)　예(豫)　차(且)　강(康)
　①　　②　　③　　④
(마음은) 기쁘고 즐거우며, 또한 (가정은) 편안하다.

● **기쁠 열(悅)** 자는 즐거울 열 등으로 읽으며, 뜻은 '기쁘다, 열락(悅樂: 기쁘고 즐거워함), 희열(喜悅: 기쁨과 즐거움)'입니다. 여기서는 '기쁘다, 즐겁다'로 풀이합니다.

● **미리 예(豫)** 자는 기쁠 예, 편안할 예 등으로 읽으며, 뜻은 '미리, 예방(豫防: 미리 방비함), 기쁘다'입니다. 여기서는 '마음은 기쁘다'로 풀이하여 열예(悅豫)를 '마음은 기쁘고 즐거우며'로 풀이합니다. '나 여(予)' 자는 전혀 다른 글자이나 '미리 예(豫)' 자의 약자로 쓰이는 경우가 있습니다. 예방(予防) 등 참고 바랍니다.

● **또 차(且)** 자는 그 위에 차, 거의 차, 많을 저 등 두 가지 발음(차와 저)으로 읽으며, 뜻은 '또, 또한(마찬가지로), 중차대(重且大: 무겁고도 큼), 구차하다'입니다. 여기서는 '또, 또한'으로 풀이합니다.

● **편안 강(康)** 자는 즐거울 강, 풍년들 강, 성(姓) 강 등으로 읽으며, 뜻은 '편안하다(便安: 무사함, 거북하지 않고 한결같이 좋음), 건강(健康)'이라고 쓰는 글자입니다. 여기서는 '편안하다'로 풀이하여 차강(且康)을 '또한 편안하다'로 풀이합니다.

◎ **열예차강(悅豫且康)**이란 '기쁘고 즐거우며 또한 편안하다' 등으로 풀이하며, 이상과 같이 마음 편하게 노래하고 발을 구르며 덩실덩실 춤을 추니 마음은 기쁘고 즐거우며, 또한 가정은 편안하다는 내용입니다.

(문장 108) 교수돈족(矯手頓足)~열예차강(悅豫且康):
손을 들고 발을 구르며 춤을 추니, 마음은 기쁘고 즐거우며, 또한 가정은 편안하다.

109. 적후사속(嫡後嗣續)~제사증상(祭祀蒸嘗)

[109의 1단] **정실 적(嫡) 뒤 후(後) 이을 사(嗣) 이을 속(續)**

적(嫡) 후(後) 사(嗣) 속(續)
①   ②   ③   ④
맏아들(적자)로 뒤를 이어 가니(한 집안의 대를 잇고)

● **정실 적(嫡)** 자는 맏 적, 맏아들 적 등으로 읽으며, 뜻은 '정실(正室: 본 아내, 본처), 맏아들(맨 먼저 낳은 아들, 큰아들, 장남), 적자(嫡子: 본처의 몸에서 난 맏아들)', '맏'은 '태어난 차례의 첫 번, 첫째'를 말합니다. 여기서는 '적자(맏아들)'로 풀이합니다.

● **뒤 후(後)** 자는 늦을 후, 아들 후 등으로 읽으며, 뜻은 '뒤, 나중, 후계(後繼: 뒤를 이음), 후원(後援: 뒤에서 도와줌), 후퇴(後退: 뒤로 물러감)'입니다. 여기서는 '뒤'로 풀이하여 적후(嫡後)를 '맏아들(적자)로 뒤를' 등으로 풀이합니다.

● **이을 사(嗣)** 자는 익힐 사, 자손 사 등으로 읽으며, 뜻은 '잇다'입니다. 여기서는 '대를 잇다'로 풀이합니다. 대(代)는 '내려오는 한 집안의 계통'을 말합니다.

● **이을 속(續)** 자는 뜻은 '잇다(마주 붙이다, 길게 만든다), 계속(繼續: 끊어지지 않고 뒤를 이어 나감)'입니다. 여기서는 '잇다'로 풀이하여 사속(嗣續)을 '아버지의 뒤를 이음, 한 집안의 대를 잇고' 등으로 풀이합니다. 약자로 '이을 속(続)'이라고 씁니다.

◎ **적후사속(嫡後嗣續)**이란 '적실, 즉 장자(큰아들)가 뒤를 계승하여 대를 잇는다, 맏아들로 뒤를 이으니' 등으로 풀이하며, 장남(長男: 맏아들, 큰아들)은 아버지의 뒤를 계승하여 대(代: 한 집안의 계통)를 이어 간다는 내용입니다.

[109의 2단] 제사 제(祭) 제사 사(祀) 찔 증(蒸) 맛볼 상(嘗)

제(祭) 사(祀) 증(蒸) 상(嘗)
① ② ③ ④
제사를 지내되 겨울 제사는 증, 가을 제사는 상이라고 한다.

● **제사 제(祭)** 자는 기고 제 등으로 읽으며, 뜻은 '제사(祭祀: 신령에게 음식을 차려 정성을 표하는 의식을 말함), 제사 지내다'입니다. 예기(禮記) 왕제편에 이르기를, '천자와 제후의 묘제'에 있어 봄 제사를 약(礿)이라고 하고 여름 제사를 '체(禘)'라 하며, 가을 제사를 '상(嘗)'이라고 하고 겨울 제사를 '증(蒸)'이라고 한다고 합니다.

● **제사 사(祀)** 자는 뜻은 '제사, 사전(祀典: 제사 지내는 의식)'입니다. 여기서는 '제사'로 풀이하여 제사(祭祀)를 '조상님에게 제사 지내는 것'으로 풀이합니다.

● **찔 증(蒸)** 자는 상대 증, 섶 증 등으로 읽으며 뜻은 '찌다, 김, 증기(蒸氣: 액체가 증발하여 생긴 기체, 김)' 등인데, 여기서는 '겨울에 지내는 제사 증(蒸)'으로 풀이합니다.

● **맛볼 상(嘗)** 자는 시험할 상, 가을 제사 상 등으로 읽으며, 뜻은 '맛보다, 상담(嘗膽: 쓸개를 맛봄)'입니다. 여기서는 '가을 제사 상'으로 풀이하여 증상(蒸嘗)을 '겨울 제사는 증, 가을 제사는 상이라고 한다'로 풀이합니다.

◎ **제사증상(祭祀蒸嘗)**이란 '증과 상의 제사를 지낸다, 겨울 제사는 증, 가을 제사는 상이라고 한다' 등으로 풀이하며, 보통 우리들 가정에서도 맏아들(장남, 큰아들)로 한 집안의 대(代: 한 집안의 계통)를 이으니 그 맏아들은 조상님께 겨울 제사는 음력 초하룻날 아침에 지내고, 가을 제사는 음력 8월 15일 추석날에, 또 기제사는 집안 형편에 맞게 조상님께 제사를 올리면 됩니다. 참고 사항입니다.

(문장 109) 적후사속(嫡後嗣續)~제사증상(祭祀蒸嘗):
맏아들 적자로 뒤를 이어 가니 한 집안의 대를 잇고 제사를 지내되 겨울 제사는 증, 가을 제사는 상이라고 한다.

235

110. 계상재배(稽顙再拜)~송구공황(悚懼恐惶)

> **[110의 1단] 조아릴 계(稽) 이마 상(顙) 두 재(再) 절 배(拜)**
>
> 계(稽) 상(顙) 재(再) 배(拜)
> ②   ①   ③   ④
> (조상님께 제사를 올릴 때에는) 이마를 조아려 두 번 절하고

● **조아릴 계(稽)** 자는 상고할 계, 꾸벅거릴 계 등으로 읽으며, 뜻은 '상고하다, 헤아리다, 머무르다, 조아리다(황송하여 고개를 숙이다), 계수(稽首: 머리를 공손히 숙이다)'입니다. 여기서는 '조아려'로 풀이합니다.

● **이마 상(顙)** 자는 뜻은 '이마(눈썹 위에서부터 머리털이 난 아래까지의 부분), 상한(顙汗: 이마에 흐르는 땀)'입니다. 여기서는 '이마'로 풀이하여 계상(稽顙)을 '이마를 조아려(숙이며)'로 풀이합니다.

● **두 재(再)** 자는 두 번 재, 거듭 재, 두 개 재 등으로 읽으며, 뜻은 '두, 두 번, 거듭, 다시, 재개(再開: 다시 엶), 재건(再建: 무너진 것을 다시 일으켜 세움)'입니다. 여기서는 '두 번'으로 풀이합니다.

● **절 배(拜)** 자는 절할 배, 굴복할 배, 벼슬 줄 배 등으로 읽으며, 뜻은 '절(여기서 절은 남에게 공경의 뜻으로 하는 예), 숭배(崇拜: 높이어 우러러 공경함), 계수재배(稽首再拜: 머리를 조아려 두 번 절한다), 배례(拜禮: 절하는 예)'입니다. 여기서는 '절'로 풀이하여 재배(再拜)를 '두 번 절한다'로 풀이합니다. 속자로 '절 배(拝)'라고 씁니다.

◎ **계상재배(稽顙再拜)**란 '이마를 조아리며(숙이며) 두 번 절하니 예를 갖춤이라 등으로' 풀이하며, '계상재배'는 계수재배와 같은 뜻으로 머리를 조아려(숙여) 두 번 절한다는 내용으로, 조상님께 제사 지낼 때 절하는 예법(禮法: 예의로서 지켜야 할 규범)을 말한 것입니다.

천자문 千字文

두려울 송(悚) 두려울 구(懼) 두려울 공(恐) 두려울 황(惶)

송(悚)　구(懼)　공(恐)　황(惶)
　①　　②　　③　　④
두렵고 두려운 마음으로 거듭 삼가고 조심(공경)한다.

● **두려울 송(悚)** 자는 송구할 송 등으로 읽으며, 뜻은 '두려워하다, 송연(悚然: 두려워하는 모양)'입니다. 여기서는 '두렵다'로 풀이합니다.

● **두려울 구(懼)** 자는 근심할 구, 깜짝 놀랄 구 등으로 읽으며, 뜻은 '두려워하다 (마음에 꺼려 무섭다, 조심스럽다)'입니다. 여기서는 '두려운 마음'으로 풀이하여 송구(悚懼)를 '두렵고 두려운 마음'으로 풀이합니다.

● **두려울 공(恐)** 자는 겁을 낼 공, 놀라게 할 공 등으로 읽으며, 뜻은 '두렵다, 무섭다, 공포(恐怖: 무서움, 두려움)'입니다. 여기서는 '거듭(어떤 일을 되풀이하여) 두려운 마음으로' 등으로 풀이합니다.

● **두려울 황(惶)** 자는 흑할 황, 급할 황 등으로 읽으며, 뜻은 '두려워하다, 황공 (惶恐: 위엄에 눌려 두려워함)'입니다. 여기서는 '삼가고 조심 공경한다'로 풀이하여 공황(恐惶)을 '거듭 두려운 마음으로 삼가고 조심 공경한다'로 풀이합니다.

◎ **송구공황(悚懼恐惶)**이란 '송구해하고 황송해하니 공경(恭敬: 삼가서 예를 차려 높임)함이 지극하다' 등으로 풀이하며, 조상님께 제사를 올릴 때에는 두렵고 두려운 마음으로 거듭 삼가고 조심하면서 엄숙하게 제사를 받든다(공경하여 예를 차려 모신다)는 내용으로, 제사 지낼 때의 예의와 범절에 대하여 말한 것입니다.

(문장 110) 계상재배(稽顙再拜)~송구공황(悚懼恐惶):
조상님께 제사를 올릴 때에는 이마를 조아려 두 번 절하고, 두렵고 두려운 마음으로 거듭 삼가고 조심 공경한다.

111. 전첩간요(牋牒簡要)~고답심상(顧答審詳)

> **[111의 1단]** 편지 전(牋) 편지 첩(牒) 간략할 간(簡) 중요 요(要)
>
> 전(牋) 첩(牒) 간(簡) 요(要)
> ①   ②   ③   ④
> 글이나 편지는 간략하게 요점만 쓰고

● **편지 전(牋)** 자는 글 전, 표 전, 종이 전 등으로 읽으며, 뜻은 '글, 표, 편지, 전주(牋奏: 임금에게 올리는 글)'입니다. 여기서는 '글'로 풀이합니다.

● **편지 첩(牒)** 자는 글씨판 첩, 족보 첩, 공문 첩 등으로 읽으며, 뜻은 '편지, 문서, 첩보(牒報: 상부에 문서로서 보고함), 청첩장(請牒狀: 경사가 있을 때에 남을 초청하는 글발)'입니다. 여기서는 '편지'로 풀이하여 전첩(牋牒)을 '전(牋)'은 '아랫사람이 윗사람에게 드리는 글'이고, '첩(牒)'은 '상하 구별 없이 오가는 편지'를 말하는데, '글'이나 '편지'로 풀이합니다.

● **간략할 간(簡)** 자는 편지 간, 대쪽 간, 쉬울 간 등으로 읽으며, 뜻은 '편지(便紙, 片紙: 소식을 서로 알리거나 용건을 적어 보내는 글), 대쪽(종이가 발명되기 전에는 얇은 대쪽에다 글을 썼다고 함), 간략하다(簡略: 간단하고 단순함)'입니다. 여기서는 '간략하게'로 풀이합니다.

● **중요 요(要)** 자는 구할 요, 살필 요 등으로 읽으며, 뜻은 '중요하다(重要: 매우 귀중하고 요긴함, 소중함, 종요로움)'입니다. '종요롭다'는 '없어서는 안 될 만큼 매우 긴요하다'라는 뜻입니다. '요점(要點: 가장 중요한 점)'. 여기서는 '요점'으로 풀이하여 간요(簡要)를 '간략하게 요점만 쓰고'로 풀이합니다.

◎ **전첩간요(牋牒簡要)**란 '글과 편지는 간략함을 요한다. 편지는 간단하고 요긴하게 써야 하고' 등으로 풀이하며, 편지는 간단하고 요점(要點: 가장 중요하고 중심이 되는 사실이나 관점)만 쓰라는 것을 말한 것입니다.

고(顧)　답(答)　심(審)　상(詳)
① 　② 　④ 　③
편지의 회답은 자세히 살펴서 써야 한다.

● **돌아볼 고(顧)** 자는 돌보아줄 고, 도리어 고 등으로 읽으며, 뜻은 '돌아보다, 회고(回顧: 돌아다 봄, 지난 일을 생각하여 봄), 고객(顧客: 단골손님)'입니다. 여기서는 '돌아보다'로 풀이합니다.

● **대답 답(答)** 자는 갚을 답, 합당할 답 등으로 읽으며, 뜻은 '대답(對答: 물음에 대하여 자기 뜻을 나타냄), 회답(回答: 물음에 대답함), 답장(答狀: 회답하는 편지)'입니다. 여기서는 '회답, 답장'으로 풀이하여 고답(顧答)을 '돌아보고 대답할 때, 편지의 회답은' 등으로 풀이합니다.

● **찾을 심(審)** 자는 알아낼 심, 살필 심 등으로 읽으며, 뜻은 '살피다, 심사(審査: 살피어 조사함)'입니다. 여기서는 '살펴서'로 풀이합니다.

● **자세할 상(詳)** 자는 다할 상, 거짓 양 두 가지 발음(상과 양)으로 읽으며, 뜻은 '자세하다(빠짐없이), 상세히(詳細: 내용에 있어서 작은 부분까지 분명히)'입니다. 여기서는 '자세히'로 풀이하여 심상(審詳)을 '자세히 살펴서 써야 한다'로 풀이합니다.

◎ **고답심상(顧答審詳)**이란 '편지의 회답도 겸손한 태도로 간결하고 상세히 하여야 한다' 등으로 풀이하며, 답장을 보낼 때에는 자세히 살펴서 써야 한다는 것을 말한 것입니다.

(문장 111) 전첩간요(牋牒簡要)~고답심상(顧答審詳):
글이나 편지는 간략하게 요점만 쓰고, 편지의 회답은 자세히 살펴서 써야 한다.

112. 해구상욕(骸垢想浴)~집열원량(執熱願涼)

[112의 1단] 뼈 해(骸) 때 구(垢) 생각 상(想) 목욕 욕(浴)

해(骸) 구(垢) 상(想) 욕(浴)
①   ②   ④   ③
몸에 때가 끼면 목욕할 것을 생각하고

● **뼈 해(骸)** 자는 몸 해 등으로 읽으며, 뜻은 '뼈, 해골' 등인데, 여기서는 뼈가 아니라 '몸 해'로 풀이하여 '사람의 몸'으로 풀이합니다.

● **때 구(垢)** 자는 더러울 구, 때가 묻을 구 등으로 읽으며, 뜻은 '때(몸에 묻어서 끼이는 더러운 물질을 말함), 구의(垢衣: 때 묻은 옷, 더러운 옷)'입니다. 여기서는 '몸에 때'로 풀이하여 해구(骸垢)를 '몸에 때가 끼면'으로 풀이합니다.

● **생각 상(想)** 자는 생각할 상, 뜻할 상, 희망할 상 등으로 읽으며, 뜻은 '생각하다(생각은 자기의 의견, 사상, 깨달음, 기억 등 뜻이 많은 단어임), 상기(想起: 지난 일을 생각해 냄), 상상(想像: 미루어 마음속에 생각함)'입니다. 여기서는 '~를 생각하고'로 풀이합니다.

● **목욕 욕(浴)** 자는 미역감을 욕, 깨끗이 할 욕 등으로 읽으며, 뜻은 '목욕(沐浴: 몸을 씻는 일), 욕실(浴室: 목욕하는 시설을 갖춘 방), 일광욕(日光浴: 몸을 햇볕에 쬐어 건강을 도모하는 일)'입니다. 여기서는 '목욕'으로 풀이하여 상욕(想浴)을 '목욕할 것을 생각하고'로 풀이합니다.

◎ **해구상욕(骸垢想浴)**이란 '몸에 때가 있으면 목욕하기를 생각하고, 몸에 때가 끼면 목욕하고 싶고' 등으로 풀이하며, 사람들은 몸이 더러워지면 목욕할 것을 생각한다는 내용으로, 모든 사람들이 공통적(共通的: 여럿 사이에 두루 같은 관계가 있음)으로 느끼는 생각을 말한 것입니다.

[112의 2단] **잡을 집(執) 더울 열(熱) 원할 원(願) 서늘할 량(涼)**
집(執) 열(熱) 원(願) 량(涼)
②   ①   ④   ③
뜨거운 것을 잡으면 서늘한 것을 원한다.
(사람들이 공통적으로 느끼는 생각을 말한 것임.)

- **잡을 집(執)** 자는 지킬 집, 막을 집 등으로 읽으며, 뜻은 '잡다, 집권(執權: 정치를 행하는 실권을 잡음), 집필(執筆: 붓을 잡아 글이나 글씨를 씀)'입니다. 여기서는 '~를 잡는다'로 풀이합니다.

- **더울 열(熱)** 자는 뜨거울 열, 정성 열, 흥분할 열 등으로 읽으며, 뜻은 '덥다, 뜨겁다, 열기(熱氣: 뜨거운 기운)'입니다. 여기서는 '뜨거운 것'으로 풀이하여 집열(執熱)을 '뜨거운 것을 잡으면' 등으로 풀이합니다.

- **원할 원(願)** 자는 하고자 할 원, 바랄 원 등으로 읽으며, 뜻은 '원하다(願: 바라다, 하고자 하다), 지원(志願: 하고 싶어서 바람), 기원(祈願: 소원을 빎), 소원(所願: 원하는 바, 바라는 바)'입니다. 여기서는 '원한다'로 풀이합니다.

- **서늘할 량(涼)** 자는 엷을 량 등으로 읽으며, 뜻은 '서늘하다, 양기(涼氣: 서늘한 기운), 쓸쓸하다'입니다. 여기서는 '서늘하다'로 풀이하여 원량(願涼)을 '서늘한 것을 원한다'로 풀이합니다. 속자로 '서늘할 량(凉)'이라고 씁니다.

◎ **집열원량(執熱願涼)**이란 '뜨거운 것을 손에 잡으면 본능적으로 찬 것을 찾게 된다' 등으로 풀이하며, 사람들이 공통적으로 느끼는 생각을 말한 것입니다.

※ 서늘할 량(涼) 자는 두음법칙에 의하면 앞에 있으면 '양', 뒤에 있으면 '량'으로 읽고 씁니다. 양기(涼氣: 서늘한 기운), 원량(願涼) 등.

(문장 112) 해구상욕(骸垢想浴)~집열원량(執熱願涼):
몸에 때가 끼면 목욕할 것을 생각하고, 뜨거운 것을 잡으면 서늘한 것을 원한다, 사람들이 공통적으로 느끼는 생각을 말한 것이다.

113. 여라독특(驢騾犢特)~해약초양(駭躍超驤)

[113의 1단] 나귀 려(驢) 노새 라(騾) 송아지 독(犢) 수소 특(特)

여(驢) 라(騾) 독(犢) 특(特)
①   ②   ③   ④
나귀와 노새, 송아지와 수소(황소)가

● **나귀 려(驢)** 자는 뜻은 '나귀, 당나귀(말과의 짐승, 말과 비슷한데 좀 작고 앞머리의 긴 털이 없음)'입니다. 여기서는 '나귀, 당나귀'로 풀이합니다.

● **노새 라(騾)** 자는 뜻은 '노새(암말과 수나귀를 교배시켜 낳은 잡종으로 강인하나 생식력이 없음, 크기는 말과 비슷하고 생김새는 나귀와 같음, 튼튼하고 병에 대한 저항력이 강하여 짐을 나르는 데 많이 이용함)'입니다. 여기서는 '노새'로 풀이하여 여라(驢騾)를 '나귀(당나귀)'와 '노새'로 풀이합니다.

● **송아지 독(犢)** 자는 작은 소 독 등으로 읽으며, 뜻은 '송아지(새끼소), 독우(犢牛: 송아지)'입니다. 여기서는 '송아지(새끼 소)'로 풀이합니다.

● **수소 특(特)** 자는 우뚝할 특, 특별할 특, 수컷 특, 뛰어날 특 등으로 읽으며, 뜻은 '특별하다(特別: 보통보다 유달리 뛰어나게 다름), 특기(特技: 남보다 뛰어난 특별한 기술), 특권(特權: 특별한 권리), 서울특별시(特別市)'라고 쓰는 글자인데, 여기서는 '수소 특, 수컷 특(소의 수컷: 황소)'으로 풀이하여 독특(犢特)을 '송아지'와 '수소', '황소'로 풀이합니다. 황소는 '큰 수소, 소의 수컷'을 말하는 것입니다.

◎ **여라독특(驢騾犢特)**이란 '나귀와 노새 그리고 송아지와 수소가' 등으로 풀이하며, 나귀(당나귀)와 노새, 송아지와 수소(황소), 네 마리의 가축(家畜: 집에서 기르는 짐승)을 말하는 것입니다.

※ 나귀 려(驢) 자와 노새 라(騾) 자는 두음법칙에 의하면 앞에 있으면 '여, 나', 뒤에 있으면 '려, 라'로 읽고 씁니다. 여라(驢騾: 나귀와 노새), 나려(騾驢: 노새와 나귀) 등.

천자문 千字文

[113의 2단] **놀랄 해(駭) 뛸 약(躍) 뛸 초(超) 달릴 양(驤)**
해(駭)　약(躍)　초(超)　양(驤)
①　　②　　③　　④
놀란 듯 뛰고 달리며 논다. (뛰고 달리며 노는 가축들이 번성하는 모습을 말한 것임.)

● **놀랄 해(駭)** 자는 북 울릴 해 등으로 읽으며, 뜻은 '놀라다, 해괴(駭怪: 놀랄 만 큼 이상야릇하고 괴상함)'입니다. 여기서는 '놀라다'로 풀이합니다.

● **뛸 약(躍)** 자는 뜻은 '뛰다(달음질하다), 약진(躍進: 뛰어 나아감, 빠르게 진보함)' 입니다. 여기서는 '뛰고 날뛰고'로 풀이하여 해약(駭躍)을 '놀란 듯 뛰고, 날뛰 고' 등으로 풀이합니다.

● **뛸 초(超)** 자는 뛰어넘을 초, 높을 초 등으로 읽으며, 뜻은 '뛰어넘다, 초과(超 過: 일정한 수를 넘음), 뛰어나다, 초인(超人: 뛰어난 위대한 사람)'입니다. 여기서는 '뛰어넘다' 등으로 풀이합니다.

● **달릴 양(驤)** 자는 말 달릴 양, 말 뛸 양 등으로 읽으며, 뜻은 '말이 날뛰다, 양 수(驤首: 말이 머리를 치켜들고 날뜀)'입니다. 여기서는 '말이 잘 달리며 논다' 등 으로 풀이하여 초양(超驤)을 '뛰어 달린다, 달리며 논다'로 풀이합니다.

◎ **해약초양(駭躍超驤)**이란 '놀라 날뛰고 뛰어 달린다, 뛰고 달리며 노는 가축의 모습을 말한다' 등으로 풀이하며, 가축들이 뛰고 달리는 모습은 백성들이 잘 살아 가축들이 번성(繁盛: 자손이 늘어서 퍼짐 등)하는 모습을 말한 것이라고 합니다.

(문장 113) 여라독특(驢騾犢特)~해약초양(駭躍超驤):
나귀와 노새, 송아지와 수소, 황소가 놀란 듯 뛰고 달리며 논다, 뛰고 달리며 노는 가 축들이 번성하는 모습을 말한 것이다.

243

114. 주참적도(誅斬賊盜)~포획반망(捕獲叛亡)

[114의 1단] 벨 주(誅) 벨 참(斬) 도적 적(賊) 도둑 도(盜)
주(誅) 참(斬) 적(賊) 도(盜) ③   ④   ①   ② 역적과 도둑은 베어 물리치고(처벌하고)

● **벨 주(誅)** 자는 꾸지람 주, 벌 줄 주 등으로 읽으며, 뜻은 '베다, 죽이다, 빼앗다, 주구(誅求: 관청에서 백성의 재물을 강제로 빼앗아 감), 꾸짖다'입니다. 여기서는 '베다, 벌을 주다'로 풀이합니다.

● **벨 참(斬)** 자는 끊을 참, 목 베일 참 등으로 읽으며, 뜻은 '베다, 참수(斬首: 목을 벰)'입니다. 여기서는 '베다, 참수'로 풀이하여 주참(誅斬)을 '목을 베어 처벌하고' 등으로 풀이합니다.

● **도적 적(賊)** 자는 해칠 적 등으로 읽으며, 뜻은 '도둑(남의 물건을 훔치거나 빼앗는 짓, 그리하는 사람), 도적(盜賊: 도둑과 같음), 역적(逆賊: 자기 나라나 임금에게 반역하는 자), 산적(山賊: 산 속에 사는 도둑), 해적(海賊: 바다에서 배를 습격하여 재물을 빼앗는 강도)'입니다. 여기서는 '역적'으로 풀이합니다.

● **도둑 도(盜)** 자는 도적 도, 훔칠 도 등으로 읽으며, 뜻은 '도둑, 훔치다, 도벽(盜癖: 걸핏하면 남의 물건을 훔치려 드는 버릇), 강도(強盜: 폭행이나 협박으로 남의 재물을 빼앗는 행위)'입니다. 여기서는 '도둑'으로 풀이하여 적도(賊盜)를 '역적과 도둑'으로 풀이합니다.

◎ **주참적도(誅斬賊盜)**란 '역적과 도둑은 베어 처벌하고' 등으로 풀이하며, 나라에서 법(法: 사회의 질서를 유지하기 위한 국가적 규율, 법률)을 집행(執行: 법률, 명령, 재판, 처분 등의 내용을 현실로 구체화하는 일)하는 것을 말한 것입니다.

포(捕) 획(獲) 반(叛) 망(亡)
③   ④   ①   ②
배반하고 도망하는 자를 잡아 죄를 다스린다.

● **잡을 포(捕)** 자는 사로잡을 포 등으로 읽으며, 뜻은 '잡다, 체포(逮捕: 죄인을 쫓아가서 잡음), 생포(生捕: 산 채로 잡음), 포로(捕虜: 전투에서 사로잡힌 적의 군사)' 입니다. 여기서는 '생포, 산 채로 잡다, ~잡아' 등으로 풀이합니다.

● **얻을 획(獲)** 자는 노비 획, 더럽힐 확 등 두 가지 발음(획과 확)으로 읽으며, 뜻은 '얻다, 획득(獲得: 손에 넣음, 얻어서 가짐), 포획(捕獲: 적병을 사로잡음, 짐승이나 물고기를 잡다 등)'입니다. 여기서는 포획(捕獲)을 '~를 사로잡아 죄를 다스린다' 등으로 풀이합니다.

● **배반할 반(叛)** 자는 달아날 반 등으로 읽으며, 뜻은 '배반(背叛: 신의를 버리고 돌아섬), 반란(叛亂: 배반하여 일으키는 난리)'입니다. 여기서는 '배반'으로 풀이합니다.

● **도망 망(亡)** 자는 망할 망, 없어질 망, 없을 무 등 두 가지 발음(망과 무)으로 읽으며, 뜻은 '망하다(~가 못 쓰게 되거나 없어지다 등), 달아나다, 도망(逃亡: 몰래 피해 달아남)'입니다. 여기서는 반망(叛亡)을 '배반하고 도망하는 사람'으로 풀이합니다.

◎ **포획반망(捕獲叛亡)**이란 '배반하고 도망하는 자를 잡아 죄를 주어 법을 밝힌다' 등으로 풀이하며, 민생(民生: 국민생활) 안전과 사회 기강(紀綱: 규율과 법도를 아울러 이르는 말)을 위하여 형법 체계를 갖춤을 말한 것입니다.

(문장 114) 주참적도(誅斬賊盜)~포획반망(捕獲叛亡):
역적과 도둑은 베어 물리치고, 처벌하고, 배반하고, 도망하는 자를 잡아 죄를 다스린다.

115. 포사료환(布射僚丸)~혜금완소(嵇琴阮嘯)

포(布)   사(射)   료(僚)   환(丸)
①   ②   ③   ④
여포는 활을 잘 쏘았고 웅의료는 탄환(탄자)을 잘 놀렸으며

- **베 포(布)** 자는 피륙 포, 돈 포, 베풀 포 등으로 읽으며, 뜻은 '베, 피륙, 포목(布木: 베와 무명), 베풀다, 널리 펴다' 등인데, 여기서는 중국 후한 말기의 장수로서『삼국지』(장편 역사소설)에 나오는 무장(武將: 무관으로서의 장수)들 가운데에서 힘이 좋고 활쏘기를 잘한 '여포(呂布)'라는 장수를 말한 것으로, '여포'로 풀이합니다.

- **쏠 사(射)** 자는 목표를 잡을 석, 벼슬이름 야, 싫을 역 등 네 가지 발음(사, 석, 야, 역)으로 읽으며, 뜻은 '쏘다, 쏜다, 맞추다, 사격(射擊: 활, 총, 화살, 총알 따위를 쏨)'입니다. 여기서는 '활(화살)'을 쏜다'로 풀이하여 포사(布射)를 '여포는 활을 잘 쏘았고' 등으로 풀이합니다.

- **동료 료(僚)** 자는 벗 료, 어여쁠 료 등으로 읽으며, 뜻은 '동료(同僚: 같은 자리에서 함께 일을 하는 사람)'입니다. 여기서는 초나라의 '웅의료(熊宜僚)'라는 사람을 말한 것으로, '웅의료'로 풀이합니다.

- **둥글 환(丸)** 자는 총알 환 등으로 읽으며, 뜻은 '둥글다, 알, 탄환(彈丸: 탄자, 탄알)'입니다. 여기서는 '탄환의 탄자'로 풀이하여 료환(僚丸)을 '웅의료의 탄환(탄자)'으로 풀이합니다. 탄환의 탄자는 옛날 중국에서 새를 잡기 위해 활에 달아 쏘던 작고 둥근 물건을 말합니다.

◎ **포사료환(布射僚丸)**이란 '여포의 활과 웅의료의 탄환이오' 등으로 풀이하며, 한(漢)나라의 여포는 활을 잘 쏘아 원술의 적병을 퇴각시켰고, 웅의료는 탄자(쇠구슬)를 잘 던져, 잘 굴리어 초왕으로 하여금 승전케 하였다는 역사 이야기입니다.

[115의 2단] 성 혜(嵆) 거문고 금(琴) 성 완(阮) 휘파람 소(嘯)

혜(嵆) 금(琴) 완(阮) 소(嘯)
① ② ③ ④
혜강은 거문고를 잘 타고, 완적은 휘파람을 잘 불렀다.

● **성 혜(嵆)** 자는 산 이름 혜 등으로 읽으며, 뜻은 '산 이름, 사람의 성(姓)씨'입니다. 여기서는 중국 삼국시대 위나라 말엽 진(晉)나라 초기에 죽림칠현(竹林七賢: 세상의 허무를 주장하며 대나무 숲에서 놀면서 즐기던 일곱 명의 선비)의 한 사람인 혜강(嵆康)이라는 사람을 말하는 것으로, '혜강'으로 풀이합니다.

● **거문고 금(琴)** 자는 뜻은 '거문고(음악, 현악기의 하나), 금실, 금슬(琴瑟: 거문고와 비파, 부부 사이의 애정)'입니다. 여기서는 '거문고'로 풀이하여 혜금(嵆琴)을 '혜강의 거문고'로 풀이합니다.

● **성 완(阮)** 자는 성 원 등 두 가지 발음(완과 원)으로 읽으며, 뜻은 '성(姓), 사람의 성'입니다. 여기서는 위나라의 '완적(阮籍)'이라는 사람을 말하는 것으로, '완적'으로 풀이합니다. 완적도 죽림칠현의 한 사람입니다.

● **휘파람 소(嘯)** 자는 읊을 소 등으로 읽으며, 뜻은 '휘파람, 읊조리다(시에 곡조를 붙여 점잖게 읊다)'입니다. 여기서는 휘파람으로 풀이하여 완소(阮嘯)를 '완적은 휘파람을 잘 불었다'로 풀이합니다.

◎ **혜금완소(嵆琴阮嘯)**란 '혜강의 거문고와 완적의 휘파람이라' 등으로 풀이하며, 혜강은 거문고를 잘 타고, 완적은 휘파람을 잘 불었다는 내용입니다.

(문장 115) 포사료환(布射僚丸)~혜금완소(嵆琴阮嘯):
여포는 활을 잘 쏘았고, 웅의료는 탄환, 탄자를 잘 놀렸으며 혜강은 거문고를 잘 타고, 완적은 휘파람을 잘 불었다.

116. 염필륜지(恬筆倫紙)~균교임조(鈞巧任釣)

[116의 1단] 편안 념(恬) 붓 필(筆) 인륜 륜(倫) 종이 지(紙)

염(恬) 필(筆) 륜(倫) 지(紙)
① ② ③ ④

몽념은 붓을 처음으로 만들었으며, 채륜은 종이를 만들었으며

● **편안 념(恬)** 자는 편안할 념, 고요할 념, 태평한 모양 념 등으로 읽으며, 뜻은 '편안하다, 염허(恬虛: 욕심이 없으니 마음이 편안함)'입니다. 여기서는 진(秦)나라의 '몽념(蒙恬)'이라는 사람을 말하는 것으로, '몽념'으로 풀이합니다.

● **붓 필(筆)** 자는 지을 필 등으로 읽으며, 뜻은 '붓(글씨, 그림 또는 칠할 때 쓰는 기구), 글, 필자(筆者: 글씨를 쓴 사람, 글을 지은 사람)'입니다. 여기서는 '붓'으로 풀이하여 염필(恬筆)을 '몽념은 토끼털로 붓을 처음으로 만들었다'로 풀이합니다.

● **인륜 륜(倫)** 자는 무리 륜, 의리 륜, 떳떳할 륜 등으로 읽으며, 뜻은 '인륜(人倫: 사람이 지켜야 할 도리, 도덕), 윤리(倫理: 인간사회에서 지켜야 할 도리)'입니다. 여기서는 후한의 '채륜(蔡倫)'이라는 사람을 말하는 것으로, '채륜'으로 풀이합니다.

● **종이 지(紙)** 자는 편지 지 등으로 읽으며, 뜻은 '종이, 지질(紙質: 종이의 품질), 백지(白紙: 흰 종이, 아무것도 쓰지 않은 종이 등)'입니다. 여기서는 '종이'로 풀이하여 윤지(倫紙)를 '채륜은 종이를 만들었다'로 풀이합니다.

◎ **염필륜지(恬筆倫紙)**란 '몽념의 붓과 채륜의 종이요' 등으로 풀이하며, 진(秦)나라의 몽념은 토끼털로 붓을 만들었고, 후한의 채륜은 솜으로 종이를 만들었다는 내용입니다.

※ 편안 념(恬) 자와 인륜 륜(倫) 자는 두음법칙에 의하면 앞에 있으면 '염, 윤', 뒤에 있으면 '념, 륜'으로 읽고 씁니다. 염필(恬筆), 몽념(蒙恬), 윤리(倫理), 인륜(人倫) 등.

균(鈞) 교(巧) 임(任) 조(釣)
①   ②   ③   ④
마균은 재주가 교묘하여 (지남거를), 임공자는 낚시를 만들었다.

● **무게 균(鈞)** 자는 고를 균, 설흔근 균 등으로 읽으며, 뜻은 '무게의 단위, 질그릇, 만들다'입니다. 여기서는 위나라의 '마균(馬鈞)'이라는 사람을 말하는 것으로, '마균'으로 풀이합니다.

● **공교 교(巧)** 자는 교묘할 교, 훌륭한 솜씨 교 등으로 읽으며, 뜻은 '공교롭다, 교묘하다(썩 잘되고 묘함)'입니다. 여기서는 '재주가 교묘하다'로 풀이하여 균교(均巧)를 '중국 위나라의 '마균'은 재주가 교묘하여 지남거(指南車)를 만들고'로 풀이합니다. 지남거(차)는 옛날 중국 수레의 하나로, 수레 위에 나무로 손을 들고 남쪽을 가리키는 사람 모형을 만들어 손가락이 항상 남쪽을 가리키게 장치된 중국 고대의 수레인 마차를 말하는데, 오늘날의 나침반이 되었다고 합니다.

● **맡길 임(任)** 자는 믿을 임 등으로 읽으며, 뜻은 '맡기다, 담임(擔任: 책임을 지고 맡아 보는 사람)'입니다. 여기서는 중국 전국시대 임공자(任公子)라는 사람을 말하는 것으로, '임공자'로 풀이합니다.

● **낚시 조(釣)** 자는 낚을 조 등으로 읽으며, 뜻은 '낚시(물고기를 잡는 데 쓰는 작은 쇠갈고리)'입니다. 여기서는 '낚시'로 풀이하여 임조(任釣)를 '임공자는 낚시를 만들었다'로 풀이합니다. 무게 균(鈞) 자와 낚시 조(釣) 자가 비슷하니 어디가 다른지 찾아보기 바랍니다. 참고 사항입니다.

◎ **균교임조(鈞巧任釣)**란 위나라의 마균은 지남거(차)를 만들고, 전국시대 임공자는 낚시를 만들었다는 내용입니다.

(문장 116) 염필륜지(恬筆倫紙)~균교임조(鈞巧任釣):
몽념은 붓을 처음으로 만들었으며, 채륜은 종이를 만들었으며, 마균은 재주가 교묘하여 지남거를, 임공자는 낚시를 만들었다.

117. 석분리속(釋紛利俗)~병개가묘(竝皆佳妙)

● **놓을 석(釋)** 자는 주낼 석, 부처의 칭호 석, 풀 석 등으로 읽으며, 뜻은 '풀다(묶이거나 얽히거나 합쳐진 것을 그렇지 아니한 상태로 되게 하다), 석방(釋放: 가두었던 사람을 풀어놓음)'입니다. 여기서는 '풀 석'으로 풀이하여 '~를 풀어' 등으로 풀이합니다. 약자로 '풀 석(釈)'이라고 씁니다. 참고 바랍니다.

● **어지러울 분(紛)** 자는 분장할 분 등으로 읽으며, 뜻은 '어지럽다, 분규(紛糾: 일이 뒤얽혀 말썽이 많고 시끄러움)'입니다. 여기서는 '어지러움'으로 풀이하여 석분(釋紛)을 '세상의 어지러움을 풀고' 등으로 풀이합니다.

● **이로울 리(利)** 자는 좋을 리, 길할 리, 편리할 리 등으로 읽으며, 뜻은 '이롭다(유리하다, 이익이 있다), 이익(利益: 유익하고 도움이 됨)'입니다. 여기서는 '이롭게 하였으니'로 풀이합니다.

● **풍속 속(俗)** 자는 익을 속, 세상 속 등으로 읽으며, 뜻은 '풍속(風俗: 예로부터 민간에서 행하여 온 의식주 등 모든 생활 습관)'입니다. 여기서는 '풍속'으로 풀이하여 이속(利俗)을 '풍속을 이롭게 하니'로 풀이합니다.

◎ **석분리속(釋紛利俗)**이란 이상 여덟 사람(여포, 웅의료, 혜강, 완적, 몽념, 채륜, 마균, 임공자)은 재주를 다하여 세상의 어지러운 것을 풀어 풍속을 이롭게 하였다는 내용입니다.

※ 이로울 리(利) 자는 두음법칙에 의하면 앞에 있으면 '이', 뒤에 있으면 '리'로 읽고 씁니다. 이익(利益), 권리(權利) 등.

> **[117의 2단] 아우를 병(竝) 다 개(皆) 아름다울 가(佳) 묘할 묘(妙)**
>
> 병(竝) 개(皆) 가(佳) 묘(妙)
>   ①   ②   ③   ④
> 아울러 모두가 아름다우며 묘한 재주였다.

● **아우를 병**(竝) 자는 견줄 병, 고을이름 반, 연방 방 등 세 가지 발음(병, 반, 방) 으로 읽으며, 뜻은 '아우르다, 나란히 하다'입니다. 여기서는 '아울러(여럿을 함 께 합하다)'로 풀이합니다. 약자로 '아우를 병(並)'이라고 씁니다.

● **다 개**(皆) 자는 한 가지 개, 같은 개 등으로 읽으며, 뜻은 '모두 다(있는 것 전 부), 개근(皆勤: 하루도 빠짐없이 다 출석함)'입니다. 여기서는 '모두'로 풀이하여 병개(竝皆)를 '아울러 모두가' 등으로 풀이합니다.

● **아름다울 가**(佳) 자는 착할 개, 좋아할 개 등 두 가지 발음(가와 개)으로 읽으 며, 뜻은 '아름답다, 좋다, 가경(佳景: 아름다운 경치), 가인(佳人: 미인)'입니다. 여 기서는 '아름답다'로 풀이합니다.

● **묘할 묘**(妙) 자는 신비할 묘 등으로 읽으며, 뜻은 '묘하다(말할 수 없이 빼어나고 훌륭한 도리), 교묘(巧妙: 썩 잘되고 묘함)'입니다. 여기서는 '묘한 재주'로 풀이하 여 가묘(佳妙)를 '아름답고 묘한 재주였다' 등으로 풀이합니다.

◎ **병개가묘**(竝皆佳妙)란 '아울러 모두가 아름답고 묘하게 되었다' 등으로 풀이 하며, 이러한 것들(여포의 활, 웅의료의 탄환, 혜강의 거문고, 완적의 휘파람, 몽념 의 붓, 채륜의 종이, 마균의 지남거, 임공자의 낚시)은 모두가 아름답고 묘한 재주 였다는 내용입니다.

(문장 117) 석분리속(釋紛利俗)~**병개가묘**(竝皆佳妙):
이상 8인이 재주를 다하여 세상의 어지러운 것을 풀어 풍속을 이롭게 하였으니, 아울 러 모두가 아름다우며 묘한 재주였다.

251

118. 모시숙자(毛施淑姿)~공빈연소(工嚬姸笑)

모(毛) 시(施) 숙(淑) 자(姿)
① ② ③ ④
모장과 서시의 맑은 자태(몸가짐과 맵시)는

● **터럭 모(毛)** 자는 털 모 등으로 읽으며, 뜻은 '터럭(사람이나 짐승에 난 굵은 털), 털, 모발(毛髮: 머리카락)'입니다. 여기서는 중국 오나라의 '모장(毛嬙)'이라는 여인을 말하는 것으로, '모장'으로 풀이합니다.

● **베풀 시(施)** 자는 쓸 시, 잘난 체할 이 등 두 가지 발음(시와 이)으로 읽으며, 뜻은 '베풀다, 주다, 시상(施賞: 상품을 줌)'입니다. 여기서는 중국 월나라의 '서시(西施)'라는 여인을 말하는 것으로, 모시(毛施)를 오나라의 '모장'과 월나라의 '서시' 두 여인으로 풀이합니다.

● **맑을 숙(淑)** 자는 화할 숙, 착할 숙 등으로 읽으며, 뜻은 '맑다, 얌전하다, 숙녀(淑女: 정숙한 여자, 얌전하고 덕행과 교양을 구비한 여자)'입니다. 여기서는 '맑다'로 풀이합니다.

● **모양 자(姿)** 자는 맵시 자 등으로 읽으며, 뜻은 '모습(생긴 모양), 맵시(곱게 매만진 모양), 자태(姿態: 몸가짐과 맵시)'입니다. 여기서는 '자태'로 풀이하여 숙자(淑姿)를 '맑은 자태(몸가짐과 맵시)'로 풀이합니다.

◎ **모시숙자(毛施淑姿)**란 '모장과 서시는 절세(絕世: 세상에서 다시 없을 만큼 뛰어남)의 미인(美人)으로 예부터 미인의 대명사(代名詞: 사람 이름 대신 그것을 가리키는 품사)였다' 등으로 풀이하며, 사람들은 중국 고대의 미인(美人: 아름답게 생긴 여자) 하면 모장과 서시 두 여인을 말하는 것이니 상식적으로 알아 두기 바랍니다. 참고 사항입니다.

[118의 2단] 장인 공(工) 찡그릴 빈(嚬) 고울 연(妍) 웃음 소(笑)

공(工)　빈(嚬)　연(妍)　소(笑)
①　②　③　④
공교롭게(뜻밖에, 우연히 두 미인이) 찡그리고 곱게 웃음 지었다.

- **장인 공**(工) 자는 공장 공, 벼슬 공, 만들 공, 공교할 공 등으로 읽으며, 뜻은 '장인(匠人: 물건 만드는 일 또는 그 사람), 공장(工場: 물건을 만드는 곳)'입니다. 여기서는 '공교할 공'으로 풀이하여 '공교롭게(工巧: 뜻밖에)'로 풀이합니다.

- **찡그릴 빈**(嚬) 자는 뜻은 '찡그리다(근심스럽거나 언짢을 때 이마나 눈살을 찌푸리다), 빈소(嚬笑: 얼굴을 찡그림과 웃음)'입니다. 여기서는 '찡그리고'로 풀이하여 공빈(工嚬)을 '공교롭게, 뜻밖에 찡그리고'로 풀이합니다.

- **고울 연**(妍) 자는 사랑스러운 연 등으로 읽으며, 뜻은 '곱다, 아름답다'입니다. 여기서는 '곱다'로 풀이합니다. 또 고울 연, 아름다울 연(娟) 자가 있습니다. 참고 바랍니다.

- **웃음 소**(笑) 자는 웃을 소 등으로 읽으며, 뜻은 '웃다, 미소(微笑: 소리 내지 않고 방긋이 웃는 모습)'입니다. 여기서는 '미소(웃는 모습)'로 풀이하여 연소(妍笑)를 '곱게 웃음 지었다'로 풀이합니다.

◎ **공빈연소**(工嚬妍笑)란 '공교롭게 찡그리고 웃는 모습이 고왔다' 등으로 풀이하며, 모장과 서시 두 미인이 공교롭게 찡그리고 곱게 웃음 지었다는 내용으로, 모장이 소매로 얼굴을 가리고 눈살을 찡그리고 소리 없이 웃는 모습을 말합니다. 서시는 속이 아파 눈살을 자주 찌푸렸는데, 찡그리는 모습조차 웃는 것처럼 아름다워 이를 본 여자들이 예쁘게 보이려고 얼굴을 찡그리고 다녔다는 이야기도 있습니다. 참고 사항입니다.

(문장 118) 모시숙자(毛施淑姿)~**공빈연소**(工嚬妍笑):
모장과 서시의 맑은 자태, 몸가짐과 맵시는 공교롭게, 뜻밖에, 우연히 두 미인이 찡그리고 곱게 웃음 지었다.

253

119. 연시매최(年矢每催)~희휘랑요(曦暉朗耀)

[119의 1단] 해 년(年) 화살 시(矢) 매양 매(每) 재촉 최(催)

연(年) 시(矢) 매(每) 최(催)
①   ②   ③   ④

세월은 화살같이 빨라 매양 재촉하는데(세월은 화살같이 빠르게 지나가고)

● **해 년(年)** 자는 나이 년, 나갈 년 등으로 읽으며, 뜻은 '해(여기서 해는 태양을 뜻하는 것이 아니라 지구가 태양을 한 바퀴 도는 동안 1년을 말함), 연대(年代: 경과한 햇수), 나이, 연로(年老: 나이가 많아서 늙음), 금년(今年: 올해), 내년(來年: 올해의 바로 다음 해)'입니다. 여기서 해 년(年) 자를 '1년 동안의 시간'으로 풀이하여 '세월(歲月: 흘러가는 시간)'로 풀이합니다.

● **화살 시(矢)** 자는 소리날 시, 맹세 시, 똥 시 등으로 읽으며, 뜻은 '화살, 궁시(弓矢: 활과 화살), 맹세하다, 시심(矢心: 마음속으로 맹세함)'입니다. 여기서는 '화살'로 풀이하여 년시(年矢)를 '세월은 화살같이 빠르게'로 풀이합니다.

● **매양 매(每)** 자는 늘 매, 일상 매 등으로 읽으며, 뜻은 '매양(每樣: 항상 그 모양으로), 매년(每年: 해마다), 매일(每日: 날마다)'입니다. 여기서는 '매양(항상 그 모양으로)'으로 풀이합니다.

● **재촉 최(催)** 자는 재촉할 최, 핍박할 최, 열 최, 일어날 최 등으로 읽으며, 뜻은 '재촉하다(하는 일을 빨리하도록 함), 최면(催眠: 잠이 오게 함), 개최(開催: 어떤 모양이나 행사를 주장하여 엶)'입니다. 여기서는 '재촉하다'로 풀이하여 매최(每催)를 '매양 재촉하는데'로 풀이합니다.

◎ **연시매최(年矢每催)**란 '해(세월)는 화살처럼 늘 재촉하고' 등으로 풀이하며, 세월이 화살같이 빠르게 지나감을 말한 것입니다.

※ 해 년(年) 자는 두음법칙에 의하면 앞에 있으면 '연', 뒤에 있으면 '년'으로 읽고 씁니다. 연대(年代), 연로(年老), 금년(今年), 내년(來年) 등.

희(曦)　휘(暉)　랑(朗)　요(曜)
　①　　②　　③　　④
(날마다 비치는) 햇빛은 밝고도 아름답게 빛나고 있다.

● **햇빛 희(曦)** 자는 뜻은 '햇빛, 희월(曦月: 해와 달)'입니다. '복희 희(羲)' 자로 표기
된 책도 있습니다. 여기서는 '햇빛'으로 풀이합니다.

● **빛날 휘(暉)** 자는 빛 휘, 햇빛 휘 등으로 읽으며, 뜻은 '빛, 빛나다, 휘영(暉映:
반짝이며 빛남)'입니다. 여기서는 '빛나고 있다'로 풀이하여 희휘(曦暉)를 '날마다
비치는 햇빛은 빛나고 있다'로 풀이합니다.

● **밝을 랑(朗)** 자는 뜻은 '밝다, 맑다, 명랑하다(明朗: 성격이 밝고 쾌활함), 낭독
(朗讀: 소리를 높여 맑은 소리로 명랑하게 읽음)'입니다. 여기서는 '밝다'라고 풀이
합니다.

● **빛날 요(曜)** 자는 해 비칠 요, 요일 요 등으로 읽으며, 뜻은 '비치다, 빛나다, 일
요일(日曜日)' 등에 쓰는 글자입니다. 여기서는 '빛나다'로 풀이하여 낭요(朗曜)
를 '밝게 빛난다' 등으로 풀이합니다. 빛날 요(耀) 자로 표기된 책도 있습니다.

◎ **희휘랑요(曦暉朗耀)**란 '햇빛과 달빛은 온 세상을 비추어 만물에 혜택을 주고
있다' 등으로 풀이하며, 날마다 비치는 태양 빛은 밝고도 아름답게 빛나고 있
다는 것을 말한 것입니다.

※ 밝을 랑(朗) 자는 두음법칙에 의하면 앞에 있으면 '낭', 뒤에 있으면 '랑'으로 읽고 씁니다. 낭독
(朗讀), 명랑(明朗) 등.

(문장 119) 연시매최(年矢每催)~희휘랑요(曦暉朗耀):
세월은 화살같이 빨라 매양 재촉하는데 세월은 화살같이 빠르게 지나가고, 날마다 비
치는 햇빛은 밝고도 아름답게 빛나고 있다.

120. 선기현알(璇璣懸斡)~회백환조(晦魄環照)

- **구슬 선(璇)** 자는 옥 이름 선, 고운 옥 선, 별이름 선 등으로 읽으며, 뜻은 '고운 옥(玉), 아름다운 옥, 고운 옥 선(琁)' 같은 글자로 쓰입니다.

- **구슬 기(璣)** 자는 잔 구슬 기, 별이름 기, 선기 기 등으로 읽으며, 뜻은 '구슬, 선기(천체의 모형)'입니다. 여기서는 '선기'로 풀이하여 '선기옥형(璇璣玉衡)'으로 풀이합니다. '선기옥형'은 혼천의, 혼의기를 말합니다. 고대 중국에서 천체(天體: 우주에 존재하는 모든 물체. 하늘에 있는 해, 달 별 등)의 운행과 위치를 관측하던 장치(기계, 도구, 설비)를 '선기옥형', '혼천의', '혼의기'라고 말합니다.

- **달 현(懸)** 자는 매달 현, 멀 현 등으로 읽으며, 뜻은 '매달다, 걸다, 멀다, 현판(懸板: 글씨나 그림을 새겨서 거는 널조각), 현상금(懸賞金: 상으로 건 돈)'입니다. 여기서는 '매달다, 달아 놓으니'로 풀이합니다.

- **돌 알(斡)** 자는 구를 간, 자를 간 등 두 가지 발음(알과 간)으로 읽으며, 뜻은 '돌다, 돌리다, 알선(斡旋: 남의 일을 잘되도록 주선하여 줌)'입니다. 여기서는 '빙빙 돌다'로 풀이하여 현알(懸斡)을 '달아 놓으니 빙빙 돌고 돌아'로 풀이합니다.

◎ **선기현알(璇璣懸斡)**이란 '선기옥형을 달아놓으니 빙빙 돌고 돌아' 등으로 풀이하며, 밝은 구슬로 장식해서 만든 하늘을 관측하는 혼천의가 높이 매달려 공중에서 도는 것을 말한 것으로, 옛날에는 시계가 없어서 선기옥형, 혼천의를 놓고서 해가 가는 것을 보았고, 그림자를 보고서 세월(시간) 가는 것을 시계 대신 알았다고 합니다.

[120의 2단] 그믐 회(晦) 넋 백(魄) 고리 환(環) 비칠 조(照)

회(晦)　백(魄)　환(環)　조(照)
①　　②　　③　　④
그믐달이 초승달로 되돌아와 비춘다.

● **그믐 회(晦)** 자는 늦을 회, 어두울 회, 안개 회 등으로 읽으며, '뜻은 그믐, 회일(晦日: 그믐날)'입니다. 그믐날은 음력으로 한 달의 마지막 날을 말합니다.

● **넋 백(魄)** 자는 넋 잃을 박, 넋 잃을 탁 등 세 가지 발음(백, 박, 탁)으로 읽으며, 뜻은 '넋, 혼백(魂魄: 넋, 영혼)', 여기서는 회백(晦魄)을 '음력으로 매월 그믐(29일, 30일) 전에 며칠 동안 보이는 그믐달'로 풀이합니다.

● **고리 환(環)** 자는 옥고리 환, 돌릴 환, 둘레 환 등으로 읽으며, 뜻은 '고리(둥근 물건, 문고리 등), 둘레, 순환(循環: 쉬지 않고 돎)'입니다. 여기서는 '달이 순환해서 번갈아 그믐달이 초승달로 되돌아온다'로 풀이합니다.

● **비칠 조(照)** 자는 빛날 조, 비교할 조 등으로 읽으며, 뜻은 '비추다, 비치다, 조명(照明: 밝게 비춤)'입니다. 여기서는 '비춘다'로 풀이하여 환조(環照)를 '그믐달이 초승달로 되돌아와 비춘다'로 풀이합니다.

◎ **회백환조(晦魄環照)**란 '달이 둥근 고리와 같이 돌며 천지를 비춘다' 등으로 풀이하며, 매월 그믐에는 달이 빛을 잃었다가 보름이 되면 온 세상을 밝게 비춘다는 내용으로, 이 구절은 천체와 달의 운행을 말하며, 하늘의 운행이 쉼 없이 이루어짐을 말한 것이라고 합니다.

(문장 120) 선기현알(璇璣懸斡)~회백환조(晦魄環照):
선기옥형, 천체를 관측하는 기구를 달아놓으니 빙빙 돌고 돌아, 그믐달이 초승달로 되돌아와 비춘다.

121. 지신수우(指薪修祐)~영수길소(永綏吉邵)

[121의 1단] 가리킬 지(指) 섶 신(薪) 닦을 수(修) 도울 우(祐)

지(指)　신(薪)　수(修)　우(祐)
②　　①　　③　　④
섶(불씨)을 가리켜 (불타는 나무와 같은 정열로) 몸을 닦아 복을 받으니

● **가리킬 지(指)** 자는 손가락 지, 발가락 지 등으로 읽으며, 뜻은 '가리키다, 지도(指導: 가리켜 인도함)'입니다. 여기서는 '가리켜'로 풀이합니다.

● **섶 신(薪)** 자는 섶나무 신, 땔나무 신 등으로 읽으며, 뜻은 '섶나무(잎나무), 땔나무, 신탄(薪炭: 땔나무와 숯, 연료)'입니다. 여기서는 '섶나무(불씨)'로 풀이하여 지신(指薪)을 '섶(불씨)을 가리켜, 불타는 나무와 같은 정열로' 등으로 풀이합니다.

● **닦을 수(修)** 자는 옳게 할 수, 꾸밀 수, 다스릴 수 등으로 읽으며, 뜻은 '닦다(거죽을 문지르다, 씻어 깨끗이 하다, 힘써 배우다 등), 수양(修養: 몸과 마음을 닦아 지식과 인격을 높임)'입니다. 여기서는 '수양, 몸과 마음을 닦아' 등으로 풀이합니다.

● **도울 우(祐)** 자는 다행할 우 등으로 읽으며, 뜻은 '돕다, 하늘이 돕다. 여기서는 하늘이 도와 복을 받다'로 풀이하여 수우(修祐)를 '몸을 닦아 복을 받으니' 등으로 풀이합니다.

◎ **지신수우(指薪修祐)**란 '불타는 나무와 같은 정열로 심신(心身: 몸과 마음)을 닦으면 복을 얻게 되어 섶나무의 불은 무궁히 타는 고로 이를 가리켜 복을 닦으니' 등으로 풀이하며, 섶나무가 불에 타서 없어졌는데도 불씨는 전해지는 것처럼 자신이 몸과 마음을 닦아 수양하는 일을 끊임없이 해야 복을 받는다는 내용으로, 선(善: 착하다, 어질다)을 쌓아 복(福)을 닦는 것을 나무 섶의 불씨에 비유해서 말한 것이라고 합니다.

영(永) 수(綏) 길(吉) 소(邵)
①   ②   ③   ④
오래도록 영원히 편안하고 길한 일(좋은 일)이 높아지니라(많을 것이다).

● **길 영(永)** 자는 오랠 영, 멀 영 등으로 읽으며, 뜻은 '길다, 오래다, 영원하다, 영구(永久: 길고 오램, 세월이 한없이 계속됨), 영원히(永遠: 앞으로 오래도록 변함없이 계속됨)'입니다. 여기서는 '오래도록, 영원히'로 풀이합니다.

● **편안할 수(綏)** 자는 물러갈 수, 깃발 늘어질 유 등 두 가지 발음(수와 유)으로 읽으며, 뜻은 '편안하다(便安: 무사함 등)'입니다. 여기서는 '편안하다'로 풀이하여 영수(永綏)를 '오래도록 영원히 편안하고' 등으로 풀이합니다.

● **길할 길(吉)** 자는 즐거울 길, 착할 길 등으로 읽으며, 뜻은 '길하다(운이 좋거나 상서롭다), 길일(吉日: 길한 날, 좋은 날), 좋다, 길몽(吉夢: 좋은 꿈)'입니다. 여기서는 '길한 일(좋은 일)'로 풀이합니다.

● **높을 소(邵)** 자는 성(姓) 소, 땅이름 소 등으로 읽으며, 뜻은 '높다'입니다. 여기서는 '높다'로 풀이하여 길소(吉邵)를 '길한 일(좋은 일)이 높아지리라'로 풀이합니다.

◎ **영수길소(永綏吉邵)**란 '영원히(오래도록) 편안하고 좋은 일이 많을 것이다' 등으로 풀이하며, 자신의 몸과 마음을 닦아 지식과 인격을 높이는 일을 끊임없이 하면 복을 받아 그 복이 오래도록 편안하게 이어지면서 가정에 길한 일, 좋은 일이 많아진다는 것을 말한 것입니다.

(문장 121) 지신수우(指薪修祐)~영수길소(永綏吉邵):
섶, 불씨를 가리켜 불타는 나무와 같은 정열로 몸을 닦아 복을 받으니, 오래도록 영원히 편안하고 길한 일(좋은 일)이 높아지니라, 많을 것이다.

122. 구보인령(矩步引領)~부앙랑묘(俯仰廊廟)

[122의 1단] 법 구(矩) 걸음 보(步) 이끌 인(引) 옷깃 령(領)

구(矩) 보(步) 인(引) 령(領)
① ② ③ ④
법도 있게 바르게 걸음을 걷고 단정한 옷차림으로

- **법 구(矩)** 자는 곡척 구, 거동 구 등으로 읽으며, 뜻은 '법(法: 사회의 질서를 유지하기 위한 규율, 법률), 법도(法度: 법률과 제도, 생활상의 예법)'입니다. 여기서는 '법도 있게, 바르게'로 풀이합니다.

- **걸음 보(步)** 자는 다닐 보, 하나 보, 운수 보 등으로 읽으며, 뜻은 '걸음, 걷다, 보행(步行: 걸어감)'입니다. 여기서는 걸음을 '걷다'로 풀이하여 구보(矩步)를 '법도 있게 바르게 걸음을 걷고' 등으로 풀이합니다.

- **이끌 인(引)** 자는 끌 인, 당길 인 등으로 읽으며, 뜻은 '이끌다, 인도(引導: 이끌어 가르침), 당기다, 인력(引力: 서로 끌어당기는 힘)'입니다. 여기서는 '당기다, 이끌다' 등으로 풀이합니다.

- **옷깃 령(領)** 자는 거느릴 령 등으로 읽으며, 뜻은 '옷깃(옷의 목을 들러 앞에서 만나는 부분), 거느리다, 영도(領導: 거느리고 이끎)'입니다. 여기서는 '옷깃'으로 풀이하여 인령(引領)을 '옷깃을 당기고 단정한(바르고 얌전함) 옷차림' 등으로 풀이합니다.

◎ **구보인령(矩步引領)**이란 '걸음을 자로 잰 듯 바르게 걷고 옷깃도 단정하게 여미며' 등으로 풀이하며, 벼슬하는 사람들은 걸음걸이 하나도 법칙대로 걷고, 예복 같은 옷을 입어도 단정하게 입고 다닌다는 것을 말한 것입니다.

※ 옷깃 령(領) 자는 두음법칙에 의하면 앞에 있으면 '영', 뒤에 있으면 '령'으로 읽고 씁니다. 영도(領導), 인령(引領), 대통령(大統領) 등.

부(俯) 앙(仰) 랑(廊) 묘(廟)
③   ④   ①   ②
낭묘(조정)에 들어가 나랏일을 살펴본다.

- **구부릴 부(俯)** 자는 머리 숙일 부 등으로 읽으며, 뜻은 '구부리다, 부복(俯伏: 고개를 숙이고 엎드림)'입니다. 여기서는 '머리를 숙이다'로 풀이합니다.

- **우러를 앙(仰)** 자는 쳐다볼 앙 등으로 읽으며, 뜻은 '우러러보다(위를 쳐다보다)'입니다. 여기서는 '우러러본다'로 풀이하여 부앙(俯仰)을 '머리를 숙여 나랏일을 살펴본다' 등으로 풀이합니다.

- **행랑 랑(廊)** 자는 묘당 랑, 곁채 랑 등으로 읽으며, 뜻은 '행랑(行廊: 대문간에 붙어 있는 방), 낭하(廊下: 건물 안에 다니게 된 통로, 복도)' 등에 쓰는 글자입니다.

- **사당 묘(廟)** 자는 묘당 묘 등으로 읽으며, 뜻은 '사당(祠堂: 신주를 모시는 집), 조정(朝廷: 군주가 나라의 정치를 하는 곳), 낭묘(廊廟: 조정의 정사를 논의하는 건물을 말함)'입니다. 여기서는 '낭묘, 조정'으로 풀이하여 낭묘(廊廟)를 '낭묘, 조정에 들어가'로 풀이합니다.

◎ **부앙랑묘(俯仰廊廟)**란 '항상 낭묘(조정)에 있는 것으로 생각하여 머리를 숙여 예의를 지킨다' 등으로 풀이하며, 벼슬한 사람은 단정한 옷차림을 하고 조정에 들어가 나랏일을 살펴서 처리한다는 내용입니다.

※ 행랑 랑(廊) 자는 두음법칙에 의하면 앞에 있으면 '낭', 뒤에 있으면 '랑'으로 읽고 씁니다. 낭묘(廊廟), 낭하(廊下), 행랑(行廊) 등.

(문장 122) 구보인령(矩步引領)~부앙랑묘(俯仰廊廟):
법도 있게 바르게 걸음을 걷고 단정한 옷차림으로 낭묘, 조정에 들어가 나랏일을 살펴본다.

123. 속대긍장(束帶矜莊)~배회첨조(徘徊瞻眺)

[123의 1단] 묶을 속(束) 띠 대(帶) 자랑 긍(矜) 씩씩할 장(莊)

속(束)　대(帶)　긍(矜)　장(莊)
②　　①　　④　　③

(조정에 들어갈 적에는) 띠를 묶고서 씩씩함을 자랑하고

- **묶을 속(束)** 자는 얽을 속, 약속할 속 등으로 읽으며, 뜻은 '묶다(단을 지어 잡아매다), 약속하다(約束: 장래의 일에 대하여 상대자와 서로 결정하여 둠)'입니다. 여기서는 '~를 묶다'로 풀이합니다.

- **띠 대(帶)** 자는 찰 대, 뱀 대, 둘레 대 등으로 읽으며, 뜻은 '띠(허리를 둘러 매는 끈), 혁대(革帶: 가죽으로 만든 띠), 차다, 띠다, 대검(帶劍: 칼을 참)'입니다. 여기서는 '띠(혁대)'로 풀이하여 속대(束帶)를 '띠(혁대)를 묶고서, 의복을 단정히, 예복을 갖춰' 등으로 풀이합니다.

- **자랑 긍(矜)** 자는 아낄 긍, 창자루 근, 홀아비 환 등 세 가지 발음(긍, 근, 환)으로 읽으며, 뜻은 '자랑하다, 긍지(矜持: 믿는 바가 있어 자랑함), 창자루'입니다. 여기서는 '자랑하다'로 풀이합니다.

- **씩씩할 장(莊)** 자는 단정할 장 등으로 읽으며, 뜻은 '씩씩하다(굳세고 위엄이 있다), 위엄(의젓하고 엄숙함)'입니다. 여기서는 '씩씩하다'로 풀이하여 긍장(矜莊)을 '씩씩함을 자랑하고'로 풀이합니다.

◎ **속대긍장(束帶矜莊)**이란 '조정에 들어갈 적에는 의관(衣冠: 옷과 갓)을 올바르게 하고 긍지와 장엄함을 나타내고' 등으로 풀이하며, 벼슬한 사람이 조정에 들어갈 때에는 의관을 바르게 하고 예의(禮儀: 예절과 몸가짐, 일상생활의 모든 예의와 절차)에 맞게 행동한다는 것을 말한 것입니다.

> **[123의 2단]** 배회할 배(徘) 배회할 회(徊) 볼 첨(瞻) 볼 조(眺)
>
> 배(徘) 회(徊) 첨(瞻) 조(眺)
> ①   ②   ③   ④
> 천천히 이리저리 걸어 다니니(백성들이) 우러러 바라본다.

- **배회할 배(徘)** 자는 어정거릴 배 등으로 읽으며, 뜻은 '어정거리다(키가 큰 사람이나 짐승이 점잖게 걷다)'입니다. 여기서는 '천천히 이리저리 걸어 다니는 것'을 말합니다.

- **배회할 회(徊)** 자는 어정거릴 회 등으로 읽으며, 뜻은 '어정거리다, 거닐다'입니다. 여기서는 '거닐다'로 풀이하여 배회(徘徊)를 '천천히 이리저리 걸어 다님'으로 풀이합니다. '어정거릴 회(佪)' 자가 또 있습니다.

- **볼 첨(瞻)** 자는 처다볼 첨, 우러러볼 첨 등으로 읽으며, 뜻은 '우러러보다(위를 처다보다), 첨모(瞻慕: 우러러 사모함)'입니다. 여기서는 '바라본다, 우러러본다' 등으로 풀이합니다.

- **볼 조(眺)** 자는 멀리 볼 조, 바라볼 조 등으로 읽으며, 뜻은 '바라보다, 조망(眺望: 멀리 바라봄)'입니다. 여기서는 '바라본다'로 풀이하여 첨조(瞻眺)를 '백성들이 우러러 바라본다' 등으로 풀이합니다.

◎ **배회첨조(徘徊瞻眺)**란 '배회하는 거동도 사람들은 우러러본다, 이리저리 거닐며 바라보는 것도 예의에 맞게 한다' 등으로 풀이하며, 벼슬한 사람들이 예복을 갖춰 웅장(雄壯: 규모가 으리으리하고 크다)한 몸가짐을 하고 천천히 이리저리 바라보면서 걸어 다니니 사람들이 우러러 바라본다는 내용입니다.

(문장 123) 속대긍장(束帶矜莊)~배회첨조(徘徊瞻眺):
조정에 들어갈 적에는 띠를 묶고서 씩씩함을 자랑하고 천천히 이리저리 걸어 다니니 백성들이 우러러 바라본다.

263

124. 고루과문(孤陋寡聞)~우몽등초(愚蒙等誚)

> **[124의 1단] 외로울 고(孤) 더러울 루(陋) 적을 과(寡) 들을 문(聞)**
>
> 고(孤) 루(陋) 과(寡) 문(聞)
> ①   ②   ④   ③
> (배운 것이) 외롭고 좁아서 보고 들은 것이 적으면

● **외로울 고(孤)** 자는 배반할 고, 버슬이름 고 등으로 읽으며, 뜻은 '외롭다(의지할 곳이 없이 막막하다, 매우 쓸쓸하고 고독하다), 고독(孤獨: 외로움)'입니다. 여기서는 '외롭다'로 풀이합니다.

● **더러울 루(陋)** 자는 좁을 루, 추할 루, 고루할 루 등으로 읽으며, 뜻은 '더럽다, 좁다, 낮다, 누추(陋醜: 더럽고 추함), 고루(固陋: 견문이 좁고 고집이 셈), 고루(孤陋: 견문이 적어서 성품이 추하고 용렬함)'입니다. 여기서는 고루(孤陋)를 '배운 것이 외롭고 좁아서, 홀로 배워서' 등으로 풀이합니다.

● **적을 과(寡)** 자는 드물 과 등으로 읽으며, 뜻은 '적다, 반대는 많음, 다과(多寡: 많음과 적음)'입니다. 여기서는 '적다'로 풀이합니다.

● **들을 문(聞)** 자는 이름날 문, 들릴 문, 소문 문 등으로 읽으며, 뜻은 '듣다, 소문(所聞: 널리 떠도는 말), 견문(見聞: 보고 들은 것)'입니다. 여기서는 '견문'으로 풀이하여 과문(寡聞)을 '보고 들은 것이 적으면' 등으로 풀이합니다.

◎ **고루과문(孤陋寡聞)**이란 '배운 것이 고루하고 들은 것이 적다' 등으로 풀이하며, 보고 들은 것이 적으면 식견(識見: 사물을 분별할 수 있는 능력)과 재능(才能: 재주와 능력)도 부족하다는 내용으로, '고루'나 '과문'은 자기 자신을 겸손하게 낮추는 말로도 쓰이기도 하는데, 여기서는 천자문 저자(주흥사)가 자기 자신을 겸손(謙遜: 남을 높이고 자기를 낮춤)하게 낮추어 말한 것이라고도 합니다. 참고 사항입니다.

[124의 2단] 어리석을 우(愚) 어릴 몽(蒙) 무리 등(等) 꾸짖을 초(誚)

우(愚)　몽(蒙)　등(等)　초(誚)
①　　②　　③　　④
어리석고 어두운 사람(무리)과 같아 꾸지람을 듣게 된다.

● **어리석을 우(愚)** 자는 고지식할 우, 어두울 우 등으로 읽으며, 뜻은 '어리석다 (사물에 어둡고 지능이나 사고력이 부족하다), 우둔하다(愚鈍: 어리석고 둔함)'입니다. 여기서는 '어리석다'로 풀이합니다.

● **어릴 몽(蒙)** 자는 속일 몽 등으로 읽으며, 뜻은 '어리다, 어린아이, 어리석다, 몽매(蒙昧: 사리에 어리석고 어두움)'입니다. 여기서는 '어리석고 어두운 몽매함' 으로 풀이하여 우몽(愚蒙)을 '어리석고 어두운'으로 풀이합니다.

● **무리 등(等)** 자는 가지런할 등, 같을 등으로 읽으며, 뜻은 '무리(여럿이 모여 한 동아리를 이룬 사람들 또 짐승의 떼), 같다, 가지런하다'입니다. 여기서는 '무리(사 람)와 같다'로 풀이합니다.

● **꾸짖을 초(誚)** 자는 서로 꾸짖을 초 등으로 읽으며, 뜻은 '꾸지람(아래 사람의 잘못을 꾸짖는 말)'입니다. 여기서는 '꾸지람'으로 풀이하여 등초(等誚)를 '~한 사 람과 같아 꾸지람을 듣게 된다' 등으로 풀이합니다.

◎ **우몽등초(愚蒙等誚)**란 '어리석은 어린이와 같아 꾸지람을 듣게 된다' 등으로 풀이하며, 사람은 보고 들은 것이 적으면 어리석고 무식한 사람과 같이 취급 을 받는다는 내용으로, 사람은 항상 배운다는 자세가 필요하다는 것을 강조 한 말이라고 합니다. 참고하기 바랍니다.

(문장 124) 고루과문(孤陋寡聞)~우몽등초(愚蒙等誚):
배운 것이 외롭고 좁아서 보고 들은 것이 적으면 어리석고 어두운 사람, 무리와 같아 꾸지람을 듣게 된다.

125. 위어조자(謂語助者)~언재호야(焉哉乎也)

> **[125의 1단]** 이를 위(謂) 말씀 어(語) 도울 조(助) 놈 자(者)
>
> 위(謂) 어(語) 조(助) 자(者)
>   ①   ②   ③   ④
> 이르되 말을 도와주는 것(어조사)에는

- **이를 위**(謂) 자는 고할 위, 일컬을 위 등으로 읽으며, 뜻은 '이르다, 무엇이라고 하다, 말하다, 알아듣게 말하다, 소위(所謂: 이른바)'입니다. 여기서는 '이르되, 일컫는다'로 풀이합니다.

- **말씀 어**(語) 자는 말할 어 등으로 읽으며, 뜻은 '말씀, 말하다, 어감(語感: 말소리, 말이 주는 느낌), 어조(語調: 말의 가락)'입니다. 여기서는 '사람이 하는 말'로 풀이하여 위어(謂語)를 '이르되 말을' 등으로 풀이합니다.

- **도울 조**(助) 자는 자뢰할 조, 유익할 조 등으로 읽으며, 뜻은 '돕다, 조력(助力: 남의 일을 도와줌)'입니다. 여기서는 '돕다'로 풀이합니다.

- **놈 자**(者) 자는 것 자, 이 자, 어조사 자 등으로 읽으며, 뜻은 '놈(사내를 욕하는 말), 사람, 어조사'입니다. 여기서는 '것 자, 어조사 자'로 풀이하여 조자(助者)를 '~를 도와주는 것', 어조사에는 '등'으로 풀이합니다. 속자로 '놈 자(者)'라고 씁니다.

◎ **위어조자**(謂語助者)란 '어조라고 말하는 것은 실자(實字)에 대한 허자(虛字)의 뜻으로 일정한 뜻이 없는 문자이다' 등으로 풀이하며, 실자(實字)는 형상(모양)이 있는 글자인 일(日: 해), 월(月: 달), 산(山: 높은 땅) 수(水: 물), 목(木: 나무) 따위의 글자를 말하고, 허자(虛字)는 비(飛: 날다), 류(流: 흐르다), 행(行: 다니다) 등과 같이 형상(形象: 모양)이 없는 글자를 말합니다. 어조사는 실질적인 뜻이 없는 글자이나 문장 중간이나 끝에 붙어서 단정, 의문, 감탄 등 말을 만들어 가는 데 없어서는 안 되는 글자를 말합니다.

언(焉)　재(哉)　호(乎)　야(也)
　①　　②　　③　　④
언, 재, 호, 야가 있다. (이 네 글자는 어조사이다.)

● **어조사 언(焉)** 자는 어찌 언, 어디 언, 의심쩍을 언 등으로 읽으며, 뜻은 '어조사, 어찌(의문이나 반어를 나타낸다), 언감(焉敢: 어찌 감히), 단정'의 뜻을 나타내는 종결사(문장이 끝났음을 나타내는 한자의 품사)입니다.

● **어조사 재(哉)** 자는 비로소 재, 그런가 재 등으로 읽으며, 뜻은 '어조사, 처음, 비롯하다, 재생명(哉生明: 처음으로 달에 빛이 생김. 곧 음력 초사흗날을 이르는 말), 반어 감탄'을 나타내는 종결사입니다.

● **어조사 호(乎)** 자는 가 호, 그런가 호 등으로 읽으며, 뜻은 '탄식'을 나타내는 어조사입니다. 의문, 반어를 나타내는 종결사입니다.

● **어조사 야(也)** 자는 잇기 야, 또 야 등으로 읽으며, 뜻은 '어조사, 또한, 문장의 끝에 붙어서 단정(斷正: 딱 잘라서 판단하고 결정함)'의 뜻을 나타내는 종결사입니다.

◎ **언재호야(焉哉乎也)**란 '언, 재, 호, 야가 있다' 등으로 풀이하며, 이 네 글자(언, 재, 호, 야)는 많은 어조사 글자 중에서 종결(終結: 일을 끝냄)을 표현하는 대표적인 글자를 든 것이라고 합니다.

※ 천자문의 첫 글자가 하늘 천(天)이고, 마지막 글자가 잇기 야(也)로서 천야(天也)는 하늘이라는 뜻으로, '일천 자'의 모든 내용이 결국 하늘 천(天: 하늘의 뜻)의 이치가 땅(지: 地)에서 베풀어져 완성(完成: 완전히 다 이룸)되었다는 것을 말한 것이라고 합니다.

(문장 125) 위어조자(謂語助者)~언재호야(焉哉乎也):
이르되 말을 도와주는 것, 어조사에는 언, 재, 호, 야가 있다. 이 네 글자는 어조사이다.

참고한 서적

- 『대산 천자문 강의』, 김석진, 동문서숙
- 『한석봉 천자문 (증보판)』, 명문당
- 『한자가 손에 익는 일천천 천자문 쓰기』, 홍진복, 상서각
- 『천자문 강해』, 동인 차상학, 동인서숙
- 『상해 한자대전』, 이가원, 장삼식 편저, 유경출판사
- 『신일용옥편 (개정판)』, 교학사 편집부, 교학사
- 『스피드옥편』, 차주환 감수, 상아탑
- 『1800자 상용한자』, 어학교육연구회
- 『뉴에이지 새국어사전』, 천재교육 편집부, 교학사
- 『콘사이스 국어사전』, 운평어문연구소, 금성출판사(금성교과서)
- 『민중 엣센스 국어사전』, 이희승 감수, 민중서림
- 『예절서(청소년 인성교육 현장교실)』, 성균관, 성균관 출판부

천자문 千字文